系统架构设计

程序员向架构师转型之路

SYSTEM ARCHITECTURE DESIGN-THE WAY FROM
PROGRAMMER TO ARCHITECT

◎ 郑天民 著

人民邮电出版社

北　京

图书在版编目（CIP）数据

系统架构设计：程序员向架构师转型之路 / 郑天民
著. -- 北京：人民邮电出版社，2017.6（2024.3重印）
ISBN 978-7-115-45054-8

Ⅰ．①系… Ⅱ．①郑… Ⅲ．①计算机系统 Ⅳ.
①TP30

中国版本图书馆CIP数据核字(2017)第092419号

内 容 提 要

本书主要包含软件开发普通程序员向系统架构师转型的一些思路、方法和工程实践，也包括转型过程中意识形态的转变、技术体系的掌握、系统工程学的拓展及各项软技能的提升等内容。本书深入剖析成为一名合格的架构师所需要的各项软、硬技能，重点对目前业界主流的架构师所需掌握的技术知识领域，以及作为一名技术管理人员所需具备的技术管理能力进行详细介绍，并结合一些典型的场景进行案例分析，从而帮助读者了解并掌握成为架构师所需的各种知识体系和实践技巧。

本书面向立志于转型成为架构师的后端服务开发人员。读者不需要有很深的技术水平，也不限于特定的开发语言，但熟悉 Java EE 常见技术并掌握一定系统设计基本概念将有助于更好地理解书中的内容。同时，本书也可以供具备不同技术体系的架构师同行参考，希望能给日常研发和管理工作带来启发和帮助。

◆ 著　　　郑天民
责任编辑　吴　婷
责任印制　杨林杰

◆ 人民邮电出版社出版发行　　北京市丰台区成寿寺路 11 号
邮编　100164　电子邮件　315@ptpress.com.cn
网址　http://www.ptpress.com.cn
北京九州迅驰传媒文化有限公司印刷

◆ 开本：787×1092　1/16
印张：16　　　　　　2017 年 6 月第 1 版
字数：418 千字　　　2024 年 3 月北京第 15 次印刷

定价：49.80 元

读者服务热线：(010)81055256　印装质量热线：(010)81055316
反盗版热线：(010)81055315
广告经营许可证：京东市监广登字 20170147 号

前言

　　软件行业技术开发从业人员众多，但具备若干年开发经验的普通开发人员往往面临个人发展的瓶颈，即如何从普通开发人员转型成高层次的系统架构师和技术管理人员。想成为一名架构师，应当具备全面的知识体系，需要进行系统的学习和实践。很多开发人员有往架构师转型的强烈意愿，但苦于找不到好的方法和路径。本书把"程序员向架构师转型"作为切入点，提供架构师所需的各方面技能和相应的学习方法，包含针对转型的一些思路、方法、工程实践及可能会碰到的问题和解决方法。本书从架构师的定位及如何成为一名架构师的角度出发，除了技术和设计之外，还会介绍各项系统工程方法论和软能力，旨在为广大开发人员提供一套系统的、全面的转型指南。

　　本书从"向架构师转型"的角度出发，结合作者在传统及互联网行业多年的技术与管理工作经历展开论述，结合方法论和工程实践，具有较强的针对性和适用性。架构师是一种综合性强的工种。本书整体上是"技术"结合"过程"的行文思路，具备一定深度的同时也涉及更广的知识领域和体系，满足读者往架构师转型过程中的各种技能需求。同时，本书在介绍技术及过程管理的内容时，采用"思路→方法论→工程实践"的三段式模型，不光告诉读者可以怎么做，更重要的是提供了对问题的分析及解决思路和方法论，并辅以相应的工程实践和案例分析。对架构师而言，具体的技术和工具并不是重点，解决问题的思路和方法论才是本质。本书会在这些方面提供一定的指导并进行总结。

　　全书共分为 4 个篇幅，共计 9 章内容，分别从不同的领域对架构师转型所需要的各项技能展开讨论。

　　1. 程序员向架构师转型概述篇：剖析架构师角色，提供架构师的视图和视角及程序员向架构师成功转型的思路。

　　2. 系统架构设计知识体系篇：介绍软件架构体系结构、领域驱动设计、分布式系统架构设计、构架实现技术体系等架构师所应具备的主要技术体系内容。

　　3. 软件架构系统工程篇：介绍软件工程学、敏捷方法与实践、软件交付模型等架构师所应具备的系统方法论和相关工程实践。

　　4. 架构师软能力篇：包括架构师与外部环境、自身团队和转型所需的意识形态。

　　本书面向立志于转型成为架构师的后端服务开发人员，读者不需要有很深的技术水平，也不限于特定的开发语言，但熟悉 Java EE 常见技术并掌握一定系统设计基本概念有助于更好地理解书中的内容。通过本书的系统学习，读者将在普通开发人员的基础上向前跨出一大步，在思想、方法论、实践能力和综合素质等各个方面往一名合格的架构师方向发展，为后续的工作和学习铺平道路。

　　在本书的撰写过程中，感谢我的家人特别是我的妻子章兰婷女士在我占用大量晚上和周末陪家人时间进行写作的情况下，能够给予极大的支持和理解。感谢以往及现在公司的同事们，身处在业界领先的公司和团队中，让我得到很多学习和成长的机会。没有平时大家的帮助，不可能有这本书的诞生。最后，要特别感谢北风网的童金浩和罗思捷老师，提供了北风网（http://www.ibeifeng.com）这样优秀的互联网教育平台完成本书配套视频的录制和发布。

由于时间仓促，作者水平和经验有限，书中难免有欠妥和错误之处，恳请读者批评指正。可关注微信公众号"程序员向架构师转型"或扫描以下二维码与本书作者进行联系。

郑天民

2016 年 12 月于杭州钱江世纪城

目　录

第四篇　架构师软技能

第一篇
程序员向架构师转型概述

本篇内容

本篇从架构设计的基本概念出发，阐述架构设计的理论体系。接着引出架构师角色，从架构师的活动、分类、技能和职责等角度对架构师的角色做了深度剖析，并对普通开发人员和架构师的区别进行了全面比较。成为一名架构师前，需要明确架构师所需掌握的视图和视角。这些视图和视角是架构师手上的武器。最后本章对"程序员如何向架构师成功转型"这个话题进行展开，提出转型成功所需的三段式模型，并提供了转型所需的思维导图。

本篇只有一章，作为开篇总领全书后续章节。

思维导图

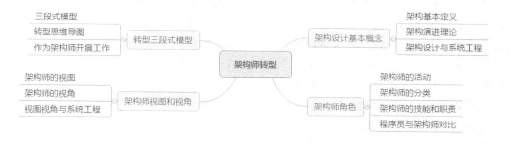

第1章
程序员向架构师转型

随着近年来信息化产业的高速发展，一大批由国人自主研发的计算机软件系统，尤其是以电子商务、O2O、移动医疗、在线教育等为代表的互联网和"互联网+"应用已经深刻影响着我们的日常生活模式。面对新的时代潮流，无论对于传统行业还是互联网行业，开发具有功能强大且用户体验好的桌面端和无线移动端应用已经成为众多软件从业人员的目标和要求。然而，分析和设计一个软件系统及管理其研发过程并不是每一个软件行业从业人员都能做的事情，需要具备专业的知识、丰富的实践经验及良好的个人综合能力。我们把具备以上能力的人才称之为软件架构师。

中国目前每年有几十万的软件开发人才缺口，其中具备系统架构设计和实现能力的人才更是紧缺。对于一名软件开发人员而言，成为一名合格乃至优秀的架构师是自身奋斗的一个方向。同时，对于一名具备多年行业从业经验的开发人员，如果目前还处在普通的开发人员行列，还不具备相应的意识形态和专业能力去从事系统架构设计和实现相关工作的话，那成为一名架构师事实上也是自身发展所不得不面临的一个瓶颈。如何打破这个瓶颈，如何从普通的程序员转型成为一名架构师，对于广大开发人员而言都可能是值得思考的问题。

本章首先介绍了系统架构设计的基本概念，然后从架构师这一特定角色出发，全面剖析架构师与普通开发人员的区别，以及对于一名架构师而言应该具备的视图和视角。最后，围绕"转型"问题，提出从程序员到架构师成功转变所应具备的关键因素。

1.1　架构设计基本概念

当下，业务需求层出不穷、技术发展日新月异、团队规模快速扩张，因此，软件系统复杂度及系统共性和特殊性问题在很大程度上决定了软件开发的成败。而软件架构设计（Software Architecture Design）的目的就是对系统进行高度抽象，通过一系列设计原则在最大程度上降低系统复杂度，解决系统中存在的各种共性和特殊性问题。在深入探讨架构设计过程和架构师角色之前，我们先来理解架构的基本含义。

1.1.1　架构的基本定义

我们想要成为一名架构师，有如下两个问题首先需要进行明确。

- 软件架构是什么？
- 软件架构设计是怎么样一种工作内容？

围绕着这两个问题，业界有一些通用的说法，这些说法形成了具有代表性的两大理论体系，分别是架构组成理论和架构决策理论。

1. 架构组成理论

国际标准化组织（International Orgranization for Standardization，ISO）系统和软件工程标准认为，系统的架构是一系列基本概念或者系统在其环境中表现出来的属性，体现在它的元素、关系及设计和发展的原则中。根据 ISO 给出的这一架构定义，系统架构包括系统元素、基本系统属性、设计和发展原则 3 个主要方面。

（1）系统元素

架构的系统元素包括模块、组件、接口、子系统等日常开发中的内容。系统元素之间是有关系的，元素加上它们之间的关系就构成了基本的系统结构。通常，架构师感兴趣的结构类型包括静态结构和动态结构。所谓静态结构体现在设计时，描述系统内部设计时元素及其组合方式；而动态结构则关注运行时的元素及其交互方式。

（2）基本系统属性

架构的基本系统属性一方面包含功能属性，用于说明系统行为属性，回答系统能做什么这一问题，如系统的输入、输出模型。另一方面，系统也关注质量属性，即外部可见非功能性属性，如系统的性能、安全性等属性。

（3）设计和发展原则

架构的设计和发展原则应该能够可度量、可测试和可跟踪，常见的原则如用户操作响应时间在 1s 之内、用户信息需要进行安全性处理、系统可以快速集成第三方服务等。同时，对于架构的设计和发展，每个团队及架构师都可以根据需要制定适合于当前架构发展需要的自定义原则。

组成派的架构设计往往首先关注系统的主要构成部分及它们相互之间的关系，然后进一步挖掘每个构成部分的细节，以便确定模块、组件、接口等元素，并确保这些元素满足既定的架构设计原则。Web 开发中常见的 MVC（Model View Controller，模型—视图—控制器）模式实际上就是架构组成理论在架构风格上的体现，通过 Model、View 和 Controller 等 3 种基本元素及它们之间的不同交互方式构成了系统的基本架构，如图 1-1 所示。

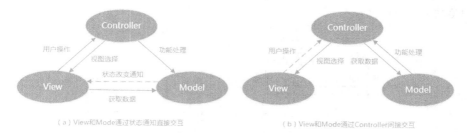

图 1-1　MVC 模式的两种交互方式

2. 架构决策理论

架构决策理论的典型倡导者是 RUP（Rational Unified Process，统一软件过程）。该理论关注架构实践的主体——人，以人的决策为描述对象。架构决策不仅包括软件系统的组织、元素、子系统和架构风格等，还包括众多非功能性需求的决策。当架构设计过程无法顺利进行，如碰到模块如何划分、模块之间交互方式是什么、开发技术如何选型、如何适应可能发生的变化等常见问题时，通过架构师团队根据场景和问题作出相应的决策。不断决策的过程就是问题得到不断解决、架构得到不断发展的过程。通过一系列的决策最终形成完整的系统架构。

决策类的架构设计过程往往可以从系统切分出发,如把系统分成客户端和服务器端两大部分,然后基于服务器端,可以在拆分成服务适配层、业务逻辑层和数据访问层,而业务逻辑层再可以分成多个模块,如图 1-2 所示。每一个切分的过程实际上就是一个决策的过程,通过合理而有效的决策促进系统架构由高层次到较低层次再到实现层次的不断演进。

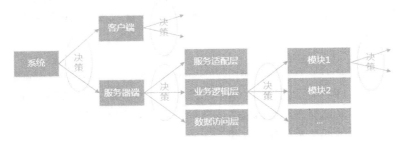

图 1-2　架构决策示例

以上两个派别的理论体系也只是对架构定义问题的一种诠释,业界还有很多相关的说法,很难给出一个标准化的答案。每个架构师基于自身的意识形态和经历也可能会有自己的理解,通常开发人员从日常的开发过程中提炼出对架构设计的理解,被称之为架构演进理论。

1.1.2　架构演进理论

在过去软件开发过程发展的很长一段时间内,软件架构表现为一种集中式的单块(Monolithic)模式,即先对系统进行分层,然后通过单个进程进行部署和维护。典型的分层体系包括界面交互层、业务逻辑层和数据访问层。直至今日,这种单块模式在部分系统构建过程中仍然是最基本的架构模式。

随着业务功能的不断发展及性能、数据存储等系统瓶颈问题的出现,单块模块逐渐不适合系统的维护和扩展。这时,分布式架构应运而生。通过把系统业务进行服务化及完善服务治理功能,系统架构就可以如同搭建积木一样构建成高度可集成、高内聚松耦合的业务系统,图 1-3 所示的系统主体由 Frontend-Service(前端服务)和 Core-Service(核心服务)两层服务化构成,为 Web 层提供网关和核心业务服务。

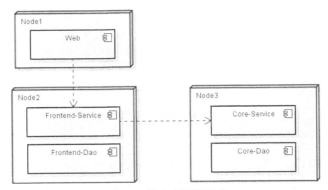

图 1-3　分布式服务模式

服务化架构为系统提供了扩展性和伸缩性,然而随着系统用户体量的增加及分布式系统固有的网络通信机制,性能问题在业务关键链路逐渐成为系统运行的瓶颈。解决性能问题的切入点有很多,一方面可以从硬件设备和软件服务器入手,但对系统架构而言,更多的场合需要我们分析系统实现方案，并使用以缓存为代表的架构设计手段重构业务关键链路，图 1-4 即为在 Frontend-Service 和 Core-Service 两层服务中分别添加分布式缓存（Distributed Cache）之后所得到的系统部署图。

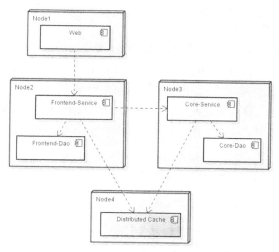

图 1-4　分布式缓存架构

缓存能够提升性能，但不能解耦系统。当系统中分布式服务数量和种类增多，而这些服务又分别属于不同业务层次时，如何合理地管理这些服务之间的调用关系，进一步确保系统的健壮性和扩展性成为系统架构设计的又一大难题。分布式服务的自身特征决定了其在时间、空间和技术上都具有一定程度的系统耦合性。在使用分布式服务时需要谨慎处理服务调用的时序、所使用的服务定义及技术平台的差异性等问题。这些问题为开展快速架构重构和扩展、进行高效分布式团队协作带来了挑战。以各种消息传递组件为代表的中间件系统为降低系统耦合性、屏蔽技术平台差异性带来了新的思路。当不同的服务需要进行交互、但又不需要直接进行服务的定位、调用和管理时，消息中间件（Middleware）能显著降低系统的耦合程度，如图 1-5 所示，在 Frontend-Service 和 Other-Service（其他服务）中添加了消息传递中间件，确保两个服务在并不需要意识到对方存在的前提下进行数据的有效传输。

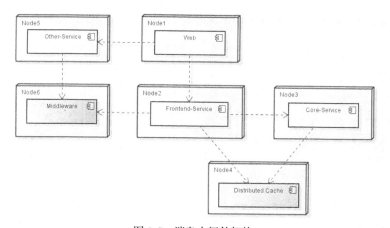

图 1-5　消息中间件架构

试想这样一种场景，我们的系统需要跟外部的多个系统进行集成以形成关键业务链路闭环管理，而这些外部系统分别部署在其他供应商或客户环境，并且每个系统都可能基于完全不同的技术平台和体系构建，随着业务发展需求，这些外部需求还需要实现动态的注册和注销。对系统架构设计而言，一方面我们需要整合这些外部系统提供的服务进行数据的获取和操作，另一方面，我们又不希望我们的系统对它们产生强依赖。消息中间件在这种场景下已经失去系统解耦的价值，因为外部系统不在控制范围之内，我们对其内部实现原理一无所知。如何在异构系统、分布式服务和基于租户的基本架构需求下实现有效的系统集成，企业服务总线（Enterprise Service Bus，ESB）提供了相应的解决方案。通过在核心业务服务中引入 ESB 及对应的路由、过滤、转换、端点等系统集成模式，即可屏蔽由于技术差异性导致的各种系统集成问题，并动态管理 ESB 上的第三方服务。图 1-6 中的 ESB 为内部的 Core-Service 整合外部的 Thirdparty-Service1 和 Thirdparty-Service2 提供了集成平台。

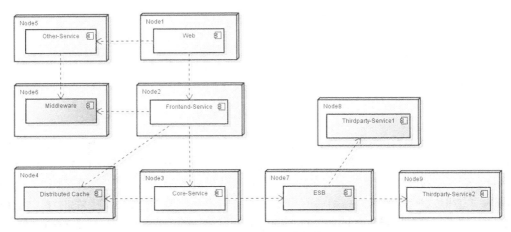

图 1-6　企业服务总线架构

随着大数据时代的到来，许多业务系统也面临着对庞大业务数据进行管理和利用的难题。近年来，以 Hadoop 生态圈为代表的大数据处理平台，以及以 Lucene 为内核的多种垂直化搜索引擎（Search Engine）系统，为业务发展提供了高效的批量数据处理和数据搜索功能。在系统架构设计维度，我们也可以引入如 Spring Batch、Spring Data 等轻量级的批处理（Batch Job）和数据访问框架，以便与基于 Spring 的核心系统构建框架进行无缝整合，如图 1-7 所示。

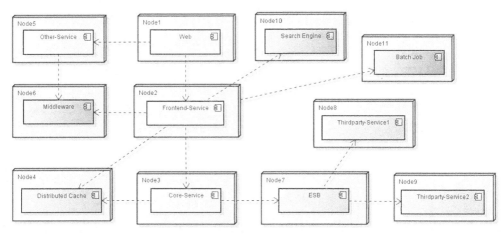

图 1-7　搜索引擎和批量数据处理架构

上述系统架构演进过程在现有的互联网应用中具有一定的代表性，很多 APP（Application，应用程序）后台就是从一个简单的单块模式开始，当面临系统架构设计问题时，通过引入各种技术系统逐步完善架构，直至具备庞大体量的大型集群系统。在这个系统架构演进过程中，我们再来回答"什么是系统架构设计"这个问题时，我们就可以认为系统架构设计是在系统开发演化过程中，解决一系列问题的方法论和工程实践。

方法论和工程实践包含了系统构成的各种结构化元素，包含了系统交互的各种接口和相互协作方式，包含了通用的指导性架构风格。更为重要的是，通过引入方法论和工程实践进行系统架构演进是一个"原型→发现/改进→再发现/再改进"的过程。这显然已经不是一个纯粹的技术问题，而是一项涉及多个软件开发维度的系统工程。

1.1.3　架构设计与系统工程

架构设计是一项系统工程，而系统工程本质上是一个多学科工程，涉及软件开发的技术和管理两方面。一般而言，系统工程可以简单描述为一种人、工具、流程等基本构成元素的组合，图 1-8 即是对架构设计系统工程的一种描述方法。

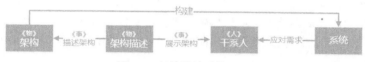

图 1-8　架构设计系统工程

我们通过上图把架构设计通过系统工程的方法展开，可以清晰地看到以下几点核心思维。

1.　人

架构设计中的人除了架构师本身主要指的是各种干系人（Stakeholder）。所谓干系人，就是架构所需要满足的各种业务方、客户、市场、项目、产品等相关人员。这些干系人代表着功能需求的来源，同时拥有对系统架构是否成功的判断权利。架构设计本质是满足业务需求，业务架构驱动着技术架构，而不是反其道而行。系统工程的第一点核心思路就是我们从事任何架构设计相关的工作都是为了满足干系人的需求。

2.　事

架构设计中的事主要包括描述架构和展示架构。架构描述代表着使用特定的工具、特定的流程和特定的视图视角创建、记录和维护架构。架构展示则把描述出来的架构在合适的时机和场合展示给相关干系人供其参考和判断。无论是架构描述还是架构展示都不是一步能够到位的，所以系统工程的第二个核心思路就是我们要站在过程管理的思维模式上去看待架构设计这件事情：架构设计本身也是一个过程，过程就需要通过计划、实施、监控、管理等方法确保其执行，并通过持续改进实现过程的高效性和正确性。

3.　物

架构设计相关系统工程的物指的就是所设计的架构及对应的架构描述。架构描述并不只是架构师的个人成果，而是架构师及相关干系人共同确认的成果，用于构建系统，以满足业务需求。系统工程的第三个核心思路就是需要提供架构设计产物的可见性，同时确保具备较高设计质量，使其能够接受来自内部和外部的评审和验证。

综上所述，架构设计就是以干系人提出的业务需求为源头、以技术管理和过程改进体系为工作流程、以质量为重心的一项系统工程。在系统工程中，业务需求需要进行分析和抽象、过程需要进行管理和改进、设计质量需要进行保障，完成包含这些活动在内的整个系统架构设计工作的角色就是架构师。

1.2 剖析架构师角色

架构设计被认为是从问题领域到解决方案的一种桥梁，如图 1-9 所示。从图中我们可以看到架构设计活动与代表问题域的需求分析活动和代表解决域的软件开发活动都有直接交集，连接着两个软件开发的核心领域。

图 1-9 架构设计的桥梁作用

架构师是架构设计的执行者，架构设计的桥梁作用给架构师带来了挑战，意味着架构师需要同时具备处理两个核心领域的能力，即架构师需要能够从问题领域出发推导出满足业务需求的架构体系，同时又能够从实现方法入手设计出能够满足业务架构需求的技术架构体系，最终实现业务架构和技术架构的统一。

1.2.1 架构师角色

1. 架构师的活动与系统工程

架构师是负责设计、记录和领导能够满足所有干系人需求的系统构建过程的人。通常，这个角色需要完成以下 4 项工作。

（1）识别干系人并让他们参与进来

干系人是业务需求的源头，识别正确的干系人能够确保业务需求的正确性，让干系人参与能够确保业务需求的实时性和有效控制需求变更。

（2）理解和记录系统功能和非功能相关的关注点

通过需求分析，架构师梳理并抽象系统的各项功能性和非功能性需求，并对这些需求进行系统建模。

（3）创建并拥有应对这些关注点的架构定义

对功能性和非功能性需求，从扩展性（Extensibility）、性能（Performance）、可用性（Availability）、安全性（Security）、伸缩性（Scalability）等架构设计的基本要素出发定义架构。

（4）在把架构实现为具体系统的过程中起主要作用

推动架构设计活动按照项目和产品计划有序进行，参与需求、设计评审等各种技术评审过程，并管理系统设计和开发团队的日常工作。

就一个完整的系统开发生命周期而言，架构设计活动有其时效性。图 1-10 体现了传统瀑布（Waterfall）模型下的系统开发生命周期与架构师参与情况。从图中可以看出在由需求分析和系统建模所构成的系统初始阶段，以及由服务集成和产品接受所构成的最后交付阶段，架构师会较多地参与到系统建设过程中去。具体参与程度取决于系统本身的特征及生命周期模型。

对于类似 Scrum 的敏捷开发模型，如果把一个个迭代看成是小型的 Water-Scrum-Fall 模型的话，架构师参与程度实际上也与图 1-10 所示的结果相类似，即重点参与迭代计划阶段和迭代演示回顾阶段。

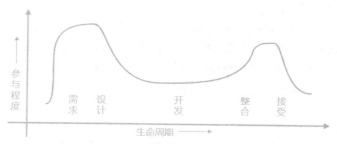

图 1-10　系统开发生命周期与架构师参与情况

从系统工程维度，架构师根据干系人的业务需求捕获系统功能和非功能相关的关注点，并创建架构描述。架构师对架构描述这一架构设计产物具有拥有权，意味着架构师有权力更有责任维护架构描述并管理其实时性和有效性。同时，架构设计表现在系统过程中是一系列架构定义过程。架构过程的正确性决定着架构结果的正确性，架构师需要跟踪并验证架构定义过程的时机、参与者、技术评审和各项阶段性成果。添加了架构师角色及其职责的系统工程如图 1-11 所示。

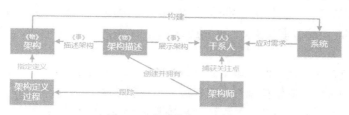

图 1-11　架构师与系统工程

2.架构师的分类

基于以上关于架构师的工作内容、参与程度和系统工程的分析，可以看到架构师根据其作用、职责和对系统关注层次的不同，可以分成很多类型。狭义上的架构师往往偏重于技术架构设计。但从广义上讲，业界对架构师的划分有一定的体系，表现在以下 3 个方面。

（1）根据作用

根据所发挥的核心作用，可以把架构师划分成设计型、救火型、布道型、极客型等类型。相较于传统意义上的设计型架构师，救火型、布道型、极客型等类型的架构师更加偏重于执行某一项特定的架构任务，并不一定会完整参与系统开发生命周期，更不一定会从系统工程的角度去看问题。

（2）根据职责

产品型、基础设施型和应用型等架构师是从其所处的业务和职责出发进行分类的结果。产品型架构师偏重于进行业务架构设计，往往在系统开发前期会重点参与；基础设施型架构师偏重于进行技术基础框架设计，一般采用独立于系统开发生命周期的特有开发模式；常见的系统架构师指的是应用型架构师，正如前文所述，负责将问题领域进行建模并转变成解决方案。

（3）根据关注层次

架构师关注的层次有很多，不同的架构师关注的层次会有所不同，包括但不限于功能、非功能、团队组织和管理、产品运营等方面。

本书所阐述的架构师角色，从作用上讲指的是设计型架构师，从职责上讲偏重于应用开发，并关注于功能、非功能、团队组织和管理等层次。

3．架构师的技能和职责

作为一名合格的架构师，完备的技术领域知识是必备的技能，包括我们在1.1.2节架构演进理论中提到过的分布式系统、缓存、消息中间件、企业服务总线、搜索引擎和批量数据处理等各种目前业务主流的技术体系，也包括软件架构体系结构中所蕴含的架构风格、架构模式和架构模型思想。但针对应用设计型架构师，所需的技能不仅仅限于了解和掌握技术体系，也需要从另外两个层面进行技能拓展。

（1）业务领域知识

在应用程序开发过程中，业务架构驱动技术架构现象非常普遍。提升业务领域知识和提升技术领域知识一样，都对架构设计有直接影响。从这个角度讲，架构师应该具备跨领域的技能。

（2）软技能

无论是传统型软件还是互联网应用，当前的开发模式已不再崇尚靠能力出众的个人来决定系统的产出，而是要靠团队。架构设计同样面临着项目计划同步、第三方服务集成、外部团队协作等团队性活动需求，很多场景下，架构师需要与内部团队、外部团队统一协作才能设计出适合业务发展方向的系统架构。从这个角度讲，架构师应该具备跨团队的技能。

如果一名架构师具备以上能力，那他就可以从事架构设计工作。对于具体的工作内容，任何一名团队成员都应明确其职责并赋予相应的权力，架构师自然也不例外。架构师的基本职责有3点。

- 作为技术负责人，从问题领域出发进行抽象和建模并提供系统解决方案。
- 与项目经理合作，制定计划、分配资源、组建团队。
- 通过自身影响力和协作能力，保证项目按既定计划和成本完成。

定义并记录系统的架构、构建和部署系统的策略、确保架构满足系统的质量属性、促进系统级别决定的产出、确保相关决定与干系人的期望一致、对架构方面的各项指标做平衡性的判断并确保达成一致意见等都是架构师的职责示例。

1.2.2　当程序员遇到架构师

当程序员遇到架构师能否碰撞出火花？我们从程序员的特点和架构师的要求两方面出发做一下对比，对比项包含以下12项。

（1）思维模式

程序员、尤其是年轻的程序员的一大特征就是情绪化思维，对碰到的问题倾向于使用主观意识去寻找方法，同时又有一些顽固，钻牛角尖的场景并不少见。而架构师通常具备全面的思考和分析模式，倾向于使用换位思考从问题的内因、外因出发，找到团队内部和外部能够解决问题的资源，确保问题得以高效解决。

（2）沟通

程序员普遍不善交流，表现在不善于听取别人的意见，更不善于表达自身的想法。而对于架构师而言，了解团队和组织文化，把握政治方向，具备沟通和协商能力是基本要求。

（3）学习

程序员学习积极性高，能力也强，但过于依赖个人经验，并不能很好把握住学习的方向，缺少系统的学习计划和目标。架构师通常具备较强的自我提升意识，明白要学什么及怎么学。

（4）协作

程序员创造力强，但在团队和组织氛围下，缺乏一定纪律性，往往从个人出发思考问题和开展活动。而架构师作为技术负责人，需要通过系统的工程学方法，应用项目管理知识领域及相关工程实践开展团队协作。

（5）推动力

程序员独立思考，有好的想法但并不喜欢分享，更加不会作为推动者去主动落实这些想法。而架构师应具备领导力与推动力，除了技术演进，在团队价值取向、组织趋势把握、组织运营和人才发展等各个方面都可能需要发挥其主导性。

（6）全局高度

程序员由于意识形态和经验的缺失，普遍过多关注细节而缺少大局观。而架构师具备全局观，拥有独特的基于系统架构设计的视图和视角。

（7）方法论

程序员开发能力出众，但缺乏设计和建模的方法论。而架构师善于把握架构设计和系统建模的角度和切入点，并使用一组用于确保成功的手段、方式和流程。

（8）业务

程序员相比业务更喜欢钻研技术，通常不关注业务，不善于从干系人角度出发理解业务并进行抽象。而对于架构师而言，理解干系人的业务痛点，并基于业务需求进行业务抽象和系统建模是其基本工作内容之一。

（9）时间管理

程序员有很强的时间观念，但又不善于管理时间。而架构师善于采用敏捷、迭代的过程来合理安排时间，规避时间管理上的风险。

（10）系统化

程序员拼命工作而不是聪明的工作，因为缺少系统化的工作规程。而架构师需要从系统工程角度出发，对软件开发、项目管理和过程改进等系统过程进行合理规划，形成统一的工作模式，确保团队成员都能在同一节奏上开展开发工作。

（11）产品交付

程序员只关注写"高效"的代码，却不关心"高效"的产品交付。而架构师基于产品交付模型和工具进行产品的快速迭代及实现系统的自动化交付。

（12）实用主义

程序员写"聪明"的代码而不是"简单"的代码，"聪明"的代码并不意味着一定能够带来更好的性能和可维护性，有时候反而成为团队知识传递的一种障碍。而架构师关注实用主义，追求成功而不是完美。

这 12 项对比中包含的思想和方法论在本书中都会一一展开。接下来，我们先来看一下架构师所应具备的视图和视角。

1.3　架构师的视图和视角

架构设计是一项包含需求分析、质量管理和过程改进的系统工程，也需要跨团队的协作和交互。当需要把架构展示给别人时，如何表现架构设计、如何让别人快速而准确地理解进而实现架构就成为架构师的考虑点之一。通常，架构师会面临类似如下的疑问。

- 架构能实现哪些功能？
- 架构主要构成元素有哪些？
- 架构中需要管理、存储和展示的信息有哪些？
- 架构需要提供怎么样的开发、测试和部署环境？

面对这些疑问，我们的思路是避免用单个"面面俱到"的模型回答所有问题。这时候架构师手上应该有两项武器，一项是视图，一项是视角。视图和视角的分类业界也有几种不同的说法，我们站在前人的基础上[1]做出自己的阐述。

要想清晰、明确地展示系统架构的视图和视角，首先需要对视图和视角进行建模，即通过统一的表述方式和模型来展示不同的视图和视角。在本书中，每一个视图和视角将包含以下3部分内容。

（1）定义

对视图和视角的简短描述，用于给出其一般定义。

（2）切入点

描述某一个视图或视角特定的关注点，并提供切入该视图或视角的方向。任何一个视图或视角都应该具备若干与其他视图或视角不一样的切入点，以便在系统设计过程中能够找到问题所对应的切入点并进行优化和管控。

（3）架构设计

包括架构设计过程中的模型和策略，对于视图和视角之间可能存在的相关关系也将属于架构设计讨论范畴。

1.3.1 架构师的视图

架构视图面向需求，主要回答"有没有"这个问题。架构设计是一项综合性的活动，要完整展示架构包含的内容实属不易。架构视图为我们提供了六大视图，图1-12展示了这六大视图及架构设计与这些视图之间的关系，所有视图都是围绕架构设计展开，但又各自具备侧重点。通过完备的架构视图，系统架构就从一种抽象的概念转变成能够供干系人触碰的软件实体。

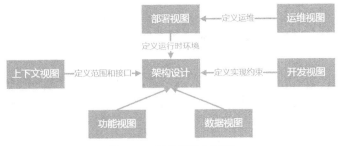

图1-12　架构设计与视图

我们基于定义、切入点和架构设计这一建模方式对每个视图进行展开。

1. 上下文视图

所谓上下文（Context）指的就是一种环境。上下文视图描述系统与环境之间的关系、依赖和交互，包含了各种当前环境中数据及其操作。通常，上下文包含在特定的场景中，所以有时候我们也可以把场景（Scenario）这个词视同系统的上下文。

基于环境和交互，上下文视图的切入点往往同时关注于系统的内部和外部，系统的范围、系统之间的界限和外部系统的划分、组件和模块之间的依赖关系及如何进行系统有效集成等是上下文视图的主要展示内容。

　　架构设计方面，上下文视图总结我们所设计的架构背后究竟是怎么样的一个系统，包括系统本身、外部实体和相关接口。图 1-13 所展示的就是一个基于电商系统业务的上下文视图示例。可以看到，一个电商系统的内部包含账户系统、支付系统、物流系统等核心功能子系统，同时也需要和各种第三方系统进行集成。这时，相关数据都存储在本地数据库中，用户通过电商系统门户可以获取各个内部和外部子系统所提供的服务，从而提供了一幅完整的系统功能范围、外部系统集成和用户交互的上下文视图。

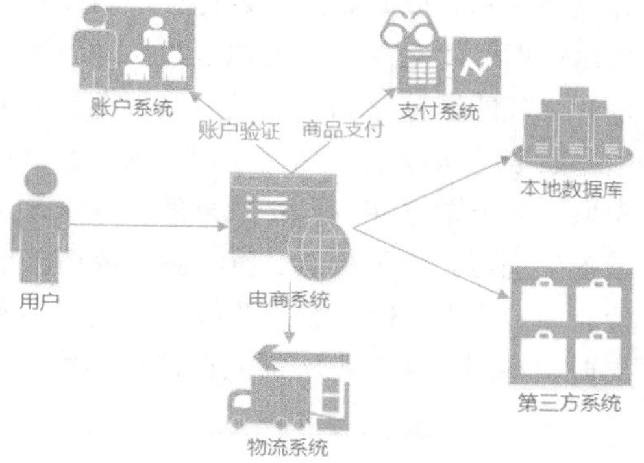

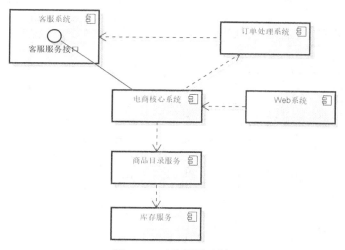

图 1-13　上下文视图示例

2．功能视图

　　功能视图描述系统运行时功能元素及其职责、接口和交互关系。从定义上看，功能视图和上下文视图有一定的重合之处，但功能视图脱离环境，描述的是系统组件定义及各个组件之间的交互关系而不是业务场景分析，所以对于功能视图而言，我们结合组件设计思想进行理解。图 1-14 就是图 1-13 中上下文视图所对应的功能视图，采用 UML（Unified Modeling Language，统一建模语言）中组件图进行绘制，可以进一步看到组件之间的接口和依赖关系。

图 1-14　功能视图示例

　　功能视图的切入点比较明确，就是从功能出发，包括系统的内部结构和外部接口，推导出该系统所需的各个组件及其依赖关系。内部结构取决于系统建模和架构分析的结果，而外部接口受系统集成模式和实现技术的约束。

　　功能视图的架构设计包括确定功能元素、接口、连接器和外部实体。这些在基于组件的设计方法中均有固定的表现形式。

3．数据视图

　　业务系统软件通过数据来承载结果，大多数实现过程都是围绕数据展开。数据视图描述系统存储、操作、管理和分发数据的方式，是系统中核心业务数据的一种载体和表现形式。

数据视图对数据的处理包括几个主要方面，首要的是数据结构。数据结构作为表示数据的元数据，是系统内部最核心的数据模型。同时，为了能够在系统内部各模块及与外部系统之间进行有效交互和集成，数据标识符和映射关系同样成为数据设计的基本要求。数据一般都需要进行持久化管理，建立以传统关系型数据库、NoSQL（Not Only SQL，非关系型数据库）亦或大数据平台为代表的数据存储模型是数据视图最后需要考虑的切入点。

数据架构建模有几种典型方式，包括静态数据建模、数据流建模和数据状态建模。这些数据模型代表着数据在不同场景下的不同表现形式以及发挥的作用。在 UML 中，类图、流程图和状态图分别可以作为静态数据模型、数据流模型和数据模型的建模工具，图 1-15 代表一个移动医疗行业中"病人"这一数据载体所展现的类图，而图 1-16 是围绕电商行业"订单"之一概念所做的数据状态图。两个示例都能在特定场景下为系统架构提供所需的数据视图。

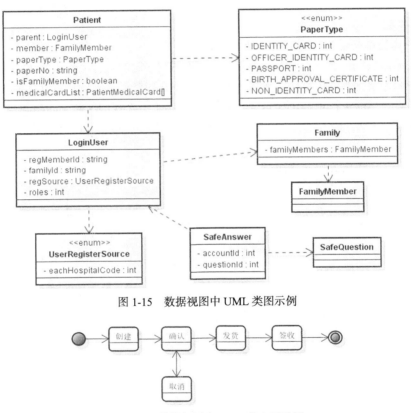

图 1-15　数据视图中 UML 类图示例

图 1-16　数据视图中 UML 状态图示例

4. 开发视图

开发视图描述支持软件开发过程的架构。在所有架构视图中，该视图最接近于系统设计和具体实现方案，是架构设计中面向技术的核心视图。

系统设计和开发包含通用的体系结构和设计模式，其中系统模块的合理组织、软件复用技术的应用、使用设计和测试的标准化及如何进行代码组织都是开发视图常见的切入点。

上述切入点需要结合具体的业务需求并采用特定的架构设计模型方能展现成开发视图。模块结构模型是开发视图中比较容易实现且易于展示的一种模型。图 1-17 就是一个涉及用户和商品管理的电商系统中所展示出来的模块结构图，采用了 UML 中的包图作为特定展示媒介。从图中我们可以看到在架构设计和系统开发中时常需要考虑的一些设计模式，如系统分层（领域层、业务逻辑层和表现层）及这些层次之间的依赖关系。当然，开发视图中也可以包含一些通用的设计模型。

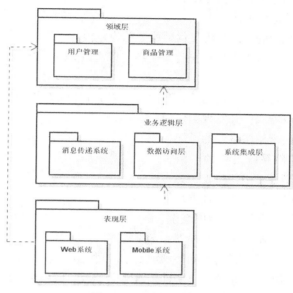

图 1-17　开发视图示例

5. 部署视图

部署视图描述系统部署的环境及系统与其中元素的依赖关系。通常，架构设计的结果会对系统部署有特定的约束条件；反过来，系统部署条件也会影响架构设计方案。这也是为什么要把部署作为单独一项架构设计视图的原因。

部署视图的切入点一般都比较程式化。系统部署时所需的运行平台、硬件设备和软件服务、第三方软件需求和网络需求是该视图的主要考虑点。通常这些考虑点已经包含了常见业务系统部署的各个方面。

部署架构上，平台模型、网络组成模型和技术依赖关系模型等在运行时需要通过部署视图展示给相关的服务发布和运维人员。特别是现在服务化架构大行其道的背景下，系统服务之间的调用关系远比传统意义上单块模式复杂，部署视图的重要性得到显著提升。UML 中，我们可以使用部署视图对系统部署架构进行建模。图 1-18 就是一个典型的系统部署视图，包含了若干个服务提供者和消费者，这些服务通过 Zookeeper 进行分布式环境的集中式协调和管理。

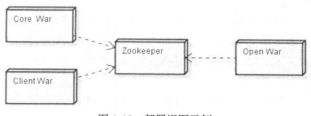

图 1-18　部署视图示例

6. 运维视图

运维视图描述当系统运行在生产环境时如何进行运维、管理和支持。运维视图并不属于系统架构设计的核心视图。该视图也通常由专业的运维人员进行开发和维护。

运维视图和部署视图一样，切入点通常都比较程式化，如建立隔离的生产环境、运行时的功能/数据迁移、状态/性能监控、集中式或分布式的配置管理、数据和系统的备份和还原及提供各项技术支持等都是常见的运维要求。

架构设计上，运维视图的目的是为了保证服务的稳定性和可用性，并在系统出现运行故障时能够进行容错和快速恢复。这其中包括安装、迁移、管理和支持活动，并且希望这些活动能够尽量做到自动化。

六大视图之间虽然各自表现架构的某个方面，但也存在依赖关系，图 1-19 描述的是视图之间的依赖关系。从图中可以看到，开发视图作为唯一没有被依赖的视图处于架构设计的低端，正如同编码开发处于软件系统工程的下游一样；上下文视图顾名思义处于中间位置，为多个视图提供上下文环境信息；功能和数据视图之间耦合度较高，分别构成了独立的视图系统，因此往往共同存在和发展，类似的还有部署和运维视图。

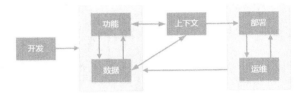

图 1-19 视图之间的依赖关系

不同的系统往往对架构视图具有不同的展示要求。对上下文视图而言，主流的信息化系统、互联网系统、面向服务和中间件系统，重要性依次降低。因为信息化系统往往涉及较多的系统集成，而互联网站点则主要关注于系统内部的完备性，面向服务和中间件系统则更加专注于技术体系和指标，很少会关注业务及业务对应的交互方式。除了上下文视图，互联网系统对其他功能、数据、开发、部署和运维 5 个视图的要求都是最高的。面向服务和中间件系统因为系统特性一般不大关注数据和开发，而重点在于功能、部署和运维。信息化系统则对开发和部署具有较高要求，但不重视运维视图。

1.3.2 架构师的视角

架构视角面向质量，主要回答"好不好"这个问题。架构视角并不像架构视图比较容易抽象，因为一个系统的质量属性包含很多内容。我们从中筛选出 4 个通用而又重要的架构视角，分别是安全性、性能、可用性和可扩展性，并采用与架构视图同样的建模方式对每个视角进行展开。

1. 安全性视角

安全性体现的是控制、监控和审计对资源的访问性和执行能力，以及从安全漏洞中恢复的能力。在主流的信息化系统、面向服务和中间件系统中通常要求不高，但对于互联网系统而言，安全性是一项核心非功能性需求。

从产生安全性问题的源头出发，我们可以找到常见的安全性视角切入点。需要进行安全性控制的内容通常称之为资源（Resource）。能访问资源的人或系统称为访问主体（Subject）。控制安全性就是根据不同的访问主体对不同的资源进行精细化控制，包含建立完善的用户权限管理系统并提供相应安全策略。

找到安全性切入点，架构设计上就可以对症下药。对用户进行身份认证（Authentication）、授权（Authorization）访问、通过加密解密等确保信息保密性和完整性、提供类似单点登录

（Single Sign On，SSO）的安全性管理平台、使用第三方安全性基础框架等都是安全性架构设计的常见手段。

2. 性能视角

性能视角的质量要求体现在系统在其指定的性能状况下执行，以及将来需要时提供增长的处理能力。性能要求对于信息化系统而言，不一定会成为一项核心质量指标，因为一般的信息化系统偏重于业务模型而不大容易形成性能瓶颈。但对于互联网应用和中间件系统，很多时候是最核心的一项系统构建目标。

性能的切入点通常也有一套完整的方法论和工程实践。比如，我们可以从核心功能响应时间、系统吞吐量、部署架构的可伸缩性、性能问题的可预测性和峰值负载等方向判断系统是否存在性能问题并找到相应的解决方案。

架构策略上，也有很多针对性能问题掉设计方案，比如，对核心业务链路和活动进行分解并把串行操作转变成并行化流程、对需要重复执行的处理过程进行优化、重用资源和结果、使用异步处理、放松事务一致性、转换数据强一致性为弱一致性等都可以在一定程度上提升系统的性能。同时，在设计解决性问题时，也需要把握一定的平衡性，避免为了提升性能而提升性能。

3. 可用性视角

可用性视角提供系统在需要时能够完整地提供服务，并有效处理影响系统可用性故障的能力。和性能视角一样，可用性对于普通的信息化系统而言重要性居中，但对于互联网应用和中间件系统却是非常重要的。

可用性的规划和实现需要先明确服务的类型，对不同类型的服务其可用性要求不尽相同。系统升级、停机和维修时间、系统备份、灾难恢复等也都需要有对应的实施计划。

架构设计策略上，使用容错硬件和容错软件、确保采用主流的集群和负载均衡机制、加强日志管理和分析、采用组件复制策略、建立完整的备份和灾难恢复解决方案都属于这个视角的考虑范围之内。

4. 可扩展性视角

可扩展性视角是指系统在经历不可避免地变更时足够灵活，是针对提供这样的灵活性所要付出的成本进行平衡的能力。可扩展性对于信息化系统而言就有最高的重要性，对于面向服务和中间件系统具有最低的重要性，对于互联网应用而言，其重要性视具体系统而定。目前很多互联网应用，如移动医疗行业，因为核心数据都是存放在医院，业务系统需要通过各种技术手段对接医院内部的 HIS（Hospital Information System，医院信息系统）、LIS（Laboratory Information Management System，实验室信息管理系统）等，所以也具有较高的可扩展性要求。而对于电商行业而言，核心数据都属于内部系统可控范围之内，相对而言具备较低的可扩展性要求。

可扩展性（Extensibility）通常容易与可伸缩性（Scalability）混淆。所谓可扩展，扩展的是业务。所谓可伸缩，伸缩的是性能。图 1-20 上半部分代表可扩展性，当往系统 A 中添加新业务时，不需要改变原有的各个子系统而只需把新业务封闭在一个新的子系统中就能完成整体业务的升级，我们认为系统具有较好的可扩展性；而该图下半部分表示可伸缩性，即当系统 B 的性能出现问题时，我们只需要简单添加一个应用服务器就能避免系统出现性能瓶颈，那么该系统无疑具备可伸缩性。实际上，我们在前文的性能视角中已经提到过部署架构的可伸缩性概念。

明确了可扩展性的概念之后，我们明白实现可扩展性的一个切入点是加强产品管理，从业务需求的源头把控变化，把部分业务在进入开发流程之前进行梳理，以避免不需要的变化的引入。对于已经进入开发流程的变化，同样需要把握变化的维度和量级，并从变化交付、开发复杂度等角度出发找到提升可扩展性的方法。

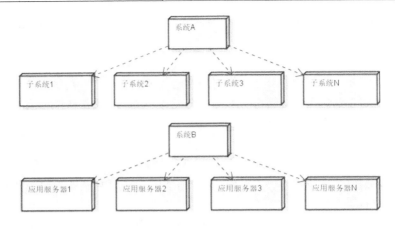

图 1-20　可扩展性和可伸缩性对比

对于可扩展性视角，架构设计上的重点在于梳理系统的变化并把它们抽象成扩展点，并通过对这些扩展点创建可扩展的接口、应用促进变更的设计技术，以及尽量使用基于业务标准的扩展点技术等手段确保系统具有较高的可扩展性。

易用性视角、开发资源和效率视角、国际化视角等也属于系统架构的视角，但不属于架构设计的核心视角，故本书中不做展开。

1.3.3　视图视角与系统工程

架构视图和架构视角垂直构成完整架构描述。我们可以在明确架构视图的前提下，往各个架构视图中添加架构视角，使视图和视角在完成各自目标的同时能够紧密整合。系统的可扩展性视角与功能、数据和开发视图关系密切，因为可扩展性面向业务需求，系统的功能和数据设计方案及具体采用的开发模式会很大程度上决定系统的可扩展性。而可用性对这 3 个视图关系不大。部署视图对系统的安全性、性能和可用性影响巨大，部署视图是系统得以实现的基本前提，部署方案成功与否从架构上决定了能够实现成功的安全性、性能和可用性。

回到系统工程，架构视图和架构视角也是系统工程的组成部分。图 1-21 展示视图视角与系统工程之间的关系。视图关联视角，两者构成了架构描述的一部分；同时视图从业务需求角度，视角从质量需求角度解决了干系人所提出的各种关注点。这些关注点实际上就是需要架构师去捕获的架构设计的输入。

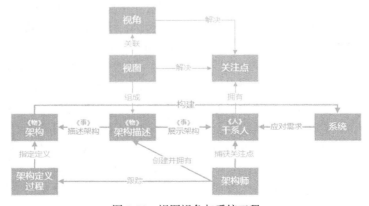

图 1-21　视图视角与系统工程

1.4　程序员如何向架构师成功转型

通过前面的介绍，我们已经明确了架构设计和架构师的基本概念，架构视图和视角也是代表架构师从事架构设计活动的主要维度。接下去要解决的问题就是如何从普通的开发人员成功转型成一名架构师。

1.4.1　转型成功的三段式模型

转型需要一个过程，而任何过程一般都可以抽象成人、工具和流程的组合。但是对于转型过程而言，显然普适意义上的人、工具和流程并不能直接应用。如何找到更加有效的途径来完成从程序员到架构师的转变？本书提出了针对转型的特定过程模型，即图 1-22 所示的由思路、方法论和工程实践所构成的三段式模型。

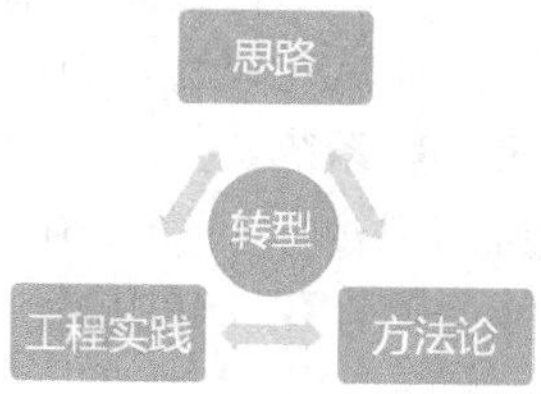

图 1-22　转型三段式模型

1. 思路

思路意指思考的条理脉络，通俗的解释就是心里的想法。转型需要想法，但往架构师转型的想法却受以下 3 个方面限制：意识形态（Mindset）、环境（Environment）和决心（Determination）。意识形态是转型的触动点，当我们想去做一件事情而这件事情需要付出很大努力时，通常是意识形态发生了变化，从习惯于根据详细设计文档编写代码并完成功能自测，到根据业务需求抽象出系统模型并转变成架构描述。意识的转变是工作内容转变的前提，而意识形态很多时候决定了一个人发展的高度。但一个人所能达到的高度还很大程度受限于环境因素，好的环境和不好的环境对个人发展影响巨大，而我们往往无法改变环境，只能适应环境，所以是否具备一个良好的环境也是在转型之前需要进行梳理并作出判断，必要时也应该果断采取行动。思路的最后一点就是决心。当意识形态和环境因素都已经具备，决心变成是否能够转型的关键，毕竟想要成为一名合格甚至优秀的架构师可能要比想象的困难。

2. 方法论

所谓方法就是做事的手段、方式、流程，而方法论即一组方法的集合，也就是一组用于确保成功的规则的集合。对架构师而言，了解主流软件架构风格、模式和模型、通过整合各种架构体系形成自身的架构设计思想是一种方法论；能够对主流架构设计方法进行阐述、把握主流技术体系知识领域及相应的原理是一种方法论；围绕软件开发生命周期的系统工程，理解软件工程、业务架构、敏捷方法、产品交付等概念是一种方法论；作为架构师了解各种软技能需求及相应的应对方法也是一种方法论。理论指导实践，只有具备相关的方法论，才能用于工程实践。

3. 工程实践

在软件开发领域，我们经常提倡使用各种最佳实践（Best Practice）。最佳实践是一个管理学概念，认为存在某种技术、方法、过程、活动或机制可以使生产或管理实践的结果达到最优，并减少出错的可能性。把软件开发的最佳方式和开发人员个人做得最好的事项一一总结出来，就是组织的最佳实践。最佳实践包含在技术和非技术领域，包含在对人和事物的处理过程，也包含在架构师所应具备的各项软、硬能力中。要想成为一名架构师，对架构师所应该从事的各项活动都需要且能够提炼出最佳工程实践作为具体工作展开的输入和模板。

1.4.2 转型思维导图

架构师转型面临的巨大挑战来自于架构师的工作特性及康威定律。

康威定律（Conway's Law）指出设计系统的组织，其产生的设计和架构等价于组织间的沟通结构。从传统的单块架构到目前非常流行的微服务架构实际就是这一定律的一种体现。现在很多开发团队本质上都是分布式的，单块架构的开发、测试、部署协调沟通成本巨大，严重影响效率且容易产生冲突。将单块架构解耦成微服务，每个团队开发、测试和发布自己负责的微服务，互不干扰，系统效率得到提升。可见，组织和系统架构之间有一个映射关系：一方面，如果组织结构和文化结构不支持，通常无法成功建立有效的系统架构；另一方面，如果系统设计或者架构不支持，那么你就无法成功建立一个高效的组织。

康威定律给我们的指导是设计系统架构之前，先看清组织结构和组织文化，再根据情况设计并调整系统架构。要做到这一点，架构师应该具备较高的综合能力。表 1-1 列示了普通研发工程师与架构师工作性质的对比，从对比中我们可以看到，架构师的工作不能只关注于技术，而更重要是站在团队和组织的角度看问题。

表 1-1　　　　　　　　　　研发工程师与架构师工作性质对比

对比维度	研发工程师	架构师
技术	技术实现	技术创新
管理	自我管理	小组管理
指导	经验传承	组员培育
沟通协调	团队活动	全方位
策略规划	技术支持	技术策略
绩效重点	前瞻性技术	全组绩效

但是我们知道软件研发人员也具有自己的思想和方法论，因此，一方面作为技术人员自然崇尚技术能力，架构师应该具备较强的技术创新能力才能让下面的开发人员信服；另一方面，架构师需要把握团队架构，在组织文化下和外部团队进行有效协作，需要具备人员和过程的管理能力，能够使内部、外部的团队成员目标一致，实现架构师的自身价值。显然，要做到以上两个方面是困难的。软件行业特定的企业文化及开发人员特定的思维模式决定了架构师不同于一般主管，如图 1-23 所示，架构师角色要遵守的是一种跷跷板游戏规则，若稍有不慎就可能失去平衡。

一般主管　⟷　架构师　⟷　研发工程师

图 1-23　架构师的挑战

面对架构师转型所需要克服的各项挑战及康威定律给我们带来的启示,结合转型成功所需要的三段式模型,我们得出了图 1-24 的转型思维导图。该图上半部分代表包含思路、方法论和工程实践的

三段式模型,下半部分代表转型主题,包括体系结构、架构设计和技术实现三部分在内的系统架构设计知识领域,包括软件开发系统工程,也包括架构师所需的软能力。三段式模型指导着转型主题的落实,即对每一个转型主题,思路、方法论和工程实践都是我们进行转型的基本切入点;反过来,转型主题又推动着三段式模型的进一步成熟和改进。该转型思维导图构成了本书的基本行文框架。本书后续章节内容基本按照该图进行展开。

图 1-24　转型思维导图

1.4.3　作为架构师开展工作

在进行转型之前,程序员可以分析和挖掘作为一名架构师是如何开展工作的,明白架构师的日常工作内容有助于理解架构师转型过程中可能会碰到的问题,以及抱着这些问题继续本书后续章节的转型之路。图 1-25 梳理了作为一名架构师所从事的典型工作内容。

1. 识别干系人

识别干系人的首要问题是明确谁是干系人。明确干系人可以使用图 1-26 中的干系人识别模型。该模型有两个步骤,首先从架构师自身出发,找到某一件与架构相关的事情,然后再通过事情找到与"我"相关的干系人。该模型虽然简单,但却可以避免找到不必要的干系人及错过所需要找的干系人。在识别干系人的过程中同样需要对干系人进行分类。理想的干系人应该具备见多识广、有担当、有权威和有代表性等特征。

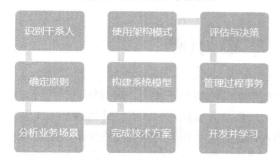

图 1-25　架构师的一天

图 1-26　干系人识别模型

2. 确定原则

架构原则代表对架构设计过程中采用的方法和意图的基本声明,并用于指导架构的定义。最小化外部数据、用户信息需要进行安全性处理都属于典型的原则示例。在系统设计之前对一些基本原则的规划和沉淀被认为是一项比较好的工程实践,有助于在根据具体业务场景进行架构设计过程中保持架构的独立性及架构师的基本立场。

3. 分析业务场景

业务场景分析需要先对场景进行分类,可以分为功能性场景和系统质量场景两大类,分别对应架构视图和架构视角。识别业务场景的过程可以采用从业务需求出发进行分析、跟干系人沟通、

借助于架构师经验等方式。该过程的输出是一系列业务场景，确保这些业务场景按照优先级进行排序。

4. 使用架构模式

所谓架构模式就是解决问题通用的方法和结构，包括发布-订阅、管道-过滤器、事件驱动架构等架构风格，也包括对象-关系行为模式、Web 表现模式、分布模式架构等架构模式及各种架构模型。

5. 构建系统模型

有了业务需求场景及通用的架构风格和模式，接下去就是对系统进行建模。系统建模通常使用统一建模语言 UML。采用 UML 能够方便地建立系统所需的用例建模、静态建模、动态建模和架构模型。业界也有专门从业务领域出发的建模体系和方法论，如领域驱动设计（Domain Driven Design，DDD）模型。

6. 完成技术方案

对于系统架构设计，技术方案即架构描述。架构描述中通常包含干系人的关注点、通用架构原则、架构视图的确立、架构视角的确定、视图与视角之间的一致性和相关性等要素。

7. 评估与决策

架构描述需要通过评估才能正式生效。常见的评估方法包括正式评审、结构化走查、场景评估、原型系统演示等。架构师在各种评估活动中应该起到推动作用。评估只是过程，不是结果，评估的目的是与干系人达成一致。

8. 管理过程事务

架构师作为技术负责人，通常也担任技术团队的 Leader，自然也需要参与团队资源整合、内部/外部分享和交流、Code Review、人员招聘面试、汇报等日常管理事务。

9. 开发并学习

架构师通常也需要和团队一起参与核心代码编写、参加技术会议和调研新技术。

1.5　本章小结

本章作为本书的开篇，围绕程序员如何向架构师转型展开讨论。转型是一个复杂的过程，需要从意识形态、知识领域、系统工程、软能力等多个方面找到切入点，并付诸于工程实践。

架构设计有其固有的特点，本质上架构设计过程就是在架构演进过程中不断发现问题、解决问题的过程。架构的设计过程需要按照一定的系统工程展开。同时，架构师作为架构设计的执行者，其角色的定位、技能职责的划分等因素也是立志于向架构师转型的开发人员所需要明确的，因为当程序员遇到架构师时不可避免会产生碰撞。

架构设计的目的是为了满足干系人的需求。通过提供架构视图和架构视角，可以从系统关注点出发，全面把控架构的内容和表现形式，帮助普通开发人员快速而准确的理解架构。架构视图和架构视角垂直构成完整架构描述。本章提供了六大视图和四大视角，涉及架构设计的核心维度。

本章最后提炼了转型成功的关键要素。成功转型需要三段式模型，即思路、方法论和工程实践。在技术知识领域、系统工程和软能力等各个转型主题中运用三段式模型构成了转型的思维导图，同时也形成了本书的行文框架，为后续内容展开做好铺垫。

第二篇
软件架构设计知识体系

本篇内容

本篇共有 4 章，全面介绍软件架构设计所需的知识体系结构，构成了架构师转型过程中的架构设计层面的主体技能，包括以下 4 方面内容。

1. 软件架构体系结构

围绕架构风格、架构模式和架构模型展开软件架构设计所需的各项体系结构，从较高层次出发侧重于对各种架构设计原理的抽象和分析。

2. 领域驱动设计

从面向领域角度出发为系统进行业务拆分和集成提供全套解决方案，分别使用面向领域的策略设计和技术设计两个维度，从不同层次对系统的架构设计提供各种组件，并结合案例分析介绍这些组件的设计和实现方法。

3. 分布式系统架构设计

RPC（Remote Procedure Call，远程过程调用）架构构成分布式系统的基础，而分布式服务架构为 RPC 架构添加了各项服务治理功能，从而形成一体化的服务化方案。目前流行的微服务也在该章中有简要描述，并介绍实现微服务架构的相关工具。该章同时也提供了基于 Dubbo 框架的分布式服务原理及微服务架构的案例分析。

4. 软件架构实现技术

缓存和性能优化、消息传递系统、企业服务总线、数据分析框架和安全性设计是对软件架构设计具体实现技术的切入点。该章中包含对这些技术的实现方法和相关工具的详细介绍。

上述 4 方面内容中，软件架构体系结构是理解后续各种设计理念和技术实现的基础和依据，领域驱动设计和分布式系统架构设计分别从纵向和横向维度为系统架构的拆分提供依据和方案，而软件架构实现技术提供完整的层次化架构实现所需的各项核心技术。

思维导图

第2章
软件架构体系结构

　　软件架构设计体现为一种层次性的软件过程，而软件过程的产出即为一系列经过抽象的组件。所谓软件体系结构就是组件的集合及各个组件之间的关系。软件体系结构强调在系统局部结构设计之前进行系统的整体结构设计，也就是进行系统的、公共的、高层次的抽象过程。

　　在软件开发过程中，我们通常会考虑两个重要因素，一个是如何提升软件开发效率和效果，另一个是如何梳理大规模复杂问题的解决方案。对于前者，可以采用各种业界主流的开发工具、框架和设计模式；而对于后者，我们就需要把软件体系结构作为基本切入点思考问题，这体现了软件体系结构的重要性。

2.1　软件体系结构

　　在软件开发不断发展的进程中，很长一段时间内，算法设计和数据结构是软件设计的本质性工作。时至今日，还有一部分偏重于科学计算的系统把这两点作为设计和开发的主要考虑因素。但随着软件复杂度的提升及软件开发技术的进步，更多的业务系统已不再或不需要关注于算法设计和数据结构，系统的层次化设计理念及高层次的结构化设计成为系统开发成败的决定性因素，即软件体系结构应运而生。软件体系结构是软件设计过程中的一个层次。这一层次超越计算过程中的算法设计和数据结构设计，把总体系统结构作为一个新问题正式提出来。

　　软件体系结构包括一组软件组件、软件组件的外部可见特性及其相互关系，强调软件设计必须从系统中抽象出某些信息，所以软件体系结构设计本质是一种抽象工作。抽象（Abstract）作为系统分析和架构设计的基本手段之一，在面向对象领域、设计模式领域及本节的软件体系结构领域都有广泛应用。虽然抽象的切入点众多，但抽象同样体现出层次性。在不同层次上的抽象结果往往面向不同的对象和目标。图 2-1 描述的是抽象的层次的发展过程，体现了不同时期使用的抽象方法。我们可以看到从最原始的语言级别的抽象，到算法和数据类型抽象，再到模块级别的抽象，抽象的粒度和对象显然是不同的。而体系结构级别抽象的结

图 2-1　抽象的层次

果就是软件体系结构，其作为系统总体结构的表现形式，是整个软件抽象的最高层次。

　　组件（Component）是软件体系结构的基本元素，一个或一组组件构成了软件体系结构。组件的分析和抽象有几个常见的切入点，比如，功能特性描述组件所实现的整体功能；非功能特性

描述组件的执行效率、处理能力、环境假设和整体特性；结构特性描述组件如何与其他部件集成在一起，以构成系统信息；家族特性描述了相同或相关组件之间的关系。

在软件开发生命周期中，软件体系结构设计作为一种高层设计位于需求分析和底层设计之间，如图 2-2 所示。通过开发特定应用领域的体系结构并形成组织级别的体系结构库是一项有价值的组织过程资产建设工作。所谓组织过程资产（Organizational Process Assets），是指一个组织中包括规章制度、指导方针、规范标准、操作程序、工作流程、行为准则和工具方法在内的用于影响项目成功的所有资产总和。通过建立体系机构可以促进广大开发人员形成习惯性模式，促进对设计的重用及提供软件可视化视图，便于相关关系人理解系统。

图 2-2　软件开发周期中的体系结构

体系结构是一个高度抽象的层次。针对如何表现体系结构，业界目前并没有一个非常统一的说法。本书中把软件体系结构归为 3 种主要的表现形式，即风格（Style）、模式（Pattern）和模型（Model）。通过这 3 者，可以明确如何对软件设计成分进行整理和安排，并且对这些整理和安排加以限制，从而形成一种设计软件的特定套路，同时能够反映领域中众多系统所共有的结构和语义特性，并为我们提供描述系统的术语表和一组指导构建系统的规则。本章后续将分别围绕体系机构的风格、模式和模型分别展开讨论。

2.2　架构风格

架构风格（Architecture Style）描述某一特定应用领域中系统组织和表现的惯用方式。对软件体系架构风格的研究和实践促进了对软件设计的重用。一些经过实践证实的架构风格解决方案也可以可靠地用于解决新的问题。

通用架构风格可以按照其系统组织和表现形式进行分类。本节将介绍系统架构设计过程中常见的架构风格类别及这些类别中的代表性架构风格。

2.2.1　分布式

现代软件开发的一大现状和问题就是容易形成信息孤岛，即每个业务部门和产品线根据自身的业务需求设计相应的架构体系并进行实现。这些独立的系统保存着业务系统的核心数据并运行于独立的进程环境中。涉及组织架构、团队文化、技术体系等因素，仅仅通过系统内部重构很大程度上只能缓解而不能消除信息孤岛的产生。这就需要使用某种手段进行业务服务整合。分布式架构风格的目的就在此。分布式作为一种基础架构风格为不同系统之间的交互提供通信范式，从而有效屏蔽底层平台细节。分布式架构风格有以下 3 种主要的表现形式。

1. 消息传递
通过消息传递（Messaging）的相互作用可以实现分布式。图 2-3 就是基本的消息传递系统模型，客户端和服务端分别作为消息的发送者和接收者进行数据的生产和消费。在消息传递系统中，连接消息发送者和接收者的媒介被称为消息通道（Message Channel）。在客户端和服务端系统中需要提取专门与消息通道发生直接交互的组件以便于业务模块解耦。这种组件一般被称为端点（Endpoint）。

图 2-3　消息传递系统

通过消息传递可以进行业务服务整合。图 2-4 就是基于消息传递的服务整合思路，其中包含一个独立的业务服务。该业务服务的输入来自于输入通道，而输出则通过输出通道传递到别的消费者。通常，在由生产者作为起点、消费者作为终点的业务链路中可能存储一个或多个业务服务。这些业务服务都通过消息通道进行数据传输。显然消息通道具备良好的扩展性，一个消息通道的输出可以作为另一个消息通道的输入，多个消息通道即构成一个消息通道链。我们可以把业务服务嵌入到消息通道链的相应节点中，从而构成完整的业务链路。

图 2-4　基于消息传递的服务整合思路

2. 发布-订阅

发布-订阅（Publish-Subscribe，Pub-Sub）风格通过异步交换事件来提供分布式架构所需实现的交互功能，图 2-5 为该种风格的结构图。在发布-订阅风格中，事件（Event）是整个结构能够运行所依赖的基本数据模型，围绕事件存在两个角色，即发布者和订阅者。发布者发布事件，订阅者关注自身所想关注的事件，发布者和订阅者并不需要感知对方的存在，两者之间通过传输事件的基础设施进行完全解耦。

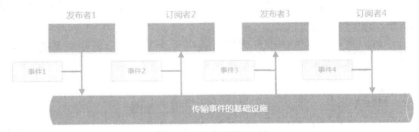

图 2-5　发布-订阅风格

试想这样一种场景，存在两个独立的系统，分别为系统 A 和系统 B。系统 A 负责管理用户，而系统 B 需要在当系统 A 中用户被创建和更新时能够获取通知并进行响应。这是一个分布式的业务场景。我们可以通过远程方法调用等方式进行系统 A 和系统 B 之间跨进程的交互，但更好的一种方式是通过触发创建和更新事件并进行解耦。通过发布-订阅风格，组件不再直接调用过程，而是声明事件，系统内部或外部的组件都可以对这些事件中进行订阅。当触发一个事件时，系统会自动调用在这个事件中注册的所有过程。针对该场景，我们可以抽象出图 2-6 所示的系统结构图。

该图中声明了用户创建事件（UserCreatedEvent）和用户更新事件（UserUpdatedEvent），而 UserCreatedHandler 和 UserUpdatedHandler 分别是针对这两个事件的处理程序，通过事件分离器（EventDispatcher）把所有 Event 和 Handler 进行关联。这里的 EventDispatcher 相当于图 2-5 中传输事件的基础设施。Event 和 Handler 提供了高层次的抽象，具体的 Event 和 Handler 实现者可以分布在不同的业务系统中从而构成分布式运行环境。

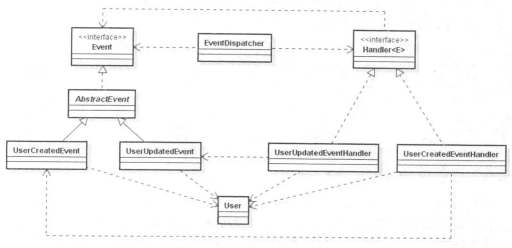

图 2-6　发布-订阅风格结构示例

3. Broker

Broker 是非常常见的一种架构风格，分布式系统之间通过远程过程调用（Remote Procedure Call，RPC）进行相互作用。服务端应用组件注册自己到 Broker，通过暴露接口的方式允许客户端接入服务。客户端则通过 Broker 发送请求，Broker 转发请求到服务端，调用服务端应用组件并将生成的结果回发给客户端。通过 Broker，业务服务之间可以通过发送请求访问远程的服务，如图 2-7 所示。

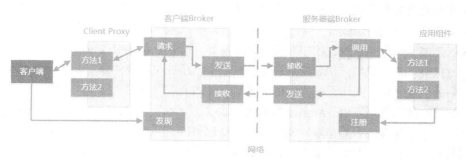

图 2-7　Broker 风格

Broker 中存在几个核心组件，分别为客户端（Client）、服务器端（Server）、代理（Proxy）及分别面向 Client 和 Server 的 Broker，其中最重要的 Broker 可以被看成消息转发器，同时也负责一些控制和管理操作。服务器端 Broker 需要提供注册服务的接口给 Server，而客户端可以通过客户端 Broker 发现远程服务，客户端 Broker 保证了通讯的透明性，使 Client 调用远程服务就像调用本地的服务一样。通过客户端 Broker 和服务器端 Broker 之间的数据发送和接收实现分布式环境下的远程通信。

三种分布式架构风格各有特点和应用场景，表 2-1 对它们的通信方式、通信关系和组件依赖性做了对比和总结。就组件依赖性而言，基于接口的交互方式相较消息和事件具有较高耦合度，意味着 Broker 比另两种风格更需要考虑各个业务服务之间的的技术体系、实现机制及时间上的交互顺序。同时，从生产者和消费者对应数量上讲，Broker 风格使用的远程方法调用方式具有严格的一对一关系。发布-订阅风格中基于事件的通信方式则一般面向一对多场景。而消息传递机制同时面向一对一和一对多，加之消息通信所带来的技术和时间上的解耦，使得以各种消息中间件为代表的消息传递系统在分布式系统的构建过程中得到广泛应用。

表 2-1　　　　　　　　　　　　　分布式风格对比

分布式风格	通信方式	通信关系	组件依赖性
Broker	远程方法调用	一对一	组件接口
消息传递（Messaging）	消息	一对一或一对多	消息格式
发布-订阅（Pub-Sub）	事件	一对多	事件格式

2.2.2　事件驱动

事件驱动架构（Event Driven Architecture，EDA）定义了一个设计和实现应用系统的架构风格。在这个架构风格里事件，可在松散耦合的组件和服务之间传输。从概念上讲，事件驱动和分布式架构风格中的发布-订阅风格都使用事件作为基本的传输媒介，都能够解耦事件的发布者和订阅者。本节的切入点并不是侧重于业务系统之间的解耦，而更多关注于事件驱动架构风格在网络通信中的应用。

1．事件处理系统的抽象和设计

事件作为一种传输媒介有两个主要特点，首先事件具备异步性和并发性，事件到达的时机是系统无法提前确定的；同时，事件一般都不止一种类型，一个系统中往往需要同时处理多种事件类型。因此，对事件的处理，我们同样需要设计一种抽象的框架和流程。

事件处理系统（Event Processing System）的抽象可以参考分层思想，即把事件驱动系统按照事件的来源和处理过程分成 3 个层次：事件源（Event Source）、事件分离器（Event Dispatcher）和事件响应程序（Event Handler）。对于网络通信而言，套接口（Socket）即是事件产生的源头，操作系统级别的 select/poll/epoll 程序对应事件分离器，而业务系统中各种应用程序就是事件响应程序。通过这种抽象，我们认识到在网络通信模型中，事件源和事件分离器往往并不属于应用程序所能控制的范围之内，应用程序能做的只是对事件的响应。

一个事件在其生命周期中一般会经历发起、接收、分离、分发、处理等阶段。当事件到达事件处理系统，是采用多线程等待事件发生的方式处理事件，亦或采用单线程无限制阻塞单一事件源的方式处理事件，还是两者兼而有之，我们同样面临设计上的需求和选择。一般认为，事件处理系统需要能够处理多个事件源；同时，能够封装事件分离和分发操作，也就是说事件的分离和分发操作应该对应用系统透明；最后，应用程序对事件的处理过程可以串行化以简化开发。在具体介绍事件处理系统的实现模式之前，我们先来看一下 IO（Input / Output，输入/输出）操作和事件驱动之间的关系。

2．IO 操作与事件驱动

现代操作系统都包括内核空间（Kernel Space）和用户空间（User Space）。内核空间主要存放内核代码和数据，是供系统进程使用的空间。用户空间主要存放的是用户代码和数据，是供用户进程使用的空间。一般的 IO 操作都分为两个阶段。以套接口的输入操作为例，它的两个阶段包括内核空间和用户空间之间的数据传输，即首先等待网络数据到来，当数据分组到来时，将其拷贝到内核空间的临时缓冲区中，然后将内核空间临时缓冲区中的数据拷贝到用户空间缓冲区中。围绕 IO 操作的这两个阶段，存在几种主流的 IO 操作模式，如图 2-8 所示，每个模式对应着不同的处理方式和效果。

（1）阻塞 IO

阻塞 IO（Blocking IO，BIO）在默认情况下，所有套接口都是阻塞的，意味着 IO 的发起和结束都需等待。任何一个系统调用都会产生一个由用户态到内核态切换，再从内核态到用户态的切换的过程。而进程上下文切换是通过系统中断程序来实现的，需要保存当前进程的上下文状态。这是一个成本很高的过程。

（2）非阻塞 IO

如果非阻塞 IO（Non-blocking IO，NIO），即当我们把套接口设置成非阻塞时，就是由用户进程不停地询问内核某种操作是否准备就绪。这就是我们常说的轮询（Polling）。这同样是一件比较浪费 CPU 的方式。

（3）IO 复用

IO 复用主要依赖于操作系统提供的 select 和 poll 机制。这里同样会阻塞进程，但是这里进程是阻塞在 select 或者 poll 这两个系统调用上，而不是阻塞在真正的 IO 操作上。另外还有一点不同于阻塞 IO 的就是，尽管看起来 IO 复用阻塞了两次，但是第一次阻塞是在 select 上时，select 可以监控多个套接口上是否已有 IO 操作准备就绪，而不是像阻塞 IO 那样，一次只能监控一个套接口。

（4）信号驱动 IO

信号驱动 IO 就是说我们可以通过 sigaction 系统调用注册一个信号处理程序，然后主程序可以继续向下执行。当我们所监控的套接口有 IO 操作准备就绪时，由内核通知触发前面注册的信号处理程序执行，然后将我们所需要的数据从内核空间拷贝到用户空间。

（5）异步 IO

异步 IO（Asynchronous IO，AIO）与信号驱动 IO 最主要的区别就是信号驱动 IO 是由内核通知我们何时可以进行 IO 操作，而异步 IO 则是由内核告诉我们 IO 操作何时完成了。具体来说就是，信号驱动 IO 中当内核通知触发信号处理程序时，信号处理程序还需要阻塞在从内核空间缓冲区拷贝数据到用户空间缓冲区这个阶段，而异步 IO 直接是在第二个阶段完成后内核直接通知可以进行后续操作。

结合图 2-8 中的各个 IO 模型效果图，我们发现前 4 种 IO 模型的主要区别是在第一阶段，因为它们的第二阶段都是在阻塞等待数据由内核空间拷贝到用户空间；而异步 IO 很明显与前面 4 种有所不同，它在第一阶段和第二阶段都不会阻塞。

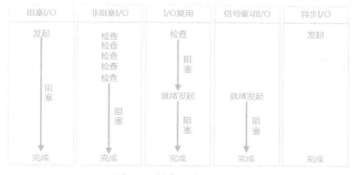

图 2-8　操作系统 IO 模型

IO 模型在不同操作系统中有不同的实现方式。相较 Windows 系统，Linux 系统为我们提供了更高性能的 IO 模型实现机制。这也是使用 Linux 作为服务器的主要原因。操作系统所具备的这些非阻塞 IO 和异步 IO 模型实际上就是事件处理系统中的事件分离器。有了事件分离器，我们就可以在此基础上实现针对业务的事件响应程序，也引出了针对事件处理的 Reactor 模式。

3. Reactor 模式

Reactor 模式定义事件循环（Event Loop），利用操作系统事件分离器支持单线程在一系列事件源上同步等待事件。这里有 3 个词需要注意，即单线程、一系列事件源和同步。Reactor 模式体现的是 IO 复用思想，支持多个事件源响应，而响应的方式并不是采用多个线程，而只是使用一个单线程构建事件循环。这个事件循环是一个死循环，一直阻塞等待事件的发生。当事件发生时，事件循环从操作系统提供的事件分离器中获取事件，并将事件逐个分发对应的事件响应程序，后者对它的事件作出同步处理。这里的事件响应程序位于应用系统中，而且事件处理同样也是一个同步的过程，如图 2-9 所示。

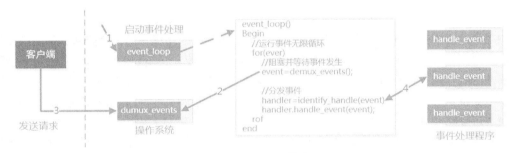

图 2-9　Reactor 模式

Reactor 模式应用广泛，是实现诸如 Netty、Mina 等 NIO 通信框架的典型模式。图 2-10 是 Reactor 模式的另一种更加组件化的表现形式。图中 Reactor 相当于 IO 事件的派发器（Dispatcher），事件接收器（Acceptor）接受 Client 连接，绑定该 Client 请求与实现其对应具体业务逻辑的处理程序 Handler，并向 Reactor 注册此 Handler。一般在基本的 Handler 基础上还会有更进一步的层次划分，用于抽象诸如 read、decode、compute、encode 和 send 等操作。当 Handler 处理完成时，Acceptor 就会唤醒该 Handler 所绑定的 Client，从而实现从 Client 到 Handler 再到 Client 的请求响应式处理过程。这里要注意的是，Acceptor 使用单线程异步接受来自 Client 的请求，而 Handler 中对业务流程的处理仍然是同步的。

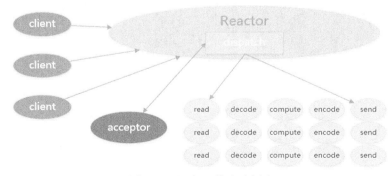

图 2-10　Reactor 模式示意图

　　由于 Handler 的同步处理机制，Reactor 模式适合于处理时间短且不阻塞 IO 的业务操作，有一定局限性。而使用单线程处理多任务能够避免多线程所带来的复杂性，事件串行同步处理且每次分离和分发一个事件，为开发人员提供尽量简单的编程模型。如果希望提升 Handler 中业务处理的效率，可以优化部分步骤。图 2-11 中，组成 Handler 的 decode、compute、encode 等抽象步骤可以引入线程池（Thread Pool）中工作线程（Working Thread）的方式进行并行化，从而把同步Handler 转化成部分异步的 Handler。同时，也可以采用多个 Acceptor 线程构成线程组来避免单个Acceptor 可能出现的性能瓶颈。

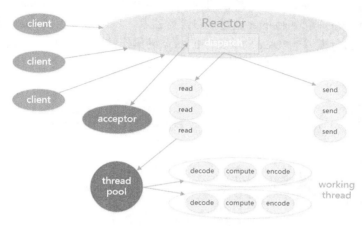

图 2-11　改进版 Reactor 模式示意图

2.2.3　系统结构

1. 系统结构划分的切入点

　　软件开发都会经历从混沌到结构的过程。一方面，人、业务、复杂度与时间演进一般成正比。随着系统存在时间的推移，各个因素相互作用会导致系统复杂度呈指数化上升，理解、维护和改进系统比开发系统需要花费更大的代价，以至推倒重来、重复造轮子的事情在软件行业并不少见。出现这种现象的很大的一个原因就在于对系统结构把握的不合理。另一方面，粗粒度抽象和分离是设计过程中提供系统较高层次结构化的基本思路。可以认为，系统结构风格是架构设计的根风格和基本切入点。

　　针对如何划分系统结构这个问题，有以下几点思路。

- 系统如何与环境交互？
- 系统处理流程如何组织？
- 系统需要支持什么样的变化？
- 系统的生命周期？

围绕这些问题，我们可以抽象出一系列系统结构相关的架构风格。

2. 分层结构

　　分层结构是最基本最常见的系统结构风格之一，图 2-12 就是一种通用的分层结构图，每一层次之间通过接口与实现的契约方式进行交互，可以严格限制跨层调用，也可以支持部分功能的跨层交互以提供分层的灵活性。典型的三层结构及各种在三层结构上衍生出来的多层结构就是这种风格的具体体现。

3. 交互型结构

交互型结构风格应用同样广泛，其目的在于抽象组件之间的交互关系，常见的有 MVC（Model View Controller）、MVP（Model View Presenter）、MVVM（Model View ViewModel）等表现形式。MVC 风格是目前 Web 开发领域的主流分层风格，图 2-13 即为 MVC 模式的基本结构。我们可以看到该图中 View 和 Model 之间存在直接交互，通过 Controller 我们也可以把这层直接交互关系转变成间接交互关系。而 MVP 则更加明确地规定 Model 和 View 之间不应该存在直接交互，Presenter 中作为一种协调器同时保存着 View 和 Model 的引用，确保 Model 和 View 之间的数据传递通过 Presenter 集中进行。图 2-14 是登录场景下的 MVP 模式的结构示例，Presenter 中包含主要的业务实现，由于 Model、View 和 Presenter 通过接口进行抽象，并且 Model 和 View 之间不存在直接交互，所以我们可以通过模拟（Mock）Model 和 View 的操作结果确保 Presenter 能够独立进行业务逻辑的实现和验证。

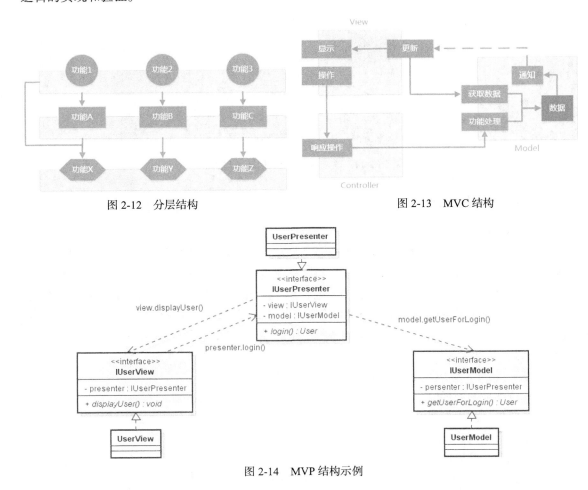

图 2-12　分层结构　　　　　　　　　　图 2-13　MVC 结构

图 2-14　MVP 结构示例

2.2.4　消息总线

消息总线（Message Bus）的理论基础是消息驱动的编程方法和计算机硬件总线概念。系统组件之间通过消息总线来进行通信，可以支持组件的分布式存储和并发运行。消息总线是系统的连接件，负责消息的分派、传递和过滤，并返回处理结果。

消息总线风格可以视为分布式消息传递风格的一种扩展和延伸。系统组件并不严格区分客户端和服务器端，组件之间也不是通过消息通道进行直接交互，而是挂接在消息总线上，向总线登记自己所感兴趣的消息类型。生产者组件发出请求消息，然后总线把请求消息分派到系统中所有对此感兴趣的消费者组件。在接收到请求消息后，消费者组件将根据自身状态对其进行响应，并通过总线返回处理结果。由于组件是通过消息总线进行连接的，不要求各个组件具有相同的地址空间，也不要求各个组件采用相同的技术体系和实现机制，如图 2-15 所示，而是提供统一入口，所以能够降低数据拦截成本。

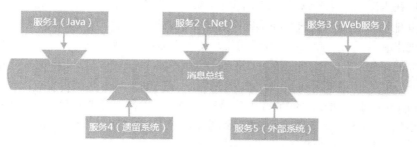

图 2-15　消息总线风格

在组件之间，消息是唯一的通信方式。根据需要，消息总线对消息具备丰富的预处理功能，包括消息路由（Routing）、消息转换（Transformation）和消息过滤（Filtering）。这些预处理功能消除了数据传递在时间、空间和技术上的耦合，并提供了高度扩展性，但同时也为系统的设计和实现带来了不可避免的复杂度。

2.2.5　适配与扩展

在现代软件开发过程中，变化是永恒的。变化的来源可能是业务需求、团队组织、公司发展阶段等技术不可控因素，也可能来自技术体系本身。为了应对变化，系统重构和演进也是持续的。为了降低变化所带来的影响，我们可以使用开放封闭原则（Open Closed Principle，OCP）来指导我们的架构设计，但理想是美好的，实现结果往往令人失望。如何尝试做到可适配和可扩展，很大意义上可以抽象成一种重要的架构风格。

我们知道设计模式中存在一种适配器（Adapter）模式，包括对象适配器、类适配器和接口适配器。门面（Facade）模式也可以在一定程度上起到适配和扩展的作用。但这些模式主要关注细粒度的微观设计，并不适合高层次的体系结构设计。管道-过滤器风格则是用于解决适配和扩展性问题的代表性架构风格。

管道-过滤器结构主要包括过滤器和管道两种元素，如图 2-16 所示。

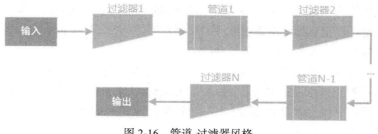

图 2-16　管道-过滤器风格

（1）过滤器（Filter）

功能组件被称为过滤器，负责对数据进行加工处理。每个过滤器都有一组输入端口和输出端口，从输入端口接收数据，经过内部加工处理之后，传送到输出端口上。

（2）管道（Pipe）

数据通过相邻过滤器之间的连接件进行传输，管道可以看作输入数据流和输出数据流之间的通路。

设想我们需要解决这样的问题，当输入一串包含大小写的英文字符时，需要把它们全部转换为大写，然后在末尾加一个感叹号。这个问题实现的方法当然有很多，但考虑到后续如果对文字的转换还有其他需求且这些需求存在不断变化的可能性时，作为扩展性架构风格的代表，管道-过滤器就体现出它的优势。图 2-17 所示的就是使用管道-过滤器风格解决这个问题的设计方案，可以看到存在通用的 Filter 和 Pipe 接口，WriterFilter 作为第一个入口 Filter 衔接 CaptialPipe 使数据流转到 CaptialFilter，而 CaptialFilter 完成了把输入文字转变成大写的过程；同样，大写文字经由 ExclamationPipe 到 ExclamationFilter 并实现在末尾加一个感叹号的效果。我们可以根据这个风格体系构建出任意多个 Filter 和 Pipe 并组装到整个管道-过滤器链中，各个 Filter 和 Pipe 相互独立且又共同协作完成复杂业务逻辑。

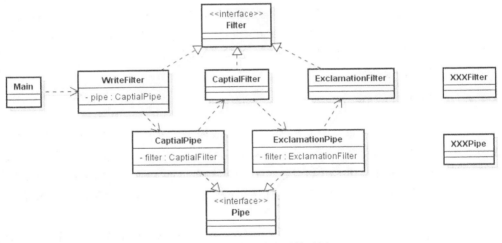

图 2-17 管道-过滤器风格示例

管道-过滤器结构将数据流处理分为几个顺序的步骤来进行，一个步骤的输出是下一个步骤的输入，每个处理步骤由一个过滤器来实现。每个过滤器独立完成自己的任务，不同过滤器之间不需要进行交互。在管道-过滤器结构中，数据输出的最终结果与各个过滤器执行的顺序无关。这些特性允许将系统的输入和输出看作是各个过滤器行为的简单组合。独立的过滤器能够减小组件之间的耦合程度，也可以很容易地将新过滤器添加到现有的系统之中。原有过滤器可以很方便地被改进的过滤器所替换以扩展系统的业务处理能力。

管道-过滤器与事件驱动中的派发（Dispatching）是两种不同的体系结构，如图 2-18 所示。管道-过滤器结构是一种组合行为，主功能是以切面（Aspect）的方式实现，Servlet 就是典型的管道-过滤器结构的应用；而派发体现的实际上是一种策略行为，主功能以事件实现，广泛应用在各种面向前端交互的事件响应型框架。

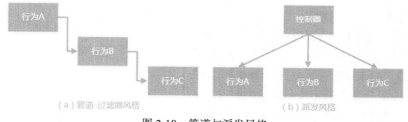

图 2-18　管道与派发风格

2.3　架构模式

讲到架构模式（Architecture Pattern），我们首先需要理解它与架构风格之间的区别。架构模式基于子系统或模块及其之间的关系层次，描述了架构粗粒度的解决方案，着重描述系统的内部组织。架构风格描述的是系统组织方式的惯用方式，是系统组织性的设计，可以认为风格是模式的外在表现。另一方面，架构模式也不同于设计模式（Design Pattern），虽然两种模式都在于提供一套可重用的设计的方法，但二者具有不同的粒度，相较架构模式，设计模式更偏重于定义出某个功能组件的微观结构。

架构模式的切入点在于找到系统中某一个结构需求并提供内部组织的抽象。虽然架构模式和架构风格在概念上有所不同，但在有些场景下往往并不容易严格区分所使用的设计结构究竟是架构风格还是架构模式，如下文中的数据访问模式也可以视为系统结构风格中数据驱动型结构类风格的一种体现。同时，较之架构风格，架构模式数量众多。本书不会对所有的架构模式一一介绍，而是侧重介绍对于一个软件系统而言通常都会涉及的架构模式，包括数据访问、资源管理、服务定位、同步转异步、组件依赖管理等结构化需求的应对方法。

2.3.1　数据访问

数据访问（Data Access）作为应用程序最基本的功能组件之一，实现数据的持久化操作。持久化的媒介有很多，传统的关系型数据库、各种 NoSql 及代表持久化新方向的 NewSql 都可以进行数据的 CRUD 操作。不管使用何种持久化媒介，应用程序数据访问都不可避免地需要考虑两个问题，即如何把持久化媒介中的数据模型与应用程序中的数据模型相对应及如何有效地设计基于业务领域的数据访问方式。针对以上两个问题，诞生了两种基本的数据访问架构模式：数据映射器和数据仓库。

1. 数据映射器

数据映射器（Data Mapper）是在保持对象与数据库彼此独立的情况下在二者之间移动数据的一个映射器层。映射（Mapping）思想在软件设计过程中非常常用，主要用于分离不同层次之间的数据耦合。对于数据访问而言，数据映射器提供的是分离对象和持久化媒介的软件层。

数据映射器的实现方法一般需要分离接口以处理查找方法，然后把数据映射到领域对象。这种映射是基于持久化媒介元数据（Meta Data）的映射。图 2-19 就是数据映射器的一个示例，图中应用程序 App 需要访问 Student 对象对应的持久化数据，但因为在设计上持久化媒介对 App 而言应该是透明的，所以就需要提供 StudentDateMapper 接口供 App 使用。该接口的实现类 StudentDataMapperImpl 完成内存 Student 对象与持久化媒介中数据的映射并抛出该过程中可能出现的异常。

2. 数据仓库

数据映射层只是提供了内存对象和持久化媒介之间的数据转换，其本身并没有提供数据访问的入口，数据访问的入口由数据仓库（Repository）提供并实现。数据仓库协调领域和数据映射层。应用程序可以利用类似于集合的接口来访问领域对象，而不需要关注具体的持久化实现。数据仓库实质上为我们提供了面向领域而不是纯粹的数据访问方式，使用 Specification、Criteria 等业务领域相关的规约化查询对象并结合元数据映射进行实现。

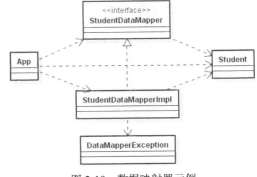

图 2-19　数据映射器示例

通常应用程序访问数据的需求中，查询类场景占有最大比重，需要构建各种结合业务领域的查询对象。如针对一个账户管理模块，可能需要通过用户名进行账户查询，也可能查询的约束条件是年龄范围。通过数据仓库模式，我们就可以构建两个不同的 Specification 分别代表这两种查询对象。图 2-20 中我们把这两个查询对象命名为 AccountSpecificationByUserName 和 AccountSpecificationByAgeRange，而 SqlRepository 和 SqlSpecification 说明该数据仓库的持久化媒介是关系型数据库。

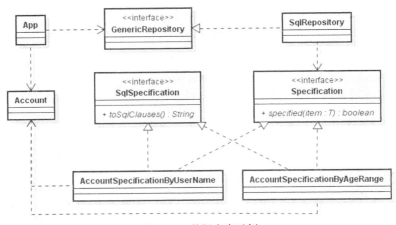

图 2-20　数据仓库示例

2.3.2　服务定位

系统集成（System Integration）是应用系统架构设计的一个重要课题。无论何种行业和应用，系统都可能需要集成对第三方服务的访问。这些第三方服务可能来自外部供应商，也可能来自于同一组织的不同团队。更广义上来讲，同一团队内部也可能需要进行服务的发现和整合，以便不同技术体系结构下的各个模块和组件之间的集成。

系统集成需要解决的主要问题是如何获取并管理第三方服务。第三方服务同样需要业务迭代和版本更新。当这些服务的实现发生了变化，那么涉及集成部分的代码可能需要重构。如果有些用户层面的代码还不能被直接访问的话，那整个重构的成本就会很大。服务定位（Service Locator）模式想要解决的问题就是解耦服务提供者（Service Provider）和用户，应用程序无需直接访问具体的服务提供者类，而解决方案就是服务注册（Registration）和发现（Discovery）机制。

图 2-21 中包含了服务定位模式的几个核心组件。

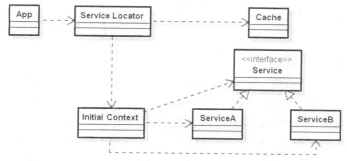

图 2-21　Service Locator 模式结构

（1）服务（Service）

实际处理请求的服务，可以包含不同的实现。对这种服务的引用可以在类似 JNDI（Java Naming and Directory Interface，Java 命名和目录接口）服务器的中央注册中心中查找。

（2）上下文（Context）

上下文中带有对要查找的服务的引用，如 JNDI 使用 InitialContext 作为上下文容器。

（3）服务定位器（Service Locator）

服务定位器是通过类似 JNDI 服务器的中央注册中心查找并获取服务，同时可以根据需要对服务进行缓存。

（4）缓存（Cache）

缓存存储服务的引用以便复用。

（5）客户端（App）

App 是通过 Service Locator 调用服务的对象。

服务定位模式本质上体现的还是解耦思想，支持服务动态升级，提高了系统的可维护性。与服务定位模式类似的还有业务代理（Business Delegate）模式如图 2-22 所示。我们可以看到在业务代理模式中，负责查找服务的称为 BusinessLookup，而 BusinessDelegate 组合 BusinessLookup 及 BusinessService 为 App 端提供稳定的第三方业务服务查找和集成方案。

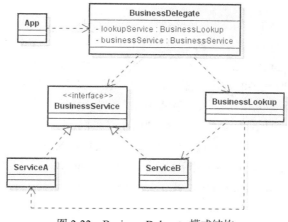

图 2-22　Business Delegate 模式结构

2.3.3 异步化

异步（Asynchronous）的概念和同步（Synchronous）相对。当一个异步过程调用发出后，调用者不能立刻得到结果。在有些场景下，同步操作并不能实现系统需求。这就需要将同步操作转化为异步操作。

1. 生产者-消费者

再来考虑现实中的一个场景，我们去医院看病挂专家号，领一个就诊号后一般都需要排队等待就诊，假设这位专家同时就诊的病人是 5 名，那当有 5 名病人同时就诊于这位专家时，后面的病人只能等到正在就诊的某位病人完成就诊之后才能上升一个排位。我们可以对这个场景进行抽象，挂号等待就诊的病人相当于生产者，就诊完成的病人相当于消费者，而专家就是一种共享资源。如果有两个线程 Producer 和 Consumer 分别代表生产者和消费者，两个线程在各自运行的时候需要访问资源队列。如果队列满了，必须要等待 Consumer 线程取走一部分元素才能继续进行，同时又需要保证线程安全。我们该如何有效地解决这个问题？

这个问题代表的就是典型的生产者-消费者（Producer-Consumer）模式。该模式是同步转异步思想的一种表现形式。实现该模式的基本思路是使用多线程操作，即如果资源队列满，则调用 wait 方法释放锁，一直等待到资源队列有空缺，然后在资源队列加入新的元素并调用 notify/notifyAll 方法来唤醒其他等待的线程。这种方案偏重于多线程的底层操作。对于应用程序而言，我们并不鼓励使用这种底层操作构建多线程系统，因为其复杂性远大于所带来的效果。幸好在 JDK 中我们有封装多线程操作的 Blocking Queue 组件可以实现上述需求。BlockingQueue 组件为我们实现生产者-消费者模式提供了良好的支持，如图 2-23 所示。

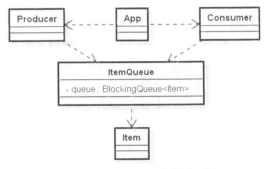

图 2-23　生产者-消费者模式示例

2. 半同步半异步

半同步半异步（Half Sync Half Async）模式同样也是同步转异步思想的体现。通过把同步操作和异步 IO 模型集成在一起，既保持了编程简单性，又保证了执行的效率。该模式中，应用层使用同步 IO 模型，简化编程，而低层使用异步 IO 模型，确保高效执行。

我们同样来看一个示例，如图 2-24 所示，AsyncTask 是一个代表能够异步执行的接口，ArithmeticSumTask 实现该接口并提供对数字 n 进行从 1 到 n 的求和操作，假设我们需要分别对 1000、100 和 1 进行求和操作。在 App 端，一方面为了简化编程模型，我们希望简单地同步调用 3 次 ArithmeticSumTask 所提供的方法就能获取 3 个不同的结果。另一方面，我们又希望这 3 次调用能够并行执行，以便更高效率地按照数字从小到大获取对应的结果。而不是等到 1000 和 100 执行完成之后才能得到 1 的结果。这个示例体现的就是半同步半异步模式的一种应用场景，我们同样可以使用强大的 JDK 提供的 ExecutorService 进行实现。在图 2-24 中，AsynchronousService 面向 App 并封装了 ExecutorService 的执行入口。当 App 端同步执行 ArithmeticSumTask 时，实际上就是调用 ExecutorService 中的线程池实现了异步操作，确保同步调用的操作最终产生异步执行的效果。

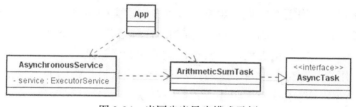

图 2-24　半同步半异步模式示例

2.3.4　资源管理

所谓资源（Resource），在软件架构设计过程中有很多表现形式，如数据库会话、网络连接、分布式服务和组件等都可以认为是系统的资源，都需要进行管理，而性能、可伸缩性、灵活性代表着资源管理的基本需求。资源管理包含一组模式，代表着资源从创建到销毁的整个过程，被认为是实现资源管理基本需求的有效方式，广泛应用于面向系统构建过程中资源管理的各个场景。

1. 资源生命周期管理模式

资源生命周期（Lifecycle）管理模式通常表现为一个容器（Container）。该容器提供外部系统访问资源的入口。图 2-25 就是容器的一种表现，容器中保存着各种资源对象，客户端可以通过查询获取特定资源并使用该资源，资源对象本身的创建、删除等生命周期由容器自动完成，对客户端完全透明。Spring 框架实际上就是一个容器，管理着所有注册在 ApplicationContext 中 JavaBean 的生命周期。

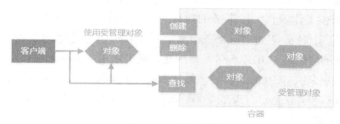

图 2-25　对象容器

2. 资源有效性管理模式

资源有效性管理模式的目的在于最大化复用现有的资源以满足特定场景下的资源利用需求。系统中一般都会存在数据库会话、网络连接等非托管资源（Unmanaged Resouce）。这些资源的生命周期不受容器管理，而且往往需要较大的创建和销毁成本。如果对这些资源不加控制，任由应用程序无限制地使用，很容易导致出现性能和可用性问题。针对这些非托管资源，资源有效性管理模式的基本思路是"池化"操作，即初始化一个具有一定容量的资源池（Resource Pool），处于资源池中的对象可以重复利用，从而避免应用程序每次使用资源都需要创建和销毁新对象。"池化"操作的具体实现方式和应用场景有很多，这里介绍常见的对象池和线程池。

（1）对象池

对象池（Object Pool）模式管理一个可代替对象的集合，组件从池中借出对象，用它来完成一些任务并当任务完成时归还该对象，被归还的对象接着满足请求，不管该请求是来自同一个组件还是其他组件。对象池模式用于管理那些可以通过重用来分摊昂贵初始化代价的对象，结构如图 2-26 所示。

对象池适用于类的实例化过程开销较大、类的实例化的频率较高的场景，同时类的实例可重用于交互且参与交互的时间周期有限。对象池节省了创建类的实例的开销，但存储空间随着对象的增多而增大，通常具有一个控制池大小的特定策略以达到时间和空间的平衡。各种数据库连接池是对象池的代表实现机制，负责维护对象池，包括初始化对象池、扩充对象池的大小、重置归还对象的状态等。用户从池中获取对象，对象池对于用户来讲是透明的，但是用户必须遵守这些对象的使用规则，使用完对象后必须归还或者关闭对象。

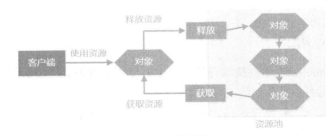

图 2-26　资源池

（2）线程池

假设服务器使用一个线程完成一项任务，创建线程时间为 T1、在线程中执行任务的时间为 T2、销毁线程时间为 T3。如果 T1+T3 远大于 T2，则可以采用线程池来提高服务器性能。

线程池（Thread Pool）主要由 4 个核心组件构成，包括：线程池管理器（Pool Manager），用于创建并管理线程池，包括创建线程池、销毁线程池、添加新任务；工作线程（Pool Worker），线程池中线程，在没有任务时处于等待状态，可以循环的执行任务；任务接口（Task），每个任务必须实现的接口，以供工作线程调度任务的执行，主要规定任务的入口、任务执行完后的收尾工作、任务的执行状态等；任务队列（Task Queue），用于存放没有处理的任务，提供一种缓冲机制。

线程池的实现机制可以参考 JDK 自带的线程池。在 JDK 中，Executor 接口表示线程池，execute（RunnableTask）方法用来执行 Runnable 的任务。Executor 类包含生成各种类型线程池的静态方法，而 ExecutorService 声明如 shutdown() 等管理线程池的方法，为用户提供访问线程池的统一入口。

3. 资源创建策略模式

资源创建策略模式的核心思想是将一个复杂对象的构建算法与它的组件及组装方式分离，使得构建算法和组装方式可以独立应对变化。复用同样的构建算法可以创建不同的表示，不同的构建过程同样可以复用相同的组件组装方式。

设计模式中的部分创建型模式可以归为资源创建策略模式的具体表现，最典型的就是 Builder 模式，如图 2-27 所示。从效果上讲，资源创建策略模式隐藏对象的内部表示，如图 2-27 中，仅提供接口 build() 来创建对象，而隐藏该对象是如何通过对象部件 1、对象部件 2 和对象部件 3 进行的装配过程。同时，将构造代码和表示代码分开，每一个具体对象包含了创建和装配该特定对象的所有代码，提供不同的具体对象就可以构建出不同的 Builder 结果。

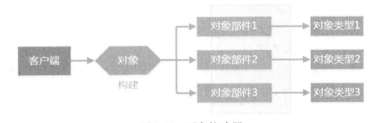

图 2-27　对象构建器

4．资源获取策略模式

当我们获取资源时，根据获取时机、完整性的不同，希望获取资源的内容也会有所不同。资源获取策略模式就是处理这方面的需求。延迟获取（Lazy Acquisition）、尽快获取（Eager Acquisition）、部分获取（Partial Acquisition）等都是常见的资源获取策略模式。这里以延迟获取为例作为参考。

延迟获取又叫延迟加载（Lazy Load），在以 Hibernate 为代表的 ORM 框架中应用广泛。延迟获取机制的提出是为了避免一些无谓的性能开销，即仅当在真正需要数据的时候，才真正执行数据加载操作。某个数据对象由 DataA 和 DataB 两部分数据组成，如图 2-28 所示，同时数据 B 部分的获取成本较高。当客户端在某个场景使用该对象时，可能只需要获取对象的数据 A 部分就可以满足当前场景的数据需求。这样数据 B 就可以使用延迟获取策略暂时不进行加载，而仅当同时需要数据 A 和数据 B 两部分数据的场景之时再进行获取。

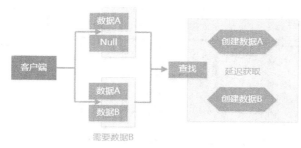

图 2-28　延迟加载器

5．资源释放策略模式

资源释放策略同样影响着资源的生命周期和使用方式，除了面向对象中普遍使用的自动垃圾回收（Auto Garbage Collection）机制之外，引用计数（Reference Count）机制也被广泛应用于资源管理场景。

引用计数的概念其实比较简单，就是每个对象都有一个计数用来表明有多少其他的对象目前正保留着对它的引用（Reference)。对象 A 想要引用对象 B，A 就把 B 的 Reference Count 加 1，而当 A 结束了对 B 的引用，A 就把 B 的 Reference Count 减 1。当没有任何对象再引用 B 时，B 的 Reference Count 就减为 0，B 就被清除，内存就被释放。清除 B 的时候，被 B 所引用的对象的 Reference Count 也可能减小，也可能使它们被清除。引用计数的效果图如图 2-29 所示。

图 2-29　对应引用计数器

2.3.5　依赖管理

在系统的各种组件之间，尤其是类、包、模块之间都可能存在依赖关系。依赖在某种程度上不可避免，但是过多的依赖势必会增加系统复杂性和降低代码维护性，从而成为团队开发的阻碍。

1. 基本依赖关系

依赖关系有 3 种基本的表现形式，如图 2-30 所示，其中，类似 Module 1 依赖于 Module2 这种直接依赖最容易识别和管理；间接依赖即直接依赖关系的衍生，当 Module1 依赖 Module2，而 Module2 又依赖 Module3 时，Module1 就与 Module3 发生了间接依赖关系；所谓循环依赖就是 Module1 和 Module2 之间相互依赖，循环依赖有时候并不像图中描述的那么容易识别，因为产生循环依赖的多个组件之间可能同时存在各种直接和间接依赖关系。

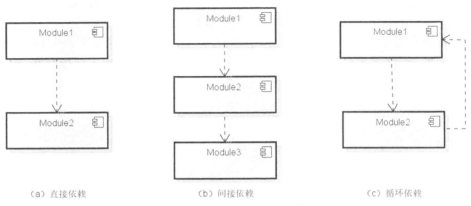

（a）直接依赖　　　　　　（b）间接依赖　　　　　　（c）循环依赖

图 2-30　依赖的 3 种基本关系

图 2-31 就是一个循环依赖的例子，User 对象可以创建 Order 对象并保持 Order 对象列表，而 Order 对象同样需要使用 User 对象，并根据 User 对象中的打折（Discount）信息计算 Order 金额，这样对象 User 和 Order 之间就存在循环依赖关系。

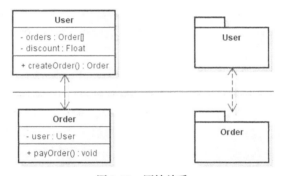

图 2-31　原始关系

2. 消除循环依赖

根据非循环依赖原则（Acyclic Dependencies Principle，ADP），系统设计中不应该存在循环依赖。如何消除循环依赖？软件行业有一句很经典的话，即当我们碰到问题无从下手时，不妨考虑一下是否可以通过"加一层"的方法进行解决。消除循环依赖的基本思路也是这样，就是通过在两个相互循环依赖的组件之间添加中间层，变循环依赖为间接依赖。有 3 种策略可以做到这一点，分别是上移、下移和回调[2]。

（1）上移

关系上移意味着把两个相互依赖组件中的交互部分抽象出来形成一个新的组件，而新组件同时包含着原有两个组件的引用,这样就把循环依赖关系剥离出来并上升到一个更高层次的组件中。

如图 2-32 就是使用上移策略对 User 和 Order 原始关系进行重构的结果，我们引入了一个新的组件 Mediator，并通过其提供的 payOrder 方法对循环依赖进行了剥离。该方法同时使用 Order 和 User 作为参数并实现了 Order 中根据 User 的打折信息进行金额计算的业务逻辑。Mediator 组件消除了 Order 中原有对 User 的依赖关系并在依赖关系上处于 User 和 Order 的上层。

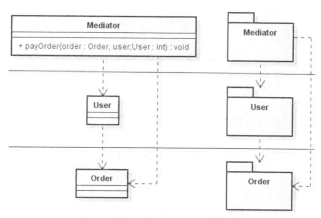

图 2-32　上移关系

（2）下移

关系下移策略与上移策略切入点刚好相反。我们同样针对图 2-31 中 User 和 Order 的循环依赖关系进行重构，重构的方法是抽象出一个 Calculator 组件专门包含打折信息的金额计算方法。该 Calculator 由 User 创建，并注入 Order 的 pay 方法中去，如图 2-33 所示。通过这种方式，原有的 Order 对 User 的依赖关系就转变为 Order 对 Calculator 的依赖关系，而 User 因为是 Calculator 的创建者同样依赖于 Calculator。这种生成一个位于 User 和 Order 之下但能同样消除 Order 中原有对 User 的依赖关系的组件的策略，就称之为下移。

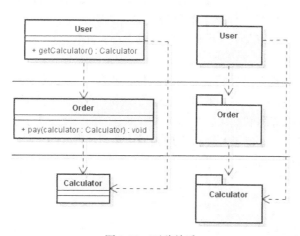

图 2-33　下移关系

（3）回调

回调（Callback）本质上就是一种双向调用模式，也就是说，被调用方在被调用的同时也会调用对方。在面向对象的语言中，回调通常是通过接口或抽象类的方式来实现。图 2-34 就是通过回调机制进行依赖关系重构后的结果。我们抽象出一个 Calculator 接口用于封装金额计算逻辑，该接口与 Order 处于同一层次,而 User 则实现了该接口。这样 Order 对 User 的依赖就转变成 Order 对 Calculator 接口的依赖,也就是把对 User 的直接依赖转变成了间接依赖。通过依赖注入机制,我们可以很容易地实现 Order 和 User 之间的有效交互。

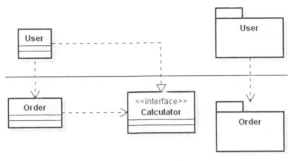

图 2-34　回调关系

2.4　架构模型

所谓模型(Model),是通过主观意识借助实体或者虚拟表现,构成客观阐述形态和结构的一种表达目的的事物。在软件开发领域,模型一词和架构一样被广泛应用于各种场合。从模型本身的概念上讲,架构模型本质是对架构本身的一种描述方式。架构设计是一个抽象的过程。当我们面对各种业务需求时,实际上就是把现实世界的具体问题转变成抽象的问题,然后对抽象问题进行分析并提炼出抽象的解决方案。抽象解决方案的设计过程就是架构设计的过程,而实现抽象解决方案的过程就是实现架构、构建现实世界解决方案的过程。一如既往,我们认为抽象是架构设计的关键,规模和复杂度需要抽象,过多的细节需要在抽象过程中被剔除。借助模型的力量,我们就可以表述抽象内容。图 2-35 体现了抽象与模型之间的这一层关系。

架构师使用模型,架构师眼中的模型可以分成 3 种,即领域模型、设计模型和代码模型。

(1)领域模型

领域(Domain)是对现实世界问题的一种统称,即是一个组织的业务开展方式,体现业务价值,所以领域模型(Domain Model)的目的是进行业务建模。通过分析业务场景和构建信息模型的方式展现系统对业务的理解和抽象,实现从现实世界的问题到抽象的问题的转变。图 2-36 就是一种领域模型的表现形式,体现了对项目管理领域中项目(Project)、计划(Plan)和任务(Task)及其相关关系在特定业务场景的抽象结果。

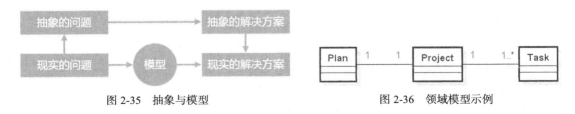

图 2-35　抽象与模型　　　　　　　　　图 2-36　领域模型示例

(2)设计模型

设计模型(Design Model)可以分成边界模型和内部模型两个主要组成部分。在系统建模过程中，我们通常关注顶层的边界模型和内部模型。边界模型明确系统边界，抽象系统集成和交互方案，而内部模型细化边界模型。在明确系统边界的前提下，实现系统内部模块和组件的抽象和构建。设计模型指向领域模型，关注从抽象的问题到抽象的解决方案的转变。在设计模型的创建过程中，我们往往从领域模型的领域和边界上下文（Boundary Context）出发，划分系统的模块并设计相应的端口与连接器。本章前文所述的架构风格和架构模式，以及第 1 章中的架构的视图和视角，都可以归为设计模型的具体表现形式。

（3）代码模型

代码模型实现现实世界的解决方案。我们可以通过领域模型嵌入代码的方式构建代码模型，也可以通过各种设计模式在代码中表达设计意图。

图 2-37 体现了 3 种架构模型的基本关系。首先，领域模型代表领域的固定业务，是客观存在的现实，通常不在控制范围内；设计模型指向领域模型，边界模型关注对接口的承诺而内部模型符合边界模型的细节设计；代码模型提供了完整实现设计，是对设计模型的细化。通过 3 种模型的整合，完成了从现实问题到最终解决方案的演进。

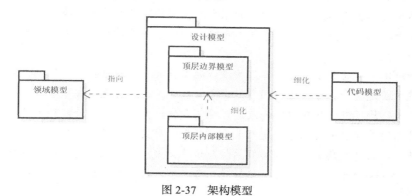

图 2-37　架构模型

2.5　本章小结

本章作为架构师转型所需软件架构设计知识体系的一个重要组成部分，介绍了软件架构设计过程中体系结构方面的理论知识和相关示例。

软件体系结构设计是一个高度抽象的过程，本章旨在展现其核心思路和表现形式，并从风格、模式和模型 3 个方面展开讨论。常见的架构风格有分布式、事件驱动、系统结构、消息总线及适配和扩展等类别，本章对每个类别中存在的典型架构风格做了展开；架构模式作为架构风格的内部组织，本章也着重提取了数据访问、服务定位、异步化、资源管理和依赖管理等惯用模式作为参考；架构模型是对架构本身的一种描述方式，本章从领域模型、设计模型到代码模型的层层深入，完成从抽象到具体、从现实问题到解决方案的转变过程。

在本章的架构模型中提到了领域模型，而领域驱动设计作为一种典型的系统架构设计方案，提供了将领域模型、设计模型和代码模型 3 者相结合的一套完整技术体系。下一章我们将关注领域驱动设计这一方法论并探讨如何通过其提供的设计理念和工具完成对系统的建模和实现。

第3章
领域驱动设计

对从事应用软件开发而又立志往架构师方向转型的广大程序员而言，面对所谓的架构设计，内心可能会萦绕这样一个问题：架构设计到底是面向技术还是面向业务？诚然在很多技术人员眼中，架构设计几乎等同于技术架构设计，对架构师的理解也主要关注于对各种技术体系和框架的掌握程度。然而，很多团队并不缺少出色的技术人员，但是产品开发最终还是会以失败而告终。究其原因，在于技术人员往往只关注于技术架构，而对系统设计的其他方面，尤其是对业务的理解缺少足够的重视。

当然，针对不同性质的系统开发，架构设计的工作重点显然也会有所区别。在对"架构设计到底是面向技术还是面向业务"这个问题作出判断之前，我们首先需要明确两点。第一点是我们是不是在做业务？除了专门从事中间件或底层框架开发的少数场景之外，绝大多数的软件开发工作实际上都是围绕着现实中的业务问题而展开。如果面对的是业务导向的开发场景，那么我们就要考虑第二点，即面对复杂的业务逻辑架构师应该怎么办？采用主流的架构设计理念和先进的技术实现体系，对业务的充分理解，并且能够对业务与技术进行整合的能力同样是成为一名合格架构师的必要条件。

本书阐述的架构设计既面向技术也面向业务。在本章中，我们将要探讨如何整合技术和业务，并引入领域驱动设计（Domain Driven Design，DDD）思想，尝试采用统一的设计方法实现架构模型中的领域模型、设计模型和代码模型。

3.1　面向领域思想

在一个分工明确的软件开发团队中，与系统架构设计相关的有两种角色，分别为负责技术架构的高级技术人员和负责业务架构的领域专家。业务同样体现为一种架构，典型的场景下往往是业务架构驱动技术架构，而不是技术架构驱动业务架构。随着快速迭代的软件开发模型的兴起，领域专家和技术人员如何进行高效交互和协作，确保业务架构和技术架构能够统一已经成为系统开发成败的关键。

3.1.1　架构设计与领域驱动

领域驱动设计[3][4]为我们提供了一种软件开发方法，强调开发人员与领域专家协作交付业务价值，强调把握业务的高层次方向，也强调系统建模工具和方法以满足技术需求。领域驱动设计思想的核心就是认为系统架构应该是业务架构和技术架构想结合的一种过程，并提供了一系列的设计相关工具和模式确保实现这一过程。在具体讲解领域驱动设计之前，我们先来理解领域的概念。

所谓领域（Domain），即是对现实世界问题的一种统称，是一个组织的业务开展方式，体现一个组织所做的事情及其中所包含的一切业务范围和所进行的活动。我们在开发软件时面对的就是组织的领域。例如，一个电商网站的领域包含了产品名录、订单、库存和物流的概念，而医疗信息化公司关注挂号、就诊、用药、健康报告等领域。对架构设计而言，领域概念的提出是为了更好地体现系统的业务价值，领域的业务价值在于通过对业务定义的抽象。系统设计和开发提供了有用的领域模型和清晰的模型边界，从而实现更好的用户体验。

在采用领域驱动设计前，我们需要考虑这种方法论适合的场景。以下几个问题有助于做出正确的判断。

- 是否以数据为中心，所有操作通过对数据库 CRUD 实现？
- 是否只有少量用例，且每个用例只包含少量业务逻辑？
- 是否能预见到软件功能在未来会不断变化？
- 是否对软件所要处理的领域有足够了解？

如果前两个问题的答案为"是"，说明系统本身并不具备复杂的业务逻辑，可以使用事务脚本（Transaction Script）等模式[5]进行系统的设计和实现。但如果系统对业务架构存在潜在的较大变动或者团队对该领域并不了解，那领域驱动设计就有助于我们抽象问题和解决问题。

成功实行领域驱动设计，需要业务专家与开发人员坐在一起，需要使用通用语言准确传达业务规则，并能够对领域与设计模型、代码模型进行整合。实现以上条件和目标的难度一方面在于需要领域专家持续不断的介入，另一方面就在于开发人员对领域的思考方法。

3.1.2　领域驱动设计核心概念

开发人员对领域的思考方法体现在设计的维度（Design Dimension）上。在领域驱动设计中，有两个主要的设计维度，即设计的策略维度和设计的技术维度。

1. 设计的策略维度

设计的策略维度关注如何设计领域模型及对领域模型的划分，其目的在于清楚划分不同的系统与业务关注点。策略维度是一个面向业务、具备较高层次的的设计维度，偏重于业务架构的梳理及考虑如何把业务架构和技术架构相结合的问题。

2. 设计的技术维度

设计的技术维度关注技术实现，从技术的层面指导我们如何具体地实施领域驱动，关注基于技术设计工具按照领域模型开发软件。显然，技术维度偏向于技术实现，体现了技术架构的设计和展现方式。

设计的策略维度和技术维度相结合提供了一套通用的建模语言和术语，展示基于领域驱动的架构设计方法和实现领域驱动设计的各项关键技术。我们也将基于具体案例讨论基于领域驱动设计的策略与技术。

3.1.3　案例介绍

领域驱动设计是系统业务架构和技术架构的结合体，我们将通过一个完整的案例展现该方法的各个方面。本章中使用的案例是一个简单的项目计划系统。这是一个假想的业务流程系统。在后续章节中，我们将从最原始需求出发，围绕领域驱动设计的理念和实践，从策略的设计到技术的设计进行层层剖析和演进。

3.2 面向领域的策略设计

策略维度包含领域驱动设计中的一些核心概念,用于抽象业务模型的领域或子域(Sub Domain)、用于从业务角度提供统一认识的通用语言(Ubiquitous Language)、用于划分系统边界并考虑系统集成的限界上下文(Boundary Context)及基于领域驱动设计的特有架构风格都属于这一设计维度。

3.2.1 通用语言

通用语言(Ubiquitous Language),也可以称为统一协作语言,在以极限编程(Extreme Programming)为代表的敏捷方法中,这也是一项典型的工程实践。通用语言解决一个在业务人员和技术人员协作过程中非常重要的问题,即团队所有人怎么样讲同一种语言?显然,要做到这一点并非易事,因为业务人员和技术人员都有其自身的意识形态和表达方式。通用语言的思路是面向领域和业务,统一团队成员对领域知识的一致认识,促进后续代码模型中的命名等使用领域词汇而不是技术词汇。

在本章案例中,最原始的需求就是几句话:系统完成对某个项目任务的分解,系统的目的是项目计划的制定,计划的制定通过召开项目会议的方式进行,项目会议的与会人员需要确保身份的有效性。这些原始需求构成了案例的最高层次的通用语言,后续从业务到技术的各个层次的通用语言都将由此展开。

3.2.2 领域与上下文

1. 架构的轮回

任何软件系统的发展都是从简单到复杂、从集中到分散的过程。在系统构建初期,我们习惯于构建单一、内聚和全功能式的系统,因为这样的系统就能满足当前业务的需求。而当系统发展到一定阶段,集中化系统已经表现出诸多弊端,功能拆分和服务化思想和实践就会被引入。而当系统继续演进,团队规模也随之增大,由于分工模糊和业务复杂度的不断上升,系统架构逐渐被腐化,直到系统不能承受任何改变,也就到了需要重新拆分的阶段。推倒重来意味着重复从简单到复杂、从集中到分散的过程。这就是系统架构的轮回,如图 3-1 所示。

图 3-1 架构的轮回

架构轮回给我们的启示就在于将所有东西放在一个系统中是不好的，软件系统的关注点应该清晰划分，并能通过功能拆分降低系统复杂性。

2. 系统拆分方法

系统拆分需要解决两个问题。

- 如何找到拆分的切入点？
- 如何对拆分后的功能进行组装？

针对第一个问题，领域驱动设计给出了子域（Sub Domain）的概念。子域作为系统拆分的切入点，其来源往往取决于系统的特征和拆分的需求，如核心功能、辅助性功能、第三方功能等。而对于第二个问题而言，基本的思路就是系统集成，即子域之间通过有效的集成方式确保拆分后的业务功能能够整合到一起构成一个大的业务功能。系统集成的需求与业务需求不同，虽然包含在子域之中，但更多地关注集成的策略和技术体系。在领域驱动设计中，这部分需求及其实现被称为界限上下文（Boundary Context）。

（1）子域

子域的划分虽然因系统而异，但通过对子域的抽象，我们还是可以梳理出通用的分类方法。业界比较认可的分类方法认为，系统中的各个子域可以分成核心域、支撑子域和通用子域等 3 种类型，其中，系统中的核心业务属于核心域，专注于业务的某一方面的子域称为支撑子域，可以用于整个业务系统且作为一种基础设施的功能可以归到通用子域。当然，这种分类并不是固定的，我们可以根据需要建立对子域的抽象模型。为了描述方便，本章后续内容以上述的分类方法标记系统子域。

（2）界限上下文

子域存在于界限上下文中。这里的界限指的是每个模型概念、属性和操作，在特定边界之内具有特定的含义。这些含义只限于该界限之内。图 3-2 所示的为一个简单的界限上下文示例，其中 A 上下文和 B 上下文中都存在 User 对象，但是 B 上下文中的 User 对象不同于 A 上下文中的 User 对象，而 B 上下文中 Account 对象可能基于 A 上下文中的 Role 对象。这时候我们就会发现界限的划分能在很大程度上影响系统的设计和实现。

整合子域与界限上下文的示例结构如图 3-3 所示，该图根据业务功能的特性把整个系统拆分成 4 个主要的子域，分别包含一个核心子域、两个支撑性子域及一个通用子域。每个子域都有其界限上下文，各个界限上下文之间可以根据需要有效整合从而构成完整的领域。

图 3-2　界限上下文示例

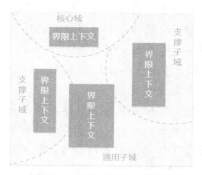

图 3-3　子域与界限上下文示例

（3）系统拆分策略

根据子域和界限上下文概念，我们就可以对系统进行拆分。系统拆分的策略可以因地制宜，但根据业务和通用语言进行系统拆分是面向领域策略设计的前提，也是本书所推崇的方法。其他常见的拆分策略也包括根据技术架构、根据开发任务分配及一个团队负责一个上下文。技术架构拆分系统违背了业务架构驱动技术架构的原则，在对业务梳理尚不完善、系统的策略设计尚不健全的情况下就考虑技术架构和实现方法，往往会导致返工，在不断的系统修改中腐化架构。根据开发任务分配同样不是一个好主意，在系统拆分过程中实际还没有到具体开发资源和时间统筹的阶段，开发任务自然也无从谈起。但是一个团队一个上下文策略有时候反而是一种有效的拆分策略。团队的构建方式可以是职能团队（Function Team），也可以是特征团队（Feature Team），前者关注于某一个特定职能，如常见的服务端、前端、数据库、UI等功能团队，而后者则代表一种跨职能（Cross Function）的团队构建方式，团队中包括服务端、前端等各种角色。上下文的构建及界限的划分是一项跨职能的活动。如果团队组织架构具备跨职能特性，可以安排特定的团队负责特定的上下文并统一管理该上下文对应的界限。

3. 上下文集成技术

系统架构的演进和腐化结果的表现之一就是形成一种所谓的大泥球风格（Big Ball of Mud）。这种风格实际上是一种没有清晰结构的风格。虽然大泥球是一个反设计、具有讽刺意味的词语，但仍然是最常见的软件设计表现形式。大泥球的基本特点是边界模糊，我们无法把握系统之间如何进行整合和集成的过程。当我们能够拆分子域，同样也要考虑如何能够把拆分完的子域有效整合起来，避免子域演变成大泥球。

站在高层次的架构分析角度，任何一个系统都可以处在其他系统的上游（Upstream），也可以位于其他系统的下游（Downstream）。图3-4所示为存在3个上下文A、B和C，A上下文同时位于B、C上下文的上游，B上下文相对A而言处于下游但相对C而言处于上游，C上下文则处在整个系统的最下游。由于团队与上下文之间的关联关系，在明确诸如图3-4中的上下文关系的同时，也需要考虑不同开发团队和组织之间的关系。

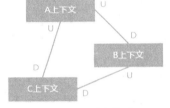

图3-4　上下文关系

（1）组织关系

涉及系统之间的集成，无论是否采用子域和上下文的概念，现实中普遍存在 3 种最基本的组织关系。第一种就是供应商（Vendor）关系，也就是上游/下游关系的具体体现，客户方依赖供应商提供的服务才能构建自身的系统。供应商关系是主流但不是最好的组织关系，因为处于下游的客户方系统受处于上游的供应商影响巨大。第二种关系是合作关系，即分别处于上游和下游的两个上下文团队共同进退，双方通过制定合理的开发计划确保上下文集成工作能够顺利开展。合作关系是比较理想的关系，尽管并不一定能够有类似的条件。第三种关系则是我们所不希望看到的，称之为遵奉者（Conformist）关系，即上游由于利益关系等因素并不想或没有能力推动系统集成，那下游只能妥协或另谋他路。

（2）集成模式

系统集成模式的基本思路在于两点，一点是解耦，另一点是统一。解耦比较容易理解，即两个上下文集成时，一方面在于技术实现上的依赖性，支持异构系统的有效交互；另一方面需要把关注于集成的实现与业务逻辑的实现相分离，确保集成机制的独立性。而统一的含义在于一致性，即上游上下文应该定义协议，让所有下游上下文通过协议访问，确保在数据传输接口和语义上各个上下文之间能够达成一致。针对以上两种思路，我们可以分别抽象出两种基本的集成模式，防腐层（Anticorruption Layer，AcL）和统一协议（Unified Protocol，UP）。防腐层强调下游上下文根据领域模型创建单独一层。该层完成与上游上下文之间的交互，从而隔离业务逻辑，实现解耦。统一协议则是提供一致的协议定义，促使其他上下文通过协议访问。显然，防腐层模式面向下游上下文而统一协议面向上游上下文。

在对任何子域和上下文进行提取时，确保从组织关系和集成模式上对上下文集成进行抽象。图 3-5 即是图 3-4 上下文关系在集成方案上的一种表现形式。

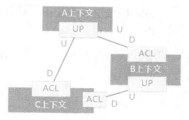

图 3-5　上下文集成

3.2.3　领域驱动的架构风格

作为高层次的设计维度，面向领域的策略设计同样涉及系统的体系架构。关于架构体系结构，第 2 章中介绍的各种架构风格和模式同样适用于领域驱动设计，但领域驱动设计在设计思想上有其独特的考虑。本节将针对领域驱动设计特有的架构风格展开讨论，包括架构的分层、事件驱动及架构风格的组合。

1. 架构分层

（1）领域驱动设计核心组件

设计架构分层的前提是明确系统的核心组件，分层体现的就是对这些核心组件的层次和调用关系的梳理。在领域驱动设计中，一般认为存在以下四大组件。

① 领域组件。代表对整个领域驱动设计的核心，包含对领域、子域、界限上下文等策略设计相关内容，也包含后续所要阐述的所有技术设计组件。领域组件代表抽象模型，并不包含具体实现细节和技术。

② 基础设施（Infrastructure）组件。这里的基础设施组件范围比较广泛，即可以包括通用的工具类服务，也包括数据持久化等具体的技术实现方式。领域组件中的部分抽象接口需要通过基础设施提供的服务得以实现，所以基础设施组件对领域组件存在依赖关系。

③ 应用组件（Application）。应用组件面向用户接口组件，是系统对领域组件的一种简单封装，通常作为一种门户（Facade）或网关（Gateway）对外提供统一访问入口，在用户接口和领域之间起到衔接作用。同时，因为基础设施组件是对领域组件部分抽象接口的具体实现，所以应用组件也会使用基础设施组件的服务完成具体操作。

④ 用户接口（User Interface）组件。用户接口处于系统的顶层，直接面向前端应用，调用应用组件提供的应用级别入口完成用户操作。

显然，对领域驱动相关的核心组件划分及各个组件之间的依赖关系并不只有上述的一种方式。无论上述划分方式是否合理或者说还存在其他的方式，都是对以下两个关键问题的阐述。

- 领域组件作为核心组件和其他组件之间的依赖关系是怎样的？
- 领域组件的抽象接口谁去实现？

要从这两个问题中找到合理的组件划分和分层结构，我们需要理解分包原则及其在领域驱动设计中的应用。

（2）分包原则

分包相关有 3 条原则与分层设计有直接的关系，分别是无环依赖原则、稳定依赖原则和稳定抽象原则。无环依赖原则（Acyclic Dependencies Principle，ADP）已经在第 2 章中有所阐述，即在组件的依赖关系中不能出现环路，我们可以通过上移、下移、回调等手段打破循环依赖。稳定依赖原则（Stable Dependencies Principle，SDP）认为被依赖者应该比依赖者更稳定，也就是说如果包 B 还不如包 A 稳定的话，就不应该让包 A 依赖包 B。

稳定抽象原则（Stable Abstractions Principle，SAP）强调组件的抽象程度应该与其稳定程度保持一致，一个稳定的组件应该也是抽象的。这样它的稳定性就不会无法扩展。另一方面一个不稳定的组件应该是具体的，因为它的不稳定性使其内部代码更易于修改。稳定与抽象之间的关系如图 3-6 所示。

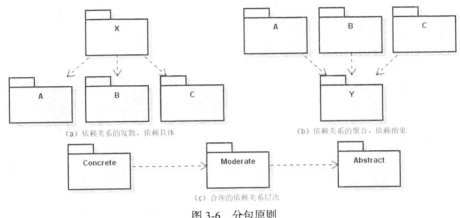

（a）依赖关系的发散，依赖具体　　　　　　　　　　　（b）依赖关系的聚合，依赖抽象

（c）合理的依赖关系层次

图 3-6　分包原则

依赖倒置原则（Dependency Inversion Principle DIP）认为：高层不应该依赖于底层，两者都应该依赖于抽象；抽象不应该依赖于细节，细节应该依赖于抽象，同样体现了稳定与抽象之间的关系。

基于分包原则，我们可以明确在领域驱动四大组件中，领域组件作为系统的核心理应是抽象且稳定的，也就是说它应该位于系统分层的底端被其他组件所依赖。用户接口组件直接面向用户，通常是最不稳定的，自然处于系统的顶层。而应用组件处于用户接口组件和领域层之间同样没有异议。那么剩下的就是需要明确基础设施组件的定位，也就是回答领域组件的抽象接口谁去实现这一问题。

（3）分层结构

在领域组件中，为了建立完整的领域模型，势必会涉及数据的管理。数据相关操作对于领域模型而言只是持久化的一种抽象，不应该关联具体的实现方式。比如，我们可以用关系型数据库去实现某个数据操作，有时候根据需要我们同样可以采用各种 Nosql 技术。显然，无论是关系型数据库操作还是 Nosql 技术都不应该包含在领域组件中。通常我们会使用接口的方式抽象数据访问操作，然后通过依赖注入方法把实现这些数据访问接口的组件注入到领域模型中。这些数据访问的实现可以统一放在基础设施组件中，也就是说基础设施组件实现了领域组件中的抽象接口。

通过以上分析，我们可以把领域驱动设计中的 4 种组件分别列为 4 层，并梳理各个层次之间的关系形成分层结构图，如图 3-7 所示。该图的表现形式与上述各个组件描述是一致的。

传统的分层结构根据是否可以跨层调用可以归为两类，即严格分层架构和松散分层架构，前者认为各个层次之间不允许存在跨层调用的方式，而后者对此没有严格限制。所以，领域驱动设计分层结构实际上是一种松散分层架构，位于系

图 3-7　领域驱动设计分层结构

统流程上游的用户接口层和应用层，以及位于系统流程下游的具备数据访问功能的基础设施层，都依赖于抽象层。事实上，已不存在严格意义上的分层概念。领域驱动设计思想认为应该推平分层架构，不使用严格的分层架构来构建系统，平面形架构也就应运而生，如图 3-8 所示。

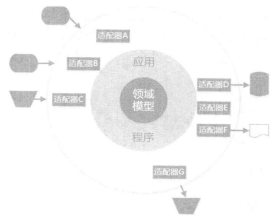

图 3-8 平面形架构

在图 3-8 中，平面形架构促使我们转换视角重新审视一个系统：划分内部和外部成为架构搭建的切入点，系统由内而外围绕领域组件展开，领域组件位于平面形架构的最内层，应用程序也可以包含业务逻辑，与领域组件构成系统的内部基础架构；而对于外部组件而言，通过各种适配器进行上下文集成，这些适配器包括数据持久化，也包括面向第三方的数据集成。基于依赖注入和 Mock 机制，适配器组件可以进行方便的模拟和替换。

2. **事件驱动架构**

事件驱动作为一种典型的架构风格同样包含在领域驱动设计过程中，并应用于上下文集成的解耦。事件驱动架构的抽象如图 3-9 所示，领域事件由事件源生成，并通过事件发布器进行发布，各种事件的订阅方根据需要进行订阅。订阅方根据自身需求可以直接处理该事件，自身不能处理可以即时转发给其他订阅方，事件作为一种业务数据的载体，也可以进行存储以便后续处理。

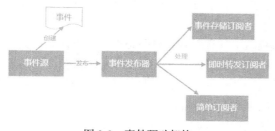

图 3-9 事件驱动架构

图 3-9 中的事件源和事件的订阅者都是领域组件中的具体对象，事件的发布器作为一种基础设施通常会有一定的个性化需求，而领域事件的发布与订阅流程的闭环实现可以借助于各种具备发布-订阅风格的中间件。

事件驱动架构的发布-订阅机制非常适合与其他风格进行整合构成复合型架构风格，最典型的就是与管道-过滤器风格进行整合形成 EDA+Pipeline 组合。管道中流转的数据就是领域事件，而过滤器可以是一个子域中的某个组件，也可以是进行跨子域的界限上下文。图 3-10 的左半部分就是一个典型的管道-过滤器示例，我们看到事件发布器 UserPasswordPublisher 发布了一个 UserPasswordChanged 事件，而订阅该事件的 UserPasswordHandler 组件对该事件进行处理之后再次发送一个 UserPasswordChangeSucceed 事件，负责接收 UserPasswordChangeSucceed 的 UserPasswordChangeSucceedHandler 组件可以根据需要对该事件进行后续处理。整个过程中能够发送事件的组件实际上就是管道，而处理事件的组件就是过滤器，通过管道和过滤器的组合形成基于领域事件的管道-过滤器风格。图 3-10 的右半部分是对这种风格的更高层次的抽象，我们可以看到事件可以通过完整的领域进行交互和集成，特定的领域同时充当了管道和过滤器的角色。

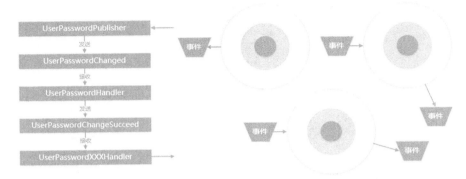

图 3-10　EDA+Pipeline 示意图

3.2.4　案例策略设计

回到案例，我们需要构建的目标系统称为项目计划系统。回顾一下该系统的初始通用语言。

● 系统创建项目并完成对项目任务的分解。

● 系统的目的是项目计划的制定。

● 计划的制定通过召开项目讨论的方式进行。

● 项目会议与会人员需要确保身份的有效性。

显然这样的信息不够全面，在有限的信息中，我们需要通过领域驱动设计中的子域、上下文及架构风格对这些信息进行分析和抽象，并初步建立系统的策略设计模型。

1. 策略设计的思路

当我们面对有限的系统需求信息，基本思路是根据以下问题找到合适的答案。

（1）核心域的通用语言

策略设计的第一步是找到系统的核心域，并根据核心域的定位和作用梳理其通用语言。核心域的通用语言包括该子域的名称及基本需求约束。

（2）核心域的支撑子域和通用子域

有了核心域，下一步就是判断系统是否只要一个核心域就能满足建模需求。如果不是，那就要判断是否需要相应的支撑子域和通用子域。支撑子域和通用子域不一定都需要，但有时候系统也会存在多个支撑子域或通用子域。

（3）核心域与其他子域的协作和集成

系统的交互和集成以核心域为主体展开。当核心域面对支撑子域或通用子域时，使用的协作和集成策略往往是不一样的。这方面需要根据具体的子域进行分析和设计。

（4）针对各个子域安排人员

子域之间的集成不仅仅是技术问题，同样也是组织问题。围绕各个子域的划分结果，作出采用一个子域一个团队的模式亦或使用其他人员安排方式的决策同样也是策略设计的期望产出。

2. 领域与上下文

基于策略设计的基本思路，得到如图 3-11 所示的系统子域划分方案。我们首先提取项目核心域作为系统的核心域。这里并没有找到更合适的名词来描述该核心域，故直接采用"核心"一词作为该域的名称；计划讨论域是系统的支撑子域，专注于通过讨论得出项目计划之一业务需求；而项目会议与会人员需要确保身份的有效性，验证用户有效性的功能可以单独提取一个用户中心域。显然系统的用户管理是一项基础性功能，可能会面向其他系统，所以最合适作为一个通用子域进行维护。

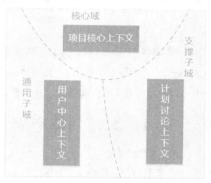

图 3-11　案例上下文拆分

对于项目核心域，通用语言可以表述为：一个项目具有优先级、一个项目具有很多任务（Task）、项目的任务就是完成任务的分解及项目的计划。而对于计划讨论支撑子域，通过计划讨论中的讨论得出计划，参加计划讨论的成员必须是系统的合法成员，这是它的基本需求。用户中心通用子域则更关注于通用功能，如提供服务供外部系统进行用户注册和认证、支持修改用户的联系方式、密码等基本信息。我们可以看到，通过子域的划分，原始的通用语言得到扩展，功能归属和界限得到明确，计划等潜在的领域对象也得到挖掘。我们可以对案例系统的三大子域分别用 Core、Discussion 和 UserCenter 进行命名。它们之间的关系及交互时序图分别如图 3-12 和图 3-13 所示。

图 3-12　案例三大子域关系

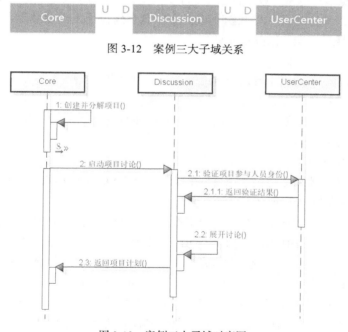

图 3-13　案例三大子域时序图

3.　架构风格

案例的架构风格基本可以沿用通用的领域驱动架构风格，平面形架构和事件驱动架构构成了案例系统架构设计的基本组成。对于三大子域之间的界限上下文，我们可以抽象出一批端点和适配器。对于每种界限类型，都有一套端口和适配器与之相对应，确保内部领域模型不会泄露到外部系统。而具体使用基于 HTTP 的 RESTful 亦或消息传递系统等方式进行各个界限上下文之间的集成实现，我们将在面向领域的技术设计中具体展开讨论。

3.3 面向领域的技术设计

在领域驱动设计中，技术维度包括抽象单个对象级别业务逻辑的实体（Entity）和值对象（Value Object）、用于抽象多个对象级别业务逻辑的领域服务（Domain Service）、用于交互解耦的领域事件（Domain Event）架构及用于抽象数据持久化的资源库（Repository）。

3.3.1 实体与值对象

1. 实体对象

在面向对象开发过程中，任何事物都是对象。根据关注对象的不同，也存在一些以某种特定对象为驱动的开发模式，最常见的数据驱动（Data-Driven）模式，即关注数据对象并以面向数据库的方式进行设计和建模。显然，数据驱动和领域驱动是两个不同的开发模式。在领域驱动设计中，我们关注的是实体（Entity）对象而并非数据本身。开发者趋向于关注数据而不是领域，但我们认为面向领域的实体对象才是能够表达通用语言的有效载体，究其原因在于很多对象不是通过它们的数据属性来定义，而是通过一系列的标识和行为来定义。

当然，实体对象本身也包含数据属性，我们可以采用一定的手段把数据对象转换成实体对象。通过标识区分对象，并为对象引入状态改变和生命周期就能达到这种转换目的。换而言之，实体应该具有两个基本特征：唯一标识和可变性。

（1）唯一标识

唯一标识（Identity）的创建有几种通用的策略，如用户提供初始唯一值、系统内部自动生成唯一标识、系统依赖持久化存储生成唯一标识或者来自另一个上下文。

用户提供初始唯一值的处理方式依赖于用户通过界面输入，系统根据用户输入判断是否重复，如果重复则不允许创建实体。

系统内部自动生成唯一标识被广泛应用于各种需要生成唯一标识的场景，策略上可以简单使用 JDK 自带的 UUID，也可以借助于第三方框架如 Apache Commons Id，但更为常见的是根据时间、IP、对象标识、随机数、加密等多种手段混合生成。

系统依赖持久化存储生成唯一标识因为实现简单经常被应用于具备持久化条件的系统中，如 Oracle 的 Sequence、Mysql 的自增列、MongoDB 的 _id 等。在生成唯一标识的时机上存在两种做法，即尽早标识和延迟标识。图 3-14 就是数据库唯一标识延迟生成时序图，当我们构建 Project 实体对象时，该对象并不具备唯一性标识，该唯一性标识需要进行持久化之后才能获取。而尽早标识则相反，当实体对象生成的同时，该对象就已具备唯一性标识如图 3-15 所示。显然延迟标识可以使用数据库中类似自增主键的功能，而尽早标识还是需要在应用系统级别确定实体对象的唯一性。

唯一标识来自另一个上下文意味着从外部系统查找、匹配和赋值唯一标识，需要考虑对象同步。我们可以通过事件驱动架构和领域事件解决同步问题。该种方式尽管可行，但比较少见，从实现复杂度上讲我们也不推荐。

（2）可变性

涉及实体的可变性，我们不得不面对一个老生常谈的话题，也就是到底应该采用贫血模型还是充血模型。贫血模型的系统结构如图 3-16 所示。它的优点在于层次结构清楚，各层之间单向依赖，领域对象几乎只作传输介质之用，不会影响到层次的划分。但缺点也很明显，即领域对象只是作为保存状态或者传递状态使用并不包含任何业务逻辑，只有数据没有行为的对象不是真正的领域对象，在应用层里面处理所有的业务逻辑，对于细粒度的逻辑处理，通过增加一层 Facade 达到门面包装的效果，应用层比较庞大，边界不易控制，内部的各个模块之间的依赖关系不易管理。这些都与面向领域驱动设计中子域和界限上下文的划分及集成思想相违背，所以我们推荐的是充血模型。

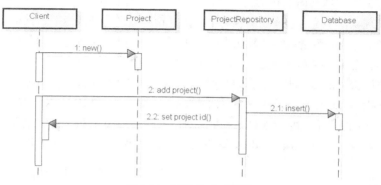

图 3-14 延迟生成时序图

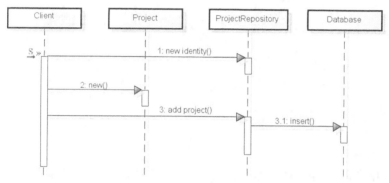

图 3-15 尽早生成时序图

充血模型优点是面向对象，应用层符合单一职责，不像在贫血模型里面那样包含所有的业务逻辑而显得太过沉重。同时，每一个领域模型对象一般都会具备自己的基础业务方法，满足充血模型的特征。充血模型更加适合较复杂业务逻辑的设计开发，如图 3-17 所示。但如何划分业务逻辑，也就是说要做到把业务逻辑正确放在领域层和应用层中比较困难。

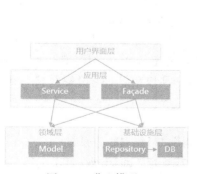

图 3-16 贫血模型

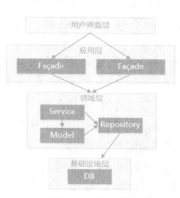

图 3-17 充血模型

2. 值对象

当只关心对象的属性时，该对象应归为值对象（Value Object）。从这点上讲，值对象有点类似贫血模型对象。但值对象具备根据明确的约束条件，包括值对象是不变对象、值对象没有唯一标识、值对象具有较低的复杂性。

一般在对系统的实体和值对象进行提取时，关注点首先在于实体，当我们把实体提取完毕，就需要进一步梳理实体中是否包含了潜在的值对象。值对象的特征决定了如何分离值对象的方法。如果一个对象满足自身是度量或描述领域中的一个部分、可以作为不变量、将不同的相关属性组合成一个概念整体、当度量或描述改变时可以用另一个值对象予以替换、可以和其他值对象进行相等性比较、不会对协作对象造成副作用等条件时，我们就认为该对象很大程度上就可能是一个值对象。图 3-18 就是从实体中分离值对象的示例，我们发现：Customer 对象中包含了客户的 Address 信息，而 Address 就是一个值对象，因为 Address 将 Street、City、State 等相关属性组合成一个概念整体；Address 也可以作为不变量，当该 Address 改变时，可以用另一个 Address 值对象予以替换。

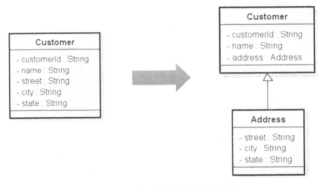

图 3-18　从实体中分离值对象

值对象可以用来表示标准类型，也可以在上下文集成中充当对外的数据媒介。值对象在实现上需要严格保持其的不变性，通过只用构造函数、不用 setter 方法等手段可以构建一个合适的值对象。

3. 识别实体和值对象

识别实体和值对象是面向领域技术设计的第一步，基本的思路还是充分利用通用语言中的信息，并采用以下 4 个步骤。在本节中我们将以案例中用户中心上下文 UserCenter 为例对这些步骤进行具体展开。

（1）识别实体

UserCenter 上下文对 User 的通用语言包括：必须对系统中的 User 进行认证；User 可以处理自己的个人信息，包含姓名、联系方式等；User 的安全密码等个人信息能被本人修改。请大家注意"认证""修改"等关键词。从这些词中我们可以判断出 User 应该是一个实体对象而不是值对象，所以 User 应该包含一个唯一标识及其他相关属性。考虑到 User 实体的唯一标识 UserId 可能只是一个数据库主键值，也可能是一个复杂的数据结构，所以我们 UserId 提取成一个值对象。这样基本的 User 实体就识别出来了如图 3-19 所示。

（2）挖掘实体的关键行为

对 User 的通用语言，我们再进一步细化。考虑到用户可能离职等原因，User 可以处于激活或锁定状态，对应的 User 实体应用具备激活（active）或锁定（deactive）相关的行为。包含行为的 User 实体，如图 3-20 所示。

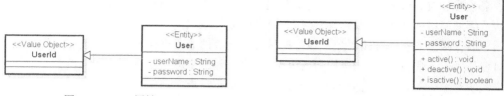

图 3-19　User 属性　　　　　　　　　　图 3-20　User 属性与行为

（3）识别值对象

考虑到激活状态的 User 可以修改安全密码、姓名、联系方式等个人信息，我们势必需要从 User 实体中提取姓名、联系方式等信息，这些信息实际上构成了一个完整的人（Person）的概念，但显然 Person 不等于 User，而是 User 的一部分。User 作为一个抽象的概念，包含 Person 相关信息，也包含用户名、密码等账户相关的信息，所以这个时候我们发现需要从 User 中进一步分离 Person 对象。Person 同样也是一个实体，但与 Person 紧密相关的联系方式（ContactInfo）等信息倾向于分离成值对象。对图 3-20 中的 User 实体进行进一步分离之后我们可以得到图 3-21 的细化结果。

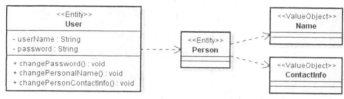

图 3-21　User 属性分离实体和值对象

（4）构建概念整体

通过以上分析，我们发现从通用语言出发，围绕 User 概念所提取出来的实体和值对象有多个，其中，User 和 Person 代表两个实体，User 中包含 Person 实现和 UserId 值对象，而 Person 中包含 PersonId、Name 和 ContactInfo 值对象。

本节最后，我们再来总结一下实体和值对象的区别：从标识的角度，实体有唯一标识，值对象没有唯一标识，不存在这个值对象或那个值对象的说法；从是否只读的角度，实体是可变的，而值对象是只读的；从生命周期的角度，实体具有生命周期，而值对象无生命周期可言，因为值对象代表的只是一个值，需要依附于某个具体实体。

3.3.2　领域服务

现实中有些操作本质上是一系列活动或动作，不是针对单个事物，从概念上讲不属于任何对象，而建模的基本表现范式是对象，但一些领域概念不适合建模成实体或值对象。当领域中某个重要的过程或转换操作不属于实体或值对象的职责时，应该在模型中添加一个作为独立接口的操作，即领域服务（Domain Service）。

1．领域服务

我们通过一个例子来对领域服务概念做进一步展开。考虑现实中银行资金转账场景，用户通过 ATM（Automatic Teller Machine，自动取款机）输入银行账户和转账金额等转账相关基本信息，银行执行转账操作并发送手机短信。从架构分层上，应用层获取来自用户接口层的输入，发送消息给领域层并监听确认消息，根据操作结果决定是否使用基础设施层服务发送通知。如果需要发送通知，则基础设施层按照应用程序的指示发送手机短信。关键在于领域层需要执行资金转账操作。该服务需要与 Account 和 Money 等对象进行交互，执行相应地借入和贷出操作，并提供结果的确认。领域层中涉及多个领域对象协作的资金转账领域服务即是典型的领域服务。

领域服务区别于实体和值对象，执行的是一个显著的业务操作过程。该业务操作过程以多个领域对象作为输入进行计算，其结果往往产生一个值对象供应用层使用。在领域服务中，由于涉及多个领域对象，领域对象之间的转换也是常见的实现需求。

2. 提取领域服务

我们围绕案例展示如何提取领域服务的方法。UserCenter 上下文中的 User 实体的一个需求是必须对用户密码进行加密，并且不能使用明文密码。这个需求非常普遍，我们可以用两个基本方案进行实现：第一种方案是客户端处理密码的加密，然后将加密后的密码传给 User；第二种方案是 User 内部使用加密算法进行加密。这两种方案都有一定代表性，但从面向领域的角度，我们都不推荐。第一个方案的问题在于客户端承载太多细节，同时把加密算法放在客户端也不符合基本的安全设计原则。第二个方案看似合理，但忽略了单一职责原则（Single Responsibility Principle，SRP），User 对象只是代表一个用户信息，并不需要也不应该知道太多加密信息。更好的方案是将加密操作提取成领域服务，通过独立接口的方式暴露给领域对象使用。例如，我们可以抽象一个 EncrytionService，然后采用 MD5 或其他加密算法实现该接口即可。案例中另一个提取领域服务典型的场景在 Discussion 上下文，通过累加各个 Task 的估时，从而得出整个项目的总工作量。显然我们可以构建独立的领域服务将一组 Task 和 Project 等多个领域对象进行整合。

领域服务的使用往往基于依赖注入（Dependency Injection，DI），因为领域服务表现为一个接口，我们可以使用类似 Spring 这样的容器并通过方法注入、构造函数注入、工厂注入等方式将领域服务的实现注入到领域对象中。

3.3.3　领域事件

现实中很多场景都可以抽象成事件，如"当…发生…时""如果发生…""当…时，通知我"等。领域事件指的就是把领域中所发生的活动建模成一系列离散事件。领域事件也是一种领域对象，是领域模型的组成部分。

1. 领域事件框架

领域事件生命周期包括产生、存储、分发和使用等 4 个阶段。根据角色的不同，事件的产生处于事件发布阶段，而存储、分发和使用可以归为事件的处理阶段。但针对某种特定事件并不一定都会经历完整的生命周期。领域事件框架围绕领域事件生命周期给出了 3 种不同的处理方式，体现在不同的事件订阅者[4]，如图 3-22 所示。

图 3-22　领域事件框架

（1）简单订阅者

简单订阅者直接处理事件，表现为一个独立的事件处理程序，对应于事件的使用阶段。

（2）即时转发订阅者

即时转发订阅者对应于事件的分发和使用阶段，一方面可以具备简单订阅者的功能，另一方面也可以把事件转为给其他订阅者。通常，把事件转发到消息队列是一个好的实践方法，现有的很多消息传递系统具备强大的一对一和一对多转发功能，可能满足远程订阅者处理事件的需求。

（3）事件存储订阅者

事件存储订阅者在处理事件的同时对事件进行持久化。存储的事件可以作为一种历史记录，也可以通过专门的事件转发器转发到消息队列，对应于事件的存储和使用阶段。

显然，以上 3 种事件订阅者可以进行组合形成对事件存储、分发和使用的完整处理过程。

2. 领域事件建模

事件的识别有时候具有一定的隐秘性，当一个实体依赖于另外一个实体，但两者之间并不希望产生强耦合而又需要保证两者之间的一致性时，我们通常就可以提取事件。这是事件最容易识别的场景。案例中的 Disscussion 上下文，我们可以根据通用语言识别 Discussion 实体。而为了避免 Disscussin 上下文和 Core 上下文之间产生强耦合，当一个 Discussion 结束时，该上下文需更新项目的评估，并通知相关兴趣方。这个过程中我们就可以提取 DiscussionClosed 事件。

领域事件同样需要建模，一般使用过去时对事件进行命名，如上述的 DiscussionClosed 事件。领域事件包含唯一标识、产生时间、事件来源等元数据，也可以根据需要包含任何业务数据。同时，领域事件具有严格意义上的不变性，任何场合都不可能对事件本身做任何修改，因为事件代表的是一种瞬时状态。

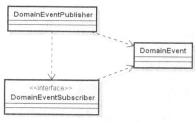

架构设计上对领域事件的处理就是基本的发布-订阅风格。DomainEventPublisher 和 Domain EventSubscriber 分别代表发布者和订阅者，Domain Event 本身具备一定的类型，Domain Event Subscriber 根据类型订阅某种特定的 DomainEvent，如图 3-23 所示。

图 3-23　事件的发布与订阅

图 3-24 是发布订阅风格中涉及的领域对象及交互时序图，我们可以看到应用层 Application Service 对某个实体对象进行操作会触发领域事件的生成，领域事件通过 DomainEvent Publisher 进行发布，DomainEventSubscriber 则根据需要由 Application Service 创建并根据事件类型进行订阅和处理。

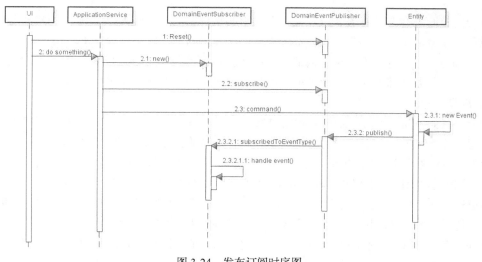

图 3-24　发布订阅时序图

领域事件既可以由本地界限上下文消费，也可以由远程的界限上下文消费。远程界限上下文发布领域事件需要考虑消息的最终一致性、同步和异步及领域事件存储等问题。尤其针对远程交互本身存在的网络稳定性等各种不可控原因，一般都会对事件进行存储以便发生问题时进行跟踪和重试。支持不同事件类型、支持领域事件和存储事件之间的转换、检索由领域模型所产生的所有结果的历史记录、使用事件存储中的数据进行业务预测和分析是常见的事件存储需求。事件可以通过DomainEventPublisher进行集中式的存储，也可以分别保存在各个DomainEvent Subscriber中。图3-25就是一个包含事件存储的发布订阅时序图，通过DomainEventSubscriber构建EventStore进行事件存储。

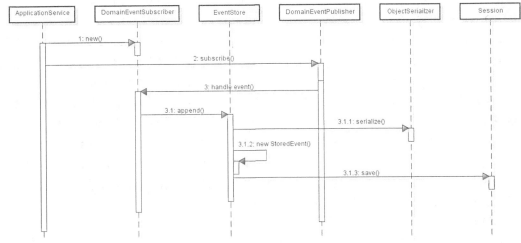

图 3-25　包含事件存储的发布订阅时序图

3.3.4　聚合

聚合（Aggregate）概念的提出与软件复杂度有直接关联。软件设计中的一大问题就在于大多数业务系统中的对象都具有十分复杂的联系，现实世界很少有清晰的边界。复杂的关系需要通过关联数量庞大的对象才能建立，复杂关系的开发和维护需要投入成本，也是架构腐化的一个根源。

1.　聚合

聚合的核心思想在于将关联减至最少有助于简化对象之间的遍历，使用一个抽象来封装模型中的引用。聚合的组成有两部分，一部分被称为根（Root）实体，是聚合中的某一个特定实体；另一部分描述一个边界，定义聚合内部都有什么。聚合代表一组相关对象的组合，是数据修改的最小单元，也就是意味着对对象组合的修改只能通过聚合中的根实体进行，而不是对于组合中的所有实体都能进行直接修改。

聚合具备如下固定规则：根实体具有全局标识、外部系统只能看到根实体、只有根实体才能直接通过数据进行查询获取，其他对象必须通过聚合内部关联的遍历才能找到、删除操作必须一次删除聚合之内的所有对象。这些固定规则都是为了减少复杂关系下对象遍历的次数，明确系统边界。参考图3-26中的聚合示意图，左半部分代表的是没有采用聚合概念的对象遍历图，我们可以看到任何对象都能两两进行交互，所以对象都处于同一个边界中；而右半部分显然有所不同，通过聚合思想把系统划分成3个边界，每个边界里面包含一个聚合，图中与外部边界直接关联的就是聚合中的根对象，我们可以看到只有根对象之间才能进行直接交互，其他对象只能与该聚合中的根对象进行直接交互。以图3-26中的8个对象为例，通过聚合可以把最多2^8-1次对象直接交互减少的2^3-1次。

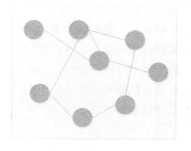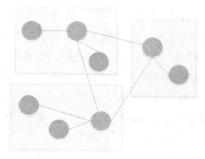

图 3-26　聚合示意图

有了聚合的概念再来回顾领域服务，我们可以明确使用领域服务实际上就是执行跨聚合的操作，领域服务的输入对象即是各个聚合的根实体对象。

2. 聚合建模

在案例 Core 核心域中，我们提到一个项目可以创建很多任务，一个项目也可以评估出一个项目计划。通过分析通用语言，可以识别 Project、Task、Plan 这 3 个主要实体或值对象。关于如何设计这些对象之间的关联，我们有几种思路。

图 3-27 是一种基于聚合的建模思路，我们把 Project、Task、Plan 归为实体对象，并把 Project 上升到聚合的根对象。这样外部系统只能通过 Project 对象访问 Plan 和 Task 对象，而 Project 中包含着对 Plan 和 Task 的直接引用。

思路二走的是另一条路，如图 3-28 所示，我们把 Plan 和 Task 同样上升到聚合级别，意味着重新划分了系统边界，3 个对象构成了 3 个不同的聚合。显然，这种情况下，Project 对象中包含着对 Plan 和 Task 的直接引用是不合适的。在不破环现在有的实体关系的前提下，我们可以通过引入值对象来缓解这种现象，通过把唯一标识提取成一个值对象 ProjectId，Project 通过 ProjectId 与 Plan 和 Task 对象进行关联。

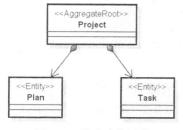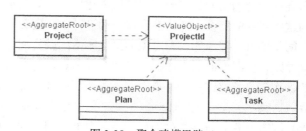

图 3-27　聚合建模思路一　　　　　　　　图 3-28　聚合建模思路二

思路一和思路二代表着各有利弊的两种极端，有三条聚合建模的原则可以帮忙我们找到其中存在的问题。

（1）聚合内部真正的不变条件

第一条建模原则在于关注聚合内部建模真正的不变条件，什么样的业务规则应该总是保持一致，即在一个事务中只修改一个聚合实例，如果一个事务内需要修改的所有内容处于不同聚合中，我们就要重新考虑聚合划分的有效性。聚合内部保持强一致性的同时，聚合之间需要保持最终一致性。

考虑思路二中的 Plan 对象，因为系统的目的就是获取 Project 的 Plan，而不是把 Project 和 Plan 分别进行管理，也就是说更新 Project 的同时也应该同时更新 Plan，Project 和 Plan 的更新处于同一个事务中，所以把 Plan 放到以 Project 为根实体的聚合中更加符合聚合建模的这一条原则。

（2）设计小聚合

聚合可大可小，设计聚合大小的通用原则是考虑性能和扩展性，我们倾向于使用小聚合。大的聚合可以降低边界对象遍历的数量，但聚合内部包含更多实体和值对象。从性能角度讲，聚合内部复杂的对象管理和深层次的对象遍历会降低系统的性能，因为很多边界处理实际上并不需要涉及过多的聚合内部对象。而对于扩展性，系统的变化对于大粒度聚合的影响显然大于小聚合。同时，考虑到实体具备生命周期和状态变化，聚合建模也推荐优先使用值对象以降低聚合内部复杂性。

（3）通过唯一标识引用其他聚合

通过唯一标识引用其他聚合对聚合设计的提示就是通过标识而非对象引用使多个聚合协同工作。聚合中的根实体应该具备唯一标识，思路二中引入值对象 ProjectId 作为 Project 的唯一标识，并通过该值对象与其他聚合中的根实体进行交互就是这条原则的具体体现。如果 Task 业务作为一个根实体的话，一般也会提取一个值对象 TaskId 作为其唯一标识。

综合运用 3 条聚合建模的原则之后，我们可以得到图 3-29 的聚合建模思路三。这是我们对上述场景进行聚合建模的最终结果。

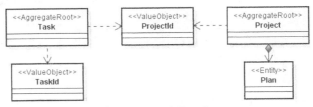

图 3-29　聚合建模思路三

3.3.5　资源库

对应任何一个系统都应该存在一个起点，以便从这个起点遍历到一个实体或值对象。对于每种需要进行全局访问的对象，都应该创建另一个对象来作为这些对象的提供方，就像是在内存中访问这些对象的集合一样。在领域驱动设计中，资源库（Repository）实际上就是对象的提供方。

简单地讲，资源库作为对象的提供方指的就是能够实现对象的持久化。但基于聚合的概念和设计原则，资源库的实现过程中有几个注意点。首先每一个聚合类型对应一个资源库，因为对聚合的操作需要维持在一个事务中。当我们获取聚合时，我们从聚合根实体开始导航对象以控制聚合界限。其次，防止数据驱动、避免实体和值对象成为单纯的数据容器是充血模型对数据对象的要求。同时，我们需要通过资源库屏蔽数据访问的技术复杂性。

资源库模式已经在第 2 章中的架构模式部分进行详细介绍，图 3-30 是资源库模式的一种表现形式。领域驱动设计中引入资源库模式的目的在于为客户提供一个简单模型，可以获取持久化对象，同时使应用程序和领域设计与持久化技术解耦，体现有关对象访问的设计决策。当然，在面向接口和依赖注入机制支持下资源库也容易替换成 Mock 实现，方便测试。

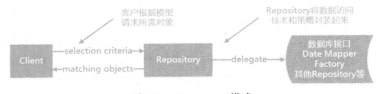

图 3-30　Repository 模式

资源库作为一种持久化操作，可以分成定义和实现两个部分。资源库的定义表现为一个抽象接口，而实现则是依赖于具体的持久化媒介。从面向领域的分层架构中。对现实事物包括持久化在内的抽象内容位于领域层，而具体实现则可以位于基础设施层。因此，资源库的定义和实现分别位于领域层和基础设施层。

3.3.6　集成界限上下文

1. 系统集成基础

业界关于系统集成存在一些主流的模式和工程实践，如图 3-31 所示，包括文件传输（File Transfer）、共享数据库（Shared Database）、远程过程调用（RPC）和消息传递（Messaging）。

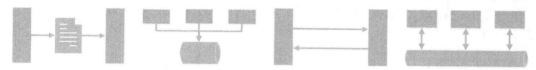

图 3-31　系统集成基本模式

以上 4 种主流的集成模式各有优缺点：文件传输方式最大的挑战在于如何进行文件的更新和同步；如果使用数据库，在多方共享的条件下如何确保数据库模式统一是一个大问题；RPC 容易产生瓶颈节点；而消息传递在提供松耦合的同时也加大了系统的复杂性。

RPC 和消息传递面对的都是分布式环境下的远程调用。远程调用区别于内部方法调用，一方面网络不一定可靠和存在延迟问题，另一方面集成通常面对的是一些异构系统。我们的思路是尽量采用标准化的数据结构并降低系统集成的耦合度。

2. 上下文集成实现

在面向领域的策略设计中，我们提到上下文集成的基本模式有两种，即防腐层和统一协议。在实现过程中，通常都会综合使用这些模式。

统一协议模式为系统所提供的服务定义一套包含标准化数据结构在内的协议，开发该协议以使其他需要集成的系统能够使用，同时在有新的集成需求时对协议进行改进和扩展。HTTP 方法及所代表的资源就是一种统一协议。我们可以通过 GET/PUT/POST/DELETE 等 HTTP 方法和代表各种资源的 Resource URI 构建 RESTful 风格的集成实现机制如表 3-1 所示。

表 3-1　　　　　　　　　　　　　　　　　　RESTful 风格示例

URL	HTTP 方法	描述
http://www.example.com/users	GET	获取 User 对象列表
http://www.example.com/users	PUT	更新一组 User 对象
http://www.example.com/users	POST	新增一组 User 对象
http://www.example.com/users	DELETE	删除所有 User
http://www.example.com/users/tianyalan	GET	根据用户名 tianyalan 获取 User 对象
http://www.example.com/users/tianyalan	PUT	根据用户名 tianyalan 更新 User 对象
http://www.example.com/users/tianyalan	POST	添加用户名为 tianyalan 的新 User 对象
http://www.example.com/users/tianyalan	DELETE	根据用户名 tianyalan 删除 User 对象

在案例的 UserCenter 上下文中，参加 Discussion 的用户需要通过 UserCenter 进行用户身份验证。这个过程就涉及 Discussion 和 UserCenter 两个上下文之间的集成，而且这种集成具有较高的

实时性要求。我们可以在 UserCenter 上下文中提供基于 RESTful 风格的 UserResource。Discussion 上下文通过基本的 HTTP 请求就可以访问该 UserResource 以实现用户身份认证。而为了降低系统耦合，我们在两个上下文之间添加了一层包含 UserAdapter 和 UserTranslator 组件的防腐层，如图 3-32 所示。

图 3-32　案例防腐层示例

领域事件能够增强系统自治性，当系统发生显著性事情时发布领域事件。发布领域事件的过程在实现上可以借助于消息传递机制。消息传递存在两种基本的模式，分别为发布-订阅和点对点，如图 3-33 所示。

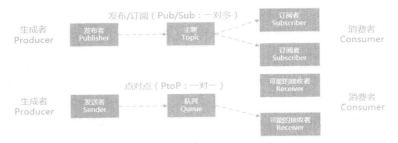

图 3-33　消息传递两种模式

在案例中，我们知道 Core 上下文创建 Project，而项目的时间计划由 Discussion 上下文计算得出。为了在这两个上下文之间实现低耦合的系统集成，Core 上下文可以通过创建 ProjectCreated 领域事件并通过消息传递系统进行发布。Discussion 上下文订阅并处理该事件，然后将项目的时间计划通过 DiscussionFinished 事件反向发送给 Core 上下文处理。ProjectCreated 和 Discussion Finished 事件都包含了该场景所需的各项业务数据信息。Core 上下文和 Discussion 上下文之间基于领域事件和消息传递机制的交互时序图如图 3-34 所示。

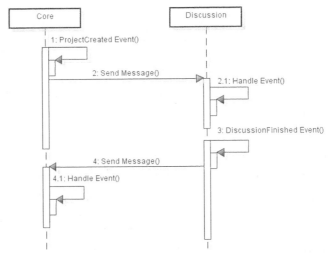

图 3-34　Core+Discussion 上下文集成时序图

3.3.7 应用程序

在领域驱动设计的平面形架构中，应用层对外面向用户界面、上下文集成和基础设施，对内封装领域模型。

1. 用户界面

常见的用户界面表现形式有以 Structs 和 Spring MVC 为代表的请求-应答式 Web 用户界面、基于 Ajax/Ext JS/Flex 等的 Web 富互联网应用（RIA）及 Eclipse SWT、WinForm、WPF 等各种本地客户端 GUI。用户界面并不是领域驱动设计的重点，但我们同样需要明确如何将领域对象渲染到用户界面中及如何将用户操作反映到领域模型上这两个基本问题。

用户界面与领域模型解耦可以使用的模式也很多，如数据传输对象（Data Transfer Object，DTO）模式和门面（Façade）模式。在 DTO 模式中，业务对象（Business Object）为传输对象填充数据的业务服务，相当于领域对象。传输对象（Transfer Object）是一种简单的 POJO，只有设置和获取属性的方法。而客户端（Client）则可以发送请求或者发送传输对象到业务对象。Façade 模式的设计意图在于为子系统中的一组接口提供一个一致的界面。这些接口使得这一子系统更加容易使用。实现上用户界面不与系统耦合，而外观类与系统耦合。在层次化结构中，可以使用 Façade 模式定义系统中每一层的入口，如图 3-35 所示。

在领域驱动设计中，我们使用应用服务实现类似 DTO 和 Façade 的功能。

2. 应用服务

应用服务（Application Service）在分层模型中的定位如图 3-36 所示。应用服务的定位是领域模型的直接客户，负责业务流程的协调，同时控制事务使用资源库并解耦服务输出。应用服务不同于领域服务，区别在于应用服务通常不包含业务，表现为类似 Façade 的很薄的一个层次。

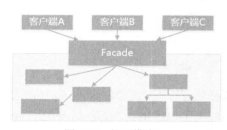

图 3-35　门面模式

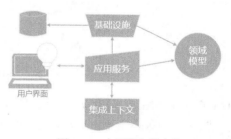

图 3-36　应用服务的定位

3. 基础设施

我们知道资源库的定义属于领域模型的一部分，而基础设施的一大功能就是提供各种资源库的实现。应用服务依赖于领域模型中的资源库定义，并使用基础设施中提供的资源库实现。通常我们可以使用依赖注入完成资源库实现在应用服务中的动态注入，如图 3-37 所示。

3.3.8 案例技术设计

我们需要构建的目标系统称为项目计划系统。本节中，我们首先根据各个上下文的通用语言给出

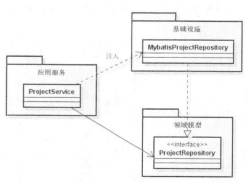

图 3-37　基础设施与应用服务的依赖关系示例

相应的领域模型，然后探讨如何对这些上下文进行有效集成。

1. 上下文领域模型

Core 核心域的通用语言包括，一个项目具有优先级、一个项目具有很多 Task、项目的任务就是完成任务的分解及项目的计划。该上下文对应的领域模型如图 3-38 所示。Project 和 Task 两个聚合根实体是 Core 核心域中的主要领域模型，围绕着项目的创建、任务的分解和状态更新以及最终计划的制定系统生成相应的领域事件，而应用服务和资源库都与两个聚合采用通用的命名结构。

图 3-38　Core 上下文领域模型

Discussion 支撑域的通用语言包括：通过 Discussion 中的会议得出 Plan，参加 Discussion 的成员必须是系统的合法成员。该上下文对应的领域模型如图 3-39 所示。该支撑域中的主要实体就是 Discussion，同时作为集成上下文中 UserCenter 的上游，Discussion 支撑域采用防腐层策略进行集成解耦。

图 3-39　Discussion 上下文领域模型

UserCenter 通用域的通用语言包括提供服务供外部系统进行用户注册和认证，支持修改用户的联系方式、密码等基本信息。该上下文对应的领域模型如图 3-40 所示。UserCenter 通用域涉及 User 聚合根、Person 实体及一系列表述实体属性的值对象。User 的注册、修改密码和联系方式等操作都被抽象成领域事件，而 User 的验证、密码的修改因为涉及多个对象的交互被单独提取成领域服务。作为 Discussion 支撑域的下游，UserCenter 通用域采用统一协议策略暴露 User 验证的入口。

图 3-40　UserCenter 上下文领域模型

2．上下文集成

我们使用统一协议和防腐层集成模式实现 3 个上下文之间的集成。图 3-41 中，左半部分代表集成模式，而右半部分是集成模式所对应的实现方案，我们可以看到 RESTful 和 Messaging 是案例中实现集成的主要手段。图 3-42 即是采用上述集成模式和实现手段之后，3 个上下文之间交互的时序图。

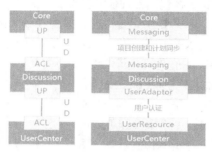

图 3-41　上下文集成

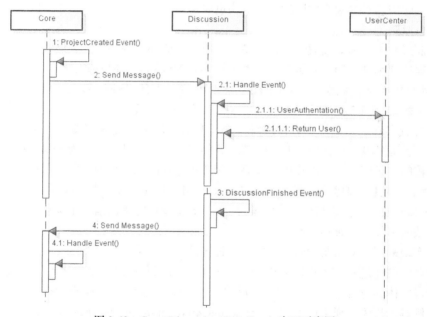

图 3-42　Core+Discussion+UserCenter 交互时序图

至此，我们了解并掌握领域驱动设计的各个组件及在案例中的具体应用，侧重的是对现实世界的抽象和建模，并通过系统设计的方式表述解决方案。

3.4　案例实现

领域驱动设计是一种软件开发方法论，其本身具备的策略和技术两大设计体系及面向领域建模思想都不受限于具体实现技术，也不受任何软件开发过程约束。但为了更好地展示领域驱动设计的应用场景和方法，本节将简要给出案例项目计划系统的实现方案，侧重于系统实现的演进和关键技术的应用。

系统构建的第一步是确定代码组织结构，代码文件可以通过 Maven 或 Gradle 等具备依赖管理功能的自动化构建工具进行有效组织。通常，一个子域对应一个代码工程是通用的做法，即 Core、Discussion 和 UserCenter 这 3 个子域分别建立一个独立的代码工程。

考虑到每个子域都是一个完整的领域模型，对基础领域对象及工具服务有必要进行抽象成一个单独工程 Common。Common 工程包括各种模型基类 DomainModelBase、用于领域事件抽象和事件发布-订阅的 Event 组件、用于事件存储实现方案的 EventStore 组件、通用持久化工具类 PersistenceUtil、上下文集成涉及 RESTful 风格的工具类 RestUtil、事件存储和传输过程中通用序列化工具类 SerializationUtil、使用 Spring 容器进行依赖注入的工具类 SpringUtil 及各种基础工具服务 CommonUtil。

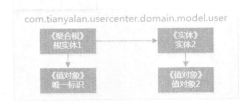

图 3-43　包结构

在领域对象组织上，可以采用分包（Package）原则从代码上明确聚合之间的边界，一个聚合即可以视为一个包，包中包含该聚合的所有实体和值对象。图 3-43 即是 UserCenter 上下文中 User 聚合的表结构示意图。同样，应用层和基础设施层的代码结构也应该严格遵循分包原则。

参考平面形架构，面向领域的项目组织上一般从内而外，围绕核心领域模型展开。构建每一个子域的过程通常都是先抽象领域层再根据用户界面需求梳理应用服务，而各种资源库实现、外部服务集成都可以看成适配器。以 Hibernate、MyBatis 为代表的 ORM（Object Relation Mapping，对象关系映射）框架可用于构建基于 Mysql 等关系型数据库的资源库。

上下文集成实现上，我们综合使用统一协议和防腐层策略并采用多种实现技术。一方面，UserCenter 上下文使用基于 HTTP 的 RESTful 风格发布用户验证服务，而 Discussion 上下文则构建适配器风格的防腐层。这个层在两个模型之间进行必要的双向转换。防腐层通常需要提供个性化实现，而统一协议的构建可以基于主流的 Spring MVC、Jersey 等框架。另一方面，Discussion 和 Core 之间基于领域事件进行交互，RabbitMQ、ActiveMQ 等主流消息中间件可以用于构建跨上下文之间的领域事件的发布和订阅机制。

案例的实现采用"测试驱动验证"的方式逐步演进，即采用提供基本实现、测试发现问题、重构解决问题的循环过程。通过引入 JUnit、EasyMock 等工具可以简单实现单元测试和集成测试。案例中包括对实体和值对象、领域服务、领域事件、资源库接口、应用服务接入和上文集成验证。

本章案例具体代码实现可以参考 https://github.com/tianminzheng/project-system。

3.5　本章小结

领域驱动设计作为一种软件开发方法论，基本思路在于清楚界分不同的系统与业务关注点，并基于技术设计工具按照领域模型开发软件。面对日益复杂的软件系统本身及围绕软件系统所展开的过程和组织因素，领域驱动设计为我们提供了一套从业务到技术的设计方案。该设计方案包括策略性设计和技术性设计两大部分。

策略设计关注于业务的拆分和整体系统架构风格的确立。通过领域/子域、通用语言、限界上下文等概念确立系统边界和集成策略。同时，打破传统严格意义上的系统分层结构，采用平面形架构风格，围绕核心领域模型由内而外确定系统的构建方式。面向领域思想结合业务需求，对边界划分和系统建模有独特的实践方法。

针对系统中的每一个子域及上下文边界，技术设计通过首先对系统对象进行区分，在实体、值对象的集成上抽象聚合概念，确保边界的完整性和对象访问有效性。同时，使用领域服务梳理多个实体之间的依赖关系，使用领域事件解耦交互方式，并利用资源库实现数据的持久化。

本章通过一个完整的案例介绍领域驱动设计的各个方面，基于策略设计与技术设计的相关知识，应用设计与领域建模方法并整合完整案例与系统集成。在整个案例设计和实现过程中，从策略到技术、从抽象到具体、从核心到辅助、先有场景分析和策略，再有设计和实现体现了我们应用领域驱动设计方法的基本思路。

领域驱动设计是业务架构和技术架构的整合体，在处理复杂业务逻辑、保持系统边界、防止架构腐化等方面发挥作用。在目前主流的开发模式和部署环境中，当我们已经使用基于面向领域的思想构建各个领域系统时，无论在领域的内部还是外部，都面对着分布式系统所需要面对的各项挑战。这也是脱离于业务架构，在技术体系的一个重点和热点。下一章，我们将系统介绍分布式系统架构设计的思想、方法论和工程实践。

第4章
分布式系统架构设计

软件开发技术和过程发展至今，集中式系统被普遍认为存在诸多问题。随着业务复杂度提升所引起的代码腐化，团队规模的变化和扩展面临的软件过程管理上的挑战，乃至最终系统的交付等方面都迫使我们打破集中式的系统架构，引入系统拆分的思想和实践。拆分的需求来自组织结构变化、交付速度、业务需求及技术需求所引起的变化。一般认为，系统拆分的基本思路有两种，即纵向（Vertical）拆分和横向（Horizontal）拆分。

所谓纵向拆分，就是将一个大应用拆分为多个小应用，如果新业务较为独立，那么就直接将其设计部署为一个独立的应用系统即可。在图 4-1 中，我们可以将电商行业中的商品下单业务拆分成订单、商品和会员等独立业务子系统。纵向拆分关注于业务，通过梳理产品线，将内聚度较高的相关业务进行剥离从而形成不同的子系统。从这个角度讲，领域驱动设计思想就是一种典型的纵向拆分方法论，通过引入子域和界限上下文在策略设计层面对子系统进行划分，而子系统内部则可以通过领域建模确保高内聚。关于领域驱动设计，我们已经在上一章中做了全方面介绍。

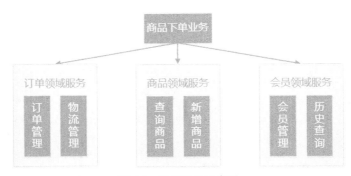

图 4-1　纵向拆分示意图

相较纵向拆分的面向业务特性，横向拆分更多关注于技术。通过将可以复用的业务拆分出来，独立部署为分布式服务，只需调用这些分布式服务即可构建复杂的新业务。因此，横向拆分的关键在于识别可复用的业务，设计服务接口并规范服务依赖关系。

集中式系统由于技术栈固定，尤其是对于比较庞大的系统，不能很方便地进行技术升级，或者说对引入新技术或框架等处于封闭状态。同时，由于每种开发语言都有自己的特点，单个程序没有办法享受到其他语言带来的便利，对应到团队中，团队技术相对比较单一。横向拆分侧重于技术的分层，每个层级的技术侧重点不同，可以充分发挥和培养团队中每个人的技术特长。

横向拆分和纵向拆分可以综合应用，领域驱动设计中的上下文集成思想实际上体现了基本的横向拆分特性，但我们并没有对横向拆分中的技术体系做详细展开。横向拆分的核心技术栈就是分布式体系。本章内容主要关注分布式系统架构设计过程中的核心原理和技术实现。

4.1　分布式系统

横向拆分的的基本实现方式是构建分布式服务体系。图 4-2 是对图 4-1 中的商品下单业务进行横向拆分的结果，可以看到，当我们把订单、物流、商品、库存、交易和会员等业务抽象成独立的垂直化服务，并在各个服务上层实现分布式环境下的调用和管理框架时，系统的业务就可以转变为一种排列组合的构建方式。如基于订单和物流服务，我们可以构建出业务 1，而业务 2 可能只依赖于交易和会员管理服务。分布式服务框架提供了一种按需构建的机制，在保证各个分布式服务的技术、团队、交付独立发展的前提下，确保业务整合的灵活性和高效性。

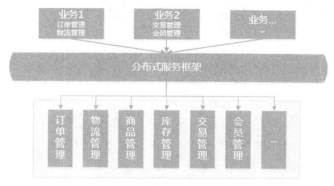

图 4-2　横向拆分示意图

然而，分布式系统相较于集中式系统而言具备优势的同时，也存在一些我们不得不考虑的特性，包括但不限于网络传输的多态性、服务的维护复杂性和可用性、服务的分布性和对等性、负载均衡、分布式事务及数据节点的一致性等典型问题。这些问题是分布式系统的固有特性，我们无法避免，只能想办法进行利用和管理。这就给我们设计分布式系统提出了挑战。

通过对分布式特性的分析，我们可以把分布式系统的设计归为两个主要的关注点，一个是功能需求，另一个是非功能需求。提供服务接入是分布式系统的基本功能需求，包括网络通信、序列化/反序列化、传输协议和服务调用等 4 个基本组件。而服务路由、集群容错、服务订阅发布、服务治理和服务监控等组件更多的是为了服务调用的稳定性、可用性及高效性。

目前，业界存在一批优秀的分布式服务框架，部分侧重于提供基本功能，如 Facebook Thirft、Twitter Finagle 和 Google gRPC，而 Alibaba Dubbo 及其在基础上扩展的 Dangdang DubboX、Taobao HSF 和 Amazon Coral Service 则在实现分布式基本功能的基础上，添加了服务治理等综合性功能。这些框架在考虑服务可靠性的前提下，提供了性能优化和服务治理的实现策略。通常，我们使用这些框架就可以满足日常分布式系统构建的需求，但理解这些框架背后的核心原理和实现机制有助于把握各个框架的特点，从而做出正确的技术选型。这也是成为一名合格架构师的要求之一。本章后续内容将详细阐述如何实现分布式系统的功能需求和非功能需求，基本思路是从功能性组件到非功能性组件，中间穿插相关模式与架构风格，并提供相应的案例分析。

4.2　RPC 架构

网络通信、序列化/反序列化、传输协议和服务调用等 4 个组件构成了传统的基本远程通信框架，即远程过程调用（Remote Process Call，RPC）架构。我们可以对 RPC 架构进行剖析，得到如图 4-3 所示的结构图。该结构图包括了分布式环境下的各个基本功能组件。

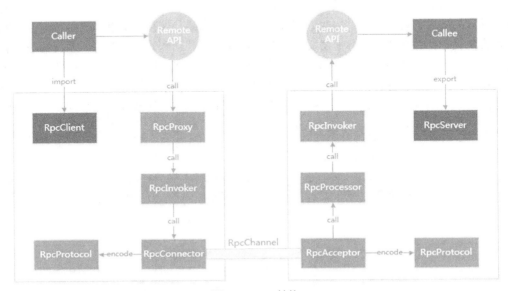

图 4-3　RPC 结构

从图 4-3 中可以看到 RPC 架构有左右对称的两大部分构成，分别代表了一个远程过程调用的客户端和服务器端组件。客户端组件与职责如下。

- RpcClient，负责导入（import）由 RpcProxy 提供的远程接口的代理实现。
- RpcProxy，远程接口的代理实现，提供远程服务本地化访问的入口。
- RpcInvoker，负责编码和发送调用请求到服务方并等待结果。
- RpcProtocol，负责网络传输协议的编码和解码。
- RpcConnector，负责维持客户端和服务端连接通道和发送数据到服务端。
- RpcChannel，网络数据传输通道。

而服务端组件与职责如下。

- RpcServer，负责导出（export）远程接口。
- RpcInvoker，负责调用服务端接口的具体实现并返回结果。
- RpcProtocol，负责网络传输协议的编码和解码。
- RpcAcceptor，负责接收客户方请求并返回请求结果。
- RpcProcessor，负责在服务方控制调用过程，包括管理调用线程池、超时时间等。
- RpcChannel，网络数据传输通道。

在 RPC 架构实现思路上，远程服务提供者以某种形式提供服务调用相关信息，远程代理对象通过动态代理拦截机制生成远程服务的本地代理，让远程调用在使用上就如同本地调用一样。而网络通信应该与具体协议无关，通过序列化和反序列化方式对网络传输数据进行有效传输。

在基于分布式环境的交互过程中，远程服务的导入和导出需要遵循特定的业务接口，确保双方在通信语义上的一致。假设我们使用 DemoService 作为统一业务接口，当进行服务导出时，可以使用如下的代码风格。

```
DemoService demo  = new ...;
RpcServer   server = new ...;
server.export(DemoService.class, demo, options);
```

在导入服务时有两种基本方式：一种是编译期代码生成，通过在调用前在客户端本地生成桩（Stub）代码即可以在运行时使用桩代码提供的代理访问远程服务，Web Service 中通过 wsdl 生成客户端代码就是这种方式的典型表现；另一种更常见的方式是运行时通过动态代理/字节码的方式动态生成代码。对 DemoService 服务进行导入的代码表现形式如下。

```
RpcClient client = new ...;
DemoService demo = client.refer(DemoService.class);
demo.hi("how are you?");
```

RPC 架构的特点在于概念和语义清晰明确，过程调用简洁且提供通用的通信机制和可扩展的序列化方式。

4.2.1　网络通信

网络通信涉及面很广，RPC 架构中的网络通信关注于网络连接、IO 模型和可靠性设计。

（1）网络连接

基于 TCP（Transmission Control Protocal，传输控制协议）的网络连接有两种基本方式，也就是通常所说的长连接（也叫持久连接，Persistent Connection）和短连接（Short Connection）。当网络通信采用 TCP 时，在读写操作之前，Server 与 Client 之间必须建立一个连接。当读写操作完成后，双方不再需要这个连接时就可以释放这个连接。连接的建立需要 3 次握手，而释放则需要 4 次握手，如图 4-4 所示。每个连接的建立都意味着需要资源和时间的消耗。

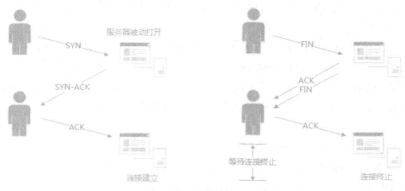

图 4-4　TCP 握手协议

客户端向服务器端发起连接请求，服务器端接收请求，然后双方就可以建立连接。服务器端响应来自客户端的请求就需要完成一次读写过程。这时候双方都可以发起关闭操作。因此，短连接一般只会在客户端/服务器端间传递一次读写操作。也就是说 TCP 连接建立后，数据包传输完成即关闭连接。短连接结构简单，管理起来比较简单，存在的连接都是有用的连接，不需要额外的控制手段。

长连接则不同，当客户端与服务器端完成一次读写之后，它们之间的连接并不会主动关闭，后续的读写操作会继续使用这个连接。这样当 TCP 连接建立后，就可以连续发送多个数据包，能够节省资源并降低时延。

长连接和短连接的产生在于客户端和服务器端采取的关闭策略，具体的应用场景采用具体的策略，没有十全十美的选择，只有合适的选择。在 RPC 框架实现过程中，考虑到性能和服务治理等因素，通常使用长连接进行通信。

（2）IO 模型

最基本的 IO 模型就是阻塞式 IO（BIO）。BIO 要求客户端请求数与服务端线程数一一对应，显然服务端可以创建的线程数会成为系统的瓶颈。非阻塞 IO（NIO）和 IO 复用技术实际上也会在 IO 上形成阻塞，真正在 IO 上没有形成阻塞的是异步 IO（AIO）。关于各种 IO 模型的分析我们已经在 2.2.2 节软件体系机构中的事件驱动部分做了详细讨论，此处不再过多展开。

（3）可靠性

由于存在网络闪断、超时等网络状态相关的不稳定性及业务系统本身的故障，网络之间的通信必须在发生上述问题时能够快速感知并修复。常见的网络通信保障手段包括链路有效性检测及断线之后的重连处理。

从原理上讲，要确保通信链路的可靠性就必须对链路进行周期性的有效性检测，通用的做法就是心跳（Heart Beat）检测。心跳检测通常有两种技术实现方式，一种是在 TCP 层通过建立长链接在发送方和接收方之间传递心跳信息；另一种则是在应用层，心跳信息根据系统要求可能包含一定的业务逻辑。

当发送方检测到通信链路中断，会在事先约定好的重连间隔时间之后发起重连操作。如果重连失败，则周期性地使用该间隔时间进行重连直至重连成功。

4.2.2　序列化

所谓序列化（Serialization）就是将对象转化为字节数组，用于网络传输、数据持久化或其他用途。而反序列化（Deserialization）则是把从网络、磁盘等读取的字节数组还原成原始对象，以便后续业务逻辑操作。

序列化的方式有很多，常见的有文本和二进制两大类。XML（Extensible Markup Language，可扩展标记语言）和 JSON（JavaScript Object Notation，JavaScript 对象表示法）是文本类序列化方式的代表，而二进制实现的方案包括 Google 的 Protocol Buffer 和 Facebook 的 Thrift 等。对于一个序列化实现方案而言，以下 3 方面的需求可以帮助我们做出合适的选择。

（1）功能

序列化基本功能的关注点在于所支持的数据结构种类及接口友好性。数据结构种类体现在对泛型和 Map/List 等复杂数据结构的的支持，但有些序列化工具并不内置这些复杂数据结构。接口友好性涉及是否需要定义中间语言（Intermediate Language，IL），正如 Protocol Buffer 需要 .proto 文件、Thrift 需要 .thrift 文件，通过中间语言实现序列化一定程度上增加了使用的复杂度。

另一方面，在分布式系统中，各个独立的分布式服务原则上都可以具备自身的技术体系，形成异构化系统，而异构系统实现交互就需要跨语言支持。Java 自身的序列化机制无法支持多语言也是我们使用其他各种序列化技术的一个重要原因。像前面提到过的 Protocol Buffer、Thrift 及 Apache Avro 都是跨语言序列化技术的代表。同时，我们也应该注意到，跨语言支持的实现与所支持的数据结构种类及接口友好性存在一定的矛盾。要做到跨语言就需要兼容各种语言的数据结构特征，通常意味着要放弃 Map/List 等部分语言所不支持的复杂数据结构，而使用各种格式的中间语言的目的也正是在于能够通过中间语言生成各个语言版本的序列化代码。

（2）性能

性能可能是我们在序列化工具选择过程中最看重的一个指标。性能指标主要包括序列化之后码流大小、序列化/反序列化速度和 CPU/内存资源占用。在表 4-1 中，我们列举了目前主流的一些序列化技术，可以看到在序列化和反序列化时间维度上 Alibaba 的 fastjson 具有一定优势。而从空间维度上看，相较其他技术我们可以优先选择 Protocol Buffer。

表 4-1　序列化性能比较

技术 \ 性能	序列化时间（ms）	反序列化时间（ms）	大小（字节）	压缩后大小（字节）
Java	8654	43787	889	541
hessian	6725	10460	501	313
protocol buffer	2964	1745	*239*	*149*
thrift	3177	1949	349	197
json-lib	45788	149741	485	263
jackson	3052	4161	503	271
fastjson	*2595*	*1472*	468	251

（3）兼容性

兼容性（Compatibility）在序列化机制中体现的是版本概念。业务需求的变化势必导致分布式服务接口的演进，而接口的变动是否会影响使用该接口的消费方、是否也需要消费方随之变动成为在接口开发和维护过程中的一个痛点。在接口参数中新增字段、删除字段和调整字段顺序都是常见的接口调整需求，如 Protocol Buffer 就能实现前向兼容性确保调整之后新、老接口都能保持可用。

4.2.3　传输协议

ISO/OSI（Open System Interconnect，开放系统互连）网络模型分成 7 个层次，自上而下分别是应用层、表示层、会话层、传输层、网络层、数据链路层和物理层，其中，传输层实现端到端连接、会话层实现互连主机通信、表示层用于数据表示、应用层则直接面向应用程序。

RPC 架构的设计和实现通常会涉及传输层及以上各个层次的相关协议。通常，TCP 协议就属于传输层，而 HTTP 协议则位于应用层。TCP 协议面向连接、可靠的字节流服务，可以支持长连接和短连接。HTTP 是一个无状态的面向连接的协议，基于 TCP 的客户端/服务器端请求和应答标准，同样支持长连接和短连接，但 HTTP 协议的长连接和短连接本质上还是 TCP 的连接模式。

我们可以使用 TCP 协议和 HTTP 协议等公共协议作为基本的传输协议构建 RPC 架构，也可以使用基于 HTTP 协议的 Web Service 和 RESTful 风格设计更加强大和友好的数据传输方式。但大部分 RPC 框架内部往往使用私有协议进行通信。这样做的主要目的在于提升性能，因为公共协议出于通用性考虑添加了很多辅助性功能，这些辅助性功能会消耗通信资源从而降低性能，设计私有协议可以确保协议尽量精简。另一方面，出于扩展性的考虑，具备高度定制化的私有协议也比公共协议更加容易实现扩展。当然，私有协议一般都会实现对公共协议的外部对接。实现自定义私有协议的过程可以抽象成一个模型，自定义协议的通信模型和消息定义、支持点对点长连接通信、使用 NIO 模型进行异步通信、提供可扩展的编解码框架及支持多种序列化方式等是该模型的基本需求。

传输协议的消息包括消息头和消息体两部分，消息体表示需要传输的业务数据，而消息头用于进行传输控制。图 4-5 就是 ISO/OSI 网络 7 层模型中一个协议消息的传输示意图，我们可以看到每个层次都从上层取得数据，加上消息头信息形成新的数据单元，并将新的数据单元传递给下一层次。作为协议的元数据，我们可以在消息头中添加各种定制化信息形成自定义协议。图 4-6 是 Dubbo 分布式框架中采用的私有 Dubbo 协议的定义方式，我们可以看到 Dubbo 协议在会话层中添加了自定义消息头。该消息头包括多协议支持和兼容的 Magic Code 属性、支持同步转异步并扩展消息头的 Id 属性等。Dubbo 协议的设计者认为远程服务调用时间主要消耗在于传输数据包大小，因此，Dubbo 序列化主要优化目标在于减少数据包大小，提高序列化反序列化性能。可以从图 4-7 中看出 Dubbo 协议对数据包大小的处理优于大多数相关工具和框架。

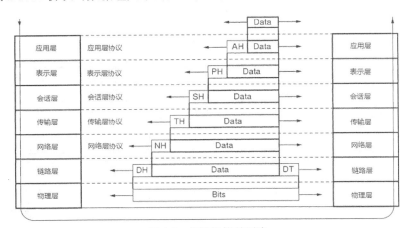

图 4-5　传输协议的层次

图 4-6　Dubbo 协议

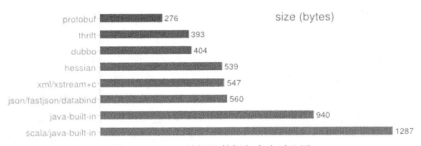

图 4-7　Dubbo 协议的数据包大小对比图

4.2.4　服务调用

服务调用存在两种基本方式如图 4-8 所示，即单向（One Way）模式和请求应答（Request-

Response）模式，前者体现为异步操作，而后者一般执行同步操作。

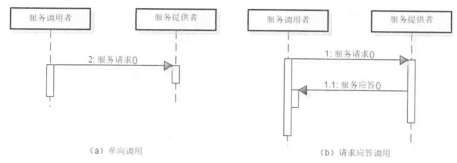

图 4-8 　单向调用与请求应答调用

（1）同步调用

同步调用会造成业务线程阻塞，但开发和管理相对简单。同步调用时序图参考图 4-9，我们可以看到服务线程发送请求到 IO 线程之后就一直处于等待阶段，直到 IO 线程完成与网络的读写操作之后被主动唤醒。

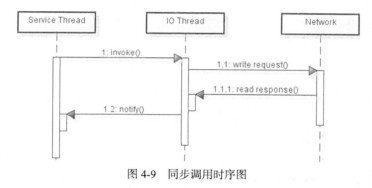

图 4-9 　同步调用时序图

（2）异步调用

使用异步调用的目的在于获取高性能，队列思想和事件驱动架构都是实现异步调用的常见策略，但都需要依赖于基础中间件平台。本节中我们将围绕 JDK 中的 Future 模式讨论如何实现异步调用。

Future 模式有点类似于商品订单，在网上购物提交订单后，在收货的这段时间里无需一直在家里等候，可以先干别的事情。类推到程序设计中，提交请求的目的是期望得到响应，但这个响应可能很慢。传统做法是一直等待到这个响应收到后再去做别的事情，但如果利用 Future 模式就无需等待响应的到来，在等待响应的过程中可以执行其他程序。传统调用和 Future 模式调用对比可以参考图 4-10，我们可以看到在 Future 模式调用过程中，服务调用者得到服务消费者的请求时马上返回，可以继续执行其他任务直到服务消费者通知 Future 调用的结果，体现了 Future 调用异步化特点。

Future 调用可以进一步细分成两种模式，分别为 Future-Get 模式和 Future-Listener 模式。Future-Get 模式参考图 4-11，可以看到这种模式下通过主动 get 结果的方式获取 Future 结果，而这个 get 过程是串行的，会造成执行 get 方法的线程形成阻塞。而 Future-Listener 模式则不同，如图 4-12 所示，在 Future-Listener 模式中需要创建 Listener，当 Future 结果生成时会唤醒注册到该 Future 上的 Listener 对象，从而形成异步回调机制。

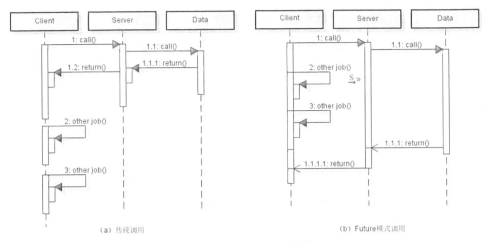

（a）传统调用　　　　　　　　　　　（b）Future模式调用

图 4-10　Java Future 机制

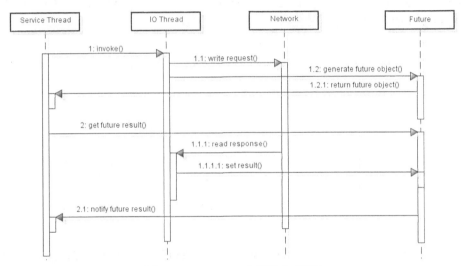

图 4-11　Future-Get 串行模式时序图

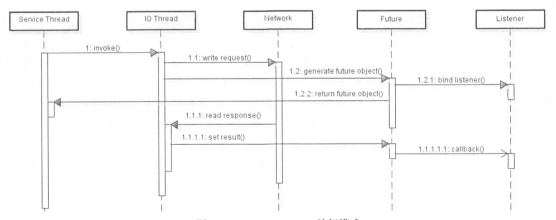

图 4-12　Future-Listener 并行模式

Future-Get 和 Future-Listener 两种模式的对比如图 4-13 所示，假设有 3 个任务的执行时间分别是 T1、T2 和 T3，则对于 Future-Get 而言执行这 3 个任务的总时间为 T=T1+T2+T3，而 Future-Listener 中 T=Max（T1，T2，T3），显然 Future-Listener 的时间成本小于 Future-Get。

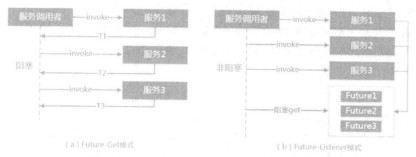

（a）Future-Get模式　　　　　　　（b）Future-Listener模式

图 4-13　Future-Get VS Future-Listener 时间成本

除了同步和异步调用之外，还存在并行（Parallel）调用和泛化（Generic）调用等调用方法，虽然也有其特定的应用场景，但对于 RPC 架构而言并不是主流的调用方式，这里不做具体展开。

4.3　分布式服务架构

RPC 架构解决了分布式环境下两个独立进程之间通过网络进行方法调用和数据传输这一基础性问题。当我们通过横向拆分方法对系统进行拆分会得到一系列垂直化应用。随着垂直化应用越来越多，应用之间交互不可避免，将核心业务抽取出来，作为独立的服务，逐渐形成稳定的服务中心是 RPC 的主要作用。而在大规模服务化之前，RPC 的做法可能只是确保简单的暴露和引用远程服务，通过配置服务的 URL 地址进行调用，通过 F5 等硬件进行负载均衡。

光有 RPC 是不够的。当服务越来越多时，服务 URL 配置管理会变得非常困难，F5 硬件负载均衡器的单点压力也越来越大。当服务间依赖关系变得错踪复杂，甚至分不清哪个应用要在哪个应用之前启动，以至无法描述应用的架构关系。同时，服务的调用量越来越大，服务的容量问题就暴露出来。这些场景都不包含在 RPC 的职能范围之内，我们需要通过引入更加全面和强大的架构体系来解决这些问题。这种架构体系就称为分布式服务架构。

当一个系统存在大量服务时将会面临更多问题，比如如何确保分布式服务的调用性能、如何提升服务架构的可扩展性、如何进行服务监控和故障定位及如何实现对服务的有效划分和路由。服务治理（Service Governance）是应对这些挑战的统一方法，包括负载均衡与集群容错、服务路由与服务注册、服务发布与引用以及服务监控等内容。

4.3.1　负载均衡与集群容错

分布式系统诞生的背景在于单机处理能力存在瓶颈、升级单机处理能力的性价比越来越低，同时系统的稳定性和可用性也日益受到重视。从横向拆分的角度讲，分布式是指将不同的业务分布在不同的地方，而集群（Cluster）指的是将几台服务器集中在一起，实现同一业务。分布式中的每一个节点，都可以做集群，但集群并不一定就是分布式。集群概念的提出同时考虑到了分布式系统中性能和可用性问题，一方面，集群的负载均衡机制可以将业务请求分摊到多台单机性能不一定非常出众的服务器，另一方面集群的容错机制确保当集群中的某台机器无法正常提供服务时整个集群仍然可用。

1. 负载均衡

所谓负载均衡（Load Balance），简单地讲就是将请求分摊到多个操作单元上进行执行，如图 4-14 所示，来自客户端的请求通过负载均衡机制将被分发到各个服务器，根据分发策略的不同将产生该策略下对应的分发结果。负载均衡建立在现有网络结构之上，它提供了一种廉价且有效透明的方法扩展服务器的带宽、增加吞吐量、加强网络数据处理能力、提高网络的灵活性。负载均衡实现上可以使用硬件、软件或者两者兼有。本书主要介绍基于软件的负载均衡机制。

图 4-14 负载均衡示意图

分发策略在软件负载均衡中的实现体现为一组分发算法，通常称为负载均衡算法。负载均衡算法可以分成两大类，即静态负载均衡算法和动态负载均衡算法。

（1）静态负载均衡算法

静态负载均衡算法的代表是是各种随机（Random）和轮询（Round Robin）算法。

采用随机算法进行负载均衡在集群中相对比较平均。随机算法实现也比较简单，使用 JDK 自带的 Random 相关随机算法就可指定服务提供者地址。随机算法的一种改进是加权随机（Weight Random）算法。在集群中可能存在部分性能较优服务器，为了使这些服务器响应更多请求，就可以通过加权随机算法提升这些服务器的权重。

加权轮循（Weighted Round Robin）算法同样按照权重，顺序循环遍历服务提供者列表，到达上限之后重新归零，继续顺序循环直到指定某一台服务器作为服务的提供者。普通的轮询算法实际上就是权重为 1 的加权轮循算法。

（2）动态负载均衡算法

所有涉及权重的静态算法都可以转变为动态算法，因为权重可以在运行过程中动态更新。例如动态轮询算法中权重值基于对各个服务器的持续监控并不断更新。基于服务器的实时性能分析分配连接（比如每个节点的当前连接数或者节点的最快响应时间）是常见的动态策略。类似的动态算法还包括最少连接数（Least Connection）算法和服务调用时延（Service Invoke Delay）算法，前者对传入的请求根据每台服务器当前所打开的连接数来分配；后者中服务消费者缓存并计算所有服务提供者的服务调用时延，根据服务调用和平均时延的差值动态调整权重。

源 IP 哈希（Source IP Hash）算法实现请求 IP 粘滞连接，尽可能让消费者总是向同一提供者发起调用服务。这是一种有状态机制，也可以归为动态负载均衡算法。

2. 集群容错

当服务运行在一个集群中，出现通信链路故障、服务端超时及业务异常等场景都会导致服务调用失败。容错（Fault Tolerance）机制的基本思想是重试和冗余，即当一个服务器出现问题时不妨试试其他服务器。集群的建立已经满足冗余的条件，而围绕如何进行重试就产生了几种不同的集群容错策略。

（1）Failover

Failover 即失效转移，当发生服务调用异常时，重新在集群中查找下一个可用的服务提供者。为了防止无限重试，通常对失败重试最大次数进行限制。

（2）Failback

Failback 可以理解为失败通知，当服务调用失败直接将远程调用异常通知给消费者，由消费者捕获异常进行后续处理。

（3）Failsafe

失败安全策略中，当获取服务调用异常时，直接忽略。通常用于写入审计日志等操作，确保后续可以根据日志记录找到引起异常的原因并解决。该策略可以理解为一种简单的熔断机制（Circuit Breaker）。为了调用链路的完整性，在非关键环节中允许出现错误而不中断整个调用链路。

（4）Failfast

快速失败策略在获取服务调用异常时，立即报错。显然，Failfast 已经彻底放弃了重试机制，等同于没有容错。在特定场景中可以使用该策略确保非核心业务服务只调用一次，为重要的核心服务节约宝贵时间。

4.3.2 服务路由

在集群化环境中，当客户端请求到达集群，如何确定由某一台服务器进行请求响应就是服务路由（Routing）问题。从这个角度讲，负载均衡也是一种路由方案，但是负载均衡的出发点是提供服务分发而不是解决路由问题。常见的静态、动态负载均衡算法也无法实现精细化的路由管理。服务路由的管理也可以归为几个大类，包括直接路由、间接路由和路由规则。

1. 直接路由

所谓直接路由就是服务的消费者需要感知服务提供者地址信息。服务消费者获取服务提供者地址的基本思路是通过配置中心或者数据库，当服务的消费者需要调用某个服务时，基于配置中心或者数据库中存储的目标服务的具体地址构建链路完成调用。这是常见的路由方案，但并不是一种好的方案，一方面服务的消费者直接依赖服务提供者的具体地址，一旦在运行时服务提供者地址发生改变时无法在第一时间通知消费者，可能会导致服务消费者的相应变动，从而增强服务提供者和消费者之间的耦合度；另一方面创建和维护配置中心或数据库持久化操作同样需要成本。

2. 间接路由

间接路由体现了解耦思想并充分发挥了发布-订阅模式的作用。我们已经在 2.2.1 小节中详细介绍了发布-订阅机制，这里不再详细展开。图 4-15 就是基于发布-订阅模式和注册中心（Registry）的间接路由实现方案。服务注册中心从概念上讲就是发布-订阅模式中传输事件的基础设施，可以把服务的地址信息理解为事件的具体表现。

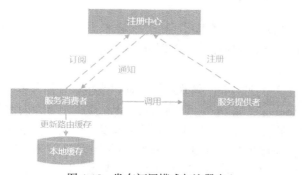

图 4-15　发布订阅模式与注册中心

通过服务注册中心，服务提供者发布服务到注册中心，服务消费者订阅感兴趣的服务。服务消费者只需知道有哪些服务，而不需要知道服务具体在于什么位置，从而实现间接路由。当服务提供者地址发生变化时，注册中心推送服务变化到服务消费者确保服务消费者使用最新的地址路由信息。同时，为了提高路由的效率和容错性，服务消费者可以配备缓存机制以加速服务路由，更重要的是当服务注册中心不可用时，服务消费者可以利用本地缓存路由实现对现有服务的可靠调用。

服务注册中心是间接路由的核心组件，同时也决定着服务发布与使用的方式，我们将在后续章节做单独介绍。

3. 路由规则

间接路由解决了路由解耦问题，面向全路由场景。在服务故障、高峰期导流、业务相关定制化路由等特定场景下，依靠间接路由提供的静态路由信息并不能满足需求。这就需要实现动态路由：动态路由可以通过路由规则（Routing Rule）进行实现。

路由规则常见的实现方案是白名单或黑名单，即把需要路由的服务地址信息（如服务 IP）放入可以控制是否可见的路由池中。更为复杂的场景可以使用 Python 等脚本语言实现各种定制化条件脚本（Condition Script），如针对某些请求 IP 或请求服务 URL 中的特定语义进行过滤，也可以细化到运行时具体业务参数控制路由效率。

负载均衡、集群容错和服务路由三者关系可以用图 4-16 来总结，我们可以看到负载均衡和直接路由、间接路由、路由规则一样都可以看作是一种路由方案，路由方案为服务的消费者提供服务目标地址，并通过网络完成远程调用，由于各种原因导致的远程调用失败将通过集群容错机制进行处理。

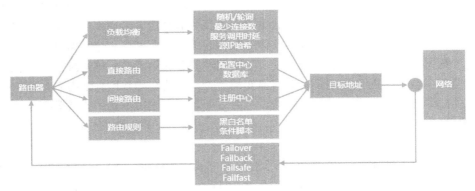

图 4-16　服务路由+负载均衡+集群容错

4.3.3　服务注册中心

服务注册中心是路由信息的存储仓库，也是服务提供者和服务消费者进行交互的媒介，充当着服务注册和发现（Registration&Discovery）服务器的作用。

1. 注册中心核心功能

注册中心应该具备发布-订阅功能，体现在服务提供者可以根据服务的元数据发布服务，而服务消费者则通过对自己感兴趣的服务进行订阅并获取包括服务地址在内的各项元数据。发布-订阅的功能还体现在数据变更推送，即当注册中心服务定义发生变化时，主动推送变更到服务的消费者从而实现间接路由。由于服务提供者和服务消费者同时依赖于注册中心，就需要确保数据一致性，在任何时候服务提供者和消费者都应该看到同一份数据。作为发布-订阅模式的一种实现，注册中心的这些功能都是与该模式的基本原理保持一致。

另一方面，为了确保服务高可用性，一般也需要注册中心本身保持高可用性，也意味着注册中心本身需要构建对等集群。所谓对等集群（Peer-to-peer Server Cluster），是指集群中所有的服务器都提供同样的服务，所以在对等集群中，客户端只要连接一个服务器完成服务注册和发现即可，任何一台服务器宕机都不影响客户端正常使用。

基于以上分析，我们可以对注册中心进场抽象和建模如图 4-17 所示。接下来，我们将详细讨论如何实现该模型。

图 4-17　注册中心模型

2. Zookeeper

实现注册中心的首要思路是找一个合适的工具来构建发布-订阅机制。虽然通过观察者（Observer）模式即可提供发布-订阅机制的基本功能，但考虑到注册中心中数据一致性、可用性等需求，我们需要寻找一种在复杂网络环境下具备分布式协调（Distributed Coordination）功能的中间件系统。ZooKeeper 是目前该领域的业界主流实现方案。

按照官方说法，ZooKeeper 是针对分布式应用的高性能协调服务。它的核心是一个精简的文件系统抽象，提供基于目录节点树方式的数据存储，以及一些额外的抽象操作，如排序、通知和监控等。Zookeeper 物理结构就是一个文件系统，每一个节点被称为 ZNode，代表该节点位于文件系统中的路径，同时也用于存储数据。在图 4-18 中，count 节点位于 "/center/product/count" 路径，节点 online 可以存储数据 100，而节点 "/shop/order/1" 可能存储着类如 "{"id":"1","itemName":"Notebook","price":"4000",createTime="2016-11-07 22:39:15"}"等复杂数据结构和信息。

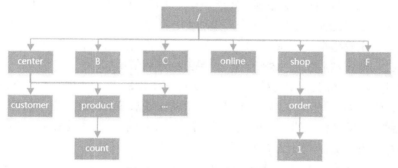

图 4-18　Zookeeper 物理结构

Zookeeper 特性很多，我们从注册中心的基本实现需求出发，结合模型、实现和操作 3 方面对 Zookeeper 进行了解并把握用于构建注册中心的相关技术。

（1）模型

Zookeeper 中所有数据通过路径被引用，这种引用关系本身具备原子性（Atomic）访问特性，即所有请求的处理结果在整个 Zookeeper 集群中的所有机器保持一致。同时，数据访问也具备顺序（Sequential）性，即从同一客户端发起的事务请求，会按照其发起顺序严格地应用到 Zookeeper 中去。Zookeeper 的这些特性符合注册中心数据一致性需求。

Zookeeper 中存在会话（Session）概念，代表客户端和服务器端的 TCP 连接。客户端通过发送请求并注册 Watch 事件，Zookeeper 的 Watch 机制相当于一种分布式的回调。客户端关注的某个 ZNode 一旦发生变化服务器端就会产生对应消息，消息通过会话回传到客户端，客户端的消息处理函数得到调用，从而确保服务器端的任何变化能够通过回调机制通知到客户端。Zookeeper 针对任何读操作都能够设置 Watcher。对于注册中心而言，服务的提供者和消费者都是 Zookeeper 的客户端，会话机制为我们提供了服务定义发生变化时数据变更推送功能。

（2）操作

ZNode 是 Zookeeper 程序控制的主要实体。对 ZNode 的基本操作包括节点创建 create/delete、获取子节点 getChildren 及获取和设置节点数据的 getData/setData 方法。操作 Zookeeper 的客户端组件包括自带的 ZooKeeper API 和第三方 zkClient、Curator 等，都对管理 Zookeeper 连接资源和对 ZNode 节点的各项操作做了不同程度的封装。

（3）实现

生产环境下通常使用 Zookeeper 的复制模式（Replication Mode）构建对等集群。在集群环境中，Zookeeper 如何实现发布-订阅机制及保证数据一致性？这要归功于 ZAB 协议（ZooKeeper Atomic Broadcast Protocol）。该协议是 ZooKeeper 用来实现数据一致性的算法。

ZAB 协议包括了两个可以无限重复的阶段。第一阶段被称为领导者选举（Leader election），即集群中所有的机器通过一个选择过程来选择出一台被称为领导者（leader）的机器，其他的机器被称为跟随者（follower）。一旦半数以上（或者指定数量）的跟随者已经将其状态与领导者同步，则表明这个阶段已经完成。第二阶段为原子广播（Atomic broadcast），所有的写操作都会被转发给领导者，再由领导者通过广播更新跟随者。当半数以上的跟随者已经将修改持久化之后，领导者才会提交这个更新，然后客户端才会收到一个更新成功的响应。这个用来达成共识的写操作具有原子性，修改要么成功要么失败。在集群运行过程中，如果领导者出现故障，其余的机器会选举出另外一个领导者，并和新的领导者一起继续提供服务。随后，如果之前的领导者恢复正常，会成为一个跟随者。

Zookeeper 中每个 ZNode 的更新都被赋予一个全局唯一的 ID，称为 ZooKeeper 事务 Id（ZooKeeper Transaction Id，Zxid）。Zxid 具备全局递增性，决定了分布式环境下的执行顺序，如果 Zxid a < Zxid b，则 a 一定发生在 b 之前。创建任意节点，或者更新任意节点的数据，或者删除任意节点，都会导致 Zookeeper 状态发生改变，从而导致 Zxid 的值增加。

从概念上讲，ZAB 协议所做的就是确保对 ZNode 的每一个写操作都会被复制到集群中超过半数的机器上，如图 4-19 所示。如果少于半数的机器出现故障，则最少有一台机器会保存最新的状态，其余的副本会最终更新到这个状态。领导者选举用于服务启动或 Leader 崩溃的场景，而原子广播则是对每个更新操作进行结果状态同步。

另一方面，Zookeeper 会话可以作用于两种不同的 ZNode，分别为短暂（Ephemeral）性 ZNode 和持久（Persistent）性 ZNode。创建短暂 ZNode 的客户端会话结束时，Zookeeper 会将该 ZNode 删除。相比之下，持久 ZNode 不依赖与客户端会话，只有当客户端明确要删除该持久 ZNode 时才会被删除。ZNode 的这种类型特性可以用于控制该节点代表的服务定义元数据时效性。

Zookeeper 中每个会话都会有一个超时的时间设置。如果服务器在超过时间段内没有收到任何请求，则相应的会话会过期。一旦一个会话已经过期，就无法重新被打开，并且任何与该会话相关联的短暂 ZNode 都会丢失。只要一个会话空闲超过一定时间，都可以通过客户端发送心跳请求来保持会话不过期。当服务器发生故障时，Zookeeper 客户端可以自动切换至另一台 Zookeeper 服务器，并且关键的是，在另一台服务器接替故障服务器之后，所有的会话仍然有效。会话的超时时间、心跳和自动故障切换机制确保了 Zookeeper 服务的可靠性。

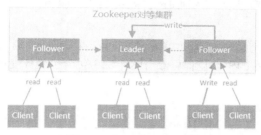

图 4-19　ZAB 协议示意图

3.　注册中心实现

基于 Zookeeper 各项特性实现注册中心的基本思路可参考图 4-20。该图中的服务的提供者和消费者可以使用会话机制与 Zookeeper 服务器建立连接并维持心跳检测，可通过创建节点、获取节点数据、删除节点、监听变更等 Zookeeper 提供的 ZNode 操作接口分别完成发布和动态更新服务定义、获取指定服务地址列表、取消服务发布、获取服务地址更新等功能。

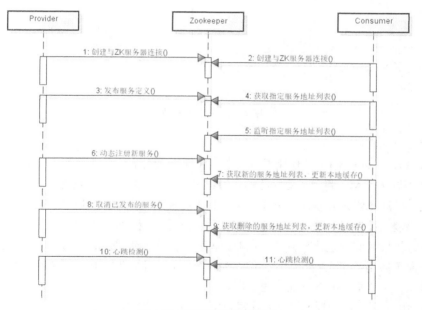

图 4-20　服务发布订阅流程

Zookeeper 的 Watch 机制确保消费者能够实时监控服务更新状态。客户端可以对位于 "/services" 根目录下的服务地址和具体的服务定义节点添加 Watcher，当这些节点发生变化时（图 4-21 中的 Service2 节点表示取消注册，IP3:Port3下的 Service5 和 Service6 节点表示新增注册），Zookeeper 就能触发各个客户端 Watcher 中的回调函数确保更新通知到每一个客户端。

图 4-21　变更通知机制示意图

4.3.4 服务发布与调用

服务注册中心是服务发布和引用的媒介，当我们把服务信息注册到注册中心，并能够通过主动或被动的方式从注册中心中获取服务调用地址时，需要考虑的问题就是如何有效地发布和调用服务。

1. 服务发布

服务发布的目的是为了暴露（Export）服务访问入口，是一个通过构建网络连接并启动端口监听请求的过程。服务发布的整体流程可参考图 4-22，包含了服务发布过程中的核心组件。本节将对这些核心组件做一一展开。

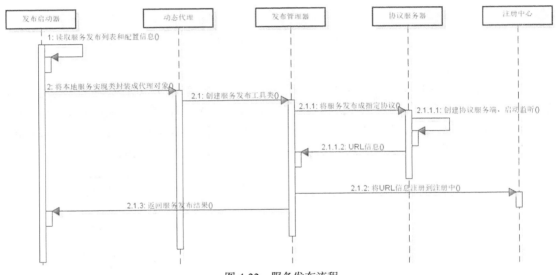

图 4-22　服务发布流程

（1）发布启动器

发布启动器（Launcher）的作用是确定服务发布形式并启动发布平台。服务的发布形式常见有 3 种，即配置化、API 调用和使用注解。通过以 XML 为代表的配置化工具，服务框架对业务代码零侵入，扩展和修改方便，同时配置信息修改能够实时生效。而通过 API 调用方式，服务框架对业务代码侵入性较强，修改代码之后需要重新编译才能生效。注解方式中，服务框架对业务代码零侵入，扩展和修改也比较方便，但修改配置需要重新编译代码。以上 3 种方式各有利弊，一般我们倾向于使用基于配置的方式，但在涉及系统之间集成时，由于需要使用服务框架中较底层的服务接口，API 调用可能是唯一的选择。

发布平台的启动与所选择的发布方式密切相关。在使用配置化发布方式时，通常我们会借助于诸如 Spring 的容器进行服务实例的配置和管理。容器的正常启动意味着发布平台的启动，注解方式下的平台启动也类似。而对于 API 调用而言，简单使用 main 函数进行启动是通常的做法。

（2）动态代理

在涉及远程调用时，通常会在本地服务实现的基础上添加动态代理功能。通过动态代理实现对服务发布进行动态拦截，可以对服务发布行为本身进行封装和抽象，也便于扩展和定制化。JDK 自带的 Proxy 机制以及类如 javassist 的字节码编辑库都可以实现动态代理。

（3）发布管理器

发布管理器在整个服务发布流程中更像是一种承上启下的门户（Facade）。一方面，它获取协议服务器中生成的服务 URL 信息并发布到注册中心。另一方面,发布器也负责通知发布启动器本次发布是否成功。

（4）协议服务器

协议服务器是真正实现服务器创建和网络通信的组件。协议服务器的主要作用在于确定发布协议及根据该协议建立网络连接,并管理心跳检测、断线重连、端口绑定与释放。用于发布服务的常见协议包括 HTTP、RMI、Hessian 等。

HTTP 协议的特点如表 4-2 所示,是典型的短链接协议。RMI 协议全称为 Remote Method Invocation,采用 Java 序列化方法,只能用于不同 JVM 之间通信,无法实现跨 Java 平台调用,适合于常规远程服务方法调用及与原生 RMI 服务互操作,如表 4-3 所示。Hessian 协议也是基于 HTTP 传输协议,采用 Hessian 二进制序列化,如表 4-4 所示,尤其具备高性能的序列化方式及支持跨语言,因此也被广泛用于服务发布和调用。

表 4-2　　　　　　　　　　　　　　HTTP 协议

连接个数	多连接
连接方式	短连接
传输协议	HTTP 协议
传输方式	同步传输
序列化	表单序列化
适用范围	传入传出参数数据包大小混合,可用浏览器查看,可用表单或 URL 传入参数
适用场景	需同时给应用程序/浏览器使用的服务

表 4-3　　　　　　　　　　　　　　RMI 协议

连接个数	多连接
连接方式	短连接
传输协议	TCP 协议
传输方式	同步传输
序列化	Java 标准二进制序列化
适用范围	传入传出参数数据包大小混合,消费者与提供者个数差不多,可传文件
适用场景	常规远程服务方法调用,与原生 RMI 服务互操作

表 4-4　　　　　　　　　　　　　　Hessian 协议

连接个数	多连接
连接方式	短连接
传输协议	HTTP 协议
传输方式	同步传输
序列化	Hessian 二进制序列化
适用范围	传入传出参数数据包较大,提供者压力较大,可传文件
适用场景	页面传输,文件传输,或与原生 hessian 服务互操作

对于服务发布而言，注册中心的作用是保存和更新服务的地址信息，位于流程的末端。

2. 服务调用

相较服务发布，服务的调用是一个导入（Import）的过程，整体流程如图 4-23 所示。图 4-23 中，服务调用流程与服务发布流程呈对称结构，所包含的组件包括以下几种。

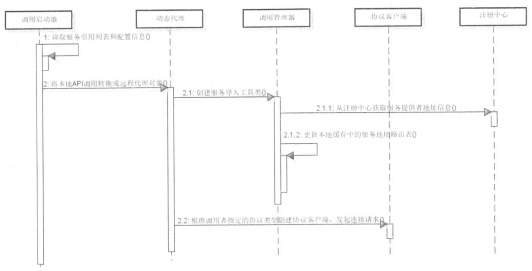

图 4-23　服务调用流程

（1）调用启动器

调用启动器的作用就是确定服务的调用形式并启动调用平台。该组件使用的策略与发布启动器一样，不再重复介绍。

（2）动态代理

动态代理完成本地接口到远程调用的转换。导入服务提供者接口 API 和服务信息并生成远程服务的本地动态代理对象，从而将本地 API 调用转换成远程服务调用并返回调用结果。

（3）调用管理器

调用管理器具备缓存功能，保存着服务地址的缓存信息。当从注册中心获取服务提供者地址信息时，调用管理器根据需要更新本地缓存，确保在注册中心不可用的情况下，调用启动器仍然可以从本地缓存中获取服务提供者的有效地址信息。

（4）协议客户端

协议客户端根据服务调用指定的协议类型创建客户端并发起连接请求，负责与协议服务器进行交互并获取调用结果。

在服务调用过程中，实现了从本地缓存获取服务路由、序列化请求消息封装成协议消息、发送协议请求并同步等待或注册监听器回调、反序列化应答消息并唤醒业务线程或触发监听器等分布式服务的基本步骤。如果调用超时或失败，将采用集群容错机制。至此，整个服务发布和调用过程形成闭环。

4.3.5　服务监控与治理

在分布式环境下，围绕某个业务链的所有服务之间的调用关系可能非常复杂。图 4-24 是服务调用关系一种表现，我们可以看到服务中间件、数据库、缓存、文件系统及其他服务之间都可能存在依赖关系。为了确保系统运行时这些依赖关系的稳定性和可用性，服务调用路径、服务调用业务数据、服务性能数据都是需要监控的内容，以便进行系统故障的预防和定位。

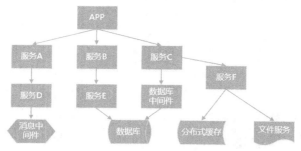

图 4-24　服务调用关系示意图

服务监控的基本思路是日志埋点，即使用跟踪 Id 作为一次完整应用调用的唯一标识，然后将该次调用的详细信息通过日志的方式进行保存。日志埋点分为客户端埋点和服务器端埋点，前者关注于跟踪 Id、客户端 IP、调用方接口、调用时间等信息，而后者则记录跟踪 Id、调用方上下文、服务端耗时、处理结果。日志埋点会产生海量运行时数据，通常都需要专门的工具进行处理。基于 Hadoop、Storm、Spark 等技术的离线/实时批量处理框架，基于 Elastic Search、Solr 的垂直化搜索引擎及专门的 Flume/ELK 等日志处理框架都被广泛应用于埋点数据处理。

随着业务规模扩大，针对如何管理分布式服务，容量规划、资源利用率、服务上下线管理等问题是开发和运维人员都面临的挑战。服务治理的目标在于保障线上服务运行质量，治理的对象是基于统一分布式服务框架开发的各项业务服务。服务治理在定位上关注于服务运行时状态、细粒度治理，服务限流/降级、服务动态路由、灰度发布是服务治理的基本策略。具体实现上，可以采用通过注册中心对服务依赖进行分析，结合运行时调用关系，梳理不合理的依赖和调用路径，优化服务架构；实时收集服务调用日志，分析、汇总、存储和展示，方便开发和运维人员进行实时故障诊断，同时执行服务运行时治理方案，包括限流降级、路由、统一配置等在线调整。

4.4　分布式服务框架 Dubbo 剖析

Dubbo 是 Alibaba 开源的一个分布式服务框架，虽然目前已经处于停止维护阶段，但在互联网行业应用和扩展仍然十分广泛。Dubbo 的核心功能为我们进行分布式系统设计提供了两大方案，即高性能和透明化的 RPC 实现方案和服务治理方案。RPC 架构和服务治理是分布式服务框架的两大主题，也是本章中介绍分布式系统设计相关理论的行文思路。本节中我们将结合前文介绍的 RPC 和服务治理的基本原理，对 Dubbo 框架的实现机制做深入剖析。

4.4.1　Dubbo 核心功能

Dubbo 框架的基本结构如图 4-25 所示，我们可以看到前文介绍过的服务提供者、服务消费者、服务发布、服务调用、注册中心、监控机制等核心概念在该图中均有所体现，其中，提供服务注册、订阅和变更推送功能的注册中心所采用的发布-订阅机制、服务调用过程中的容错机制、后台数据打点和分析机制都与我们对分布式服务框架的认知保持一致。

关于 Dubbo 中的 RPC 元素，协议、网络传输、序列化和动态代理是我们了解该框架的切入点。Dubbo 中除了使用通用的 RMI 和 Hessian 协议之外，自身也开发了与该框架同名的 Dubbo 协议，如表 4-5 所示。

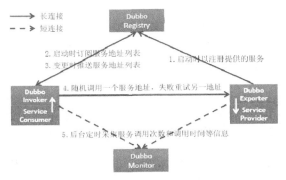

图 4-25　Dubbo 基本结构（来自 Dubbo 官网）

表 4-5　　　　　　　　　　　　　　　　Dubbo 协议

连接个数	单连接
连接方式	长连接
传输协议	TCP 协议
传输方式	NIO 异步传输
序列化	Hessian 二进制序列化
适用范围	小数据量、消费者数远大于提供者
适用场景	常规远程服务方法调用

不同的协议对于性能影响较大，而不同服务在实现上可以根据性能需求选择不同的协议。Dubbo 支持服务级别的协议设置，如可以对 HelloService 设置 Dubbo 协议，而对 DemoService 设置 RMI 协议的方式如下。

```
<!-- 多协议配置 -->
<dubbo:protocol name="dubbo" port="20880" />
<dubbo:protocol name="rmi" port="1099" />

<!-- 使用dubbo协议暴露服务 -->
<dubbo:service interface="com.alibaba.hello.api.HelloService"
    version="1.0.0" ref="helloService" protocol="dubbo" />
<!-- 使用rmi协议暴露服务 -->
<dubbo:service interface="com.alibaba.hello.api.DemoService"
    version="1.0.0" ref="demoService" protocol="rmi" />
```

同时，对于同一个服务而言可能需要同时支持几种协议供不同场景下使用。Dubbo 同样考虑到这方面的需求，如 HelloService 中同时暴露基于 TCP 的 Dubbo 协议和基于 HTTP 的 Hessian 协议的配置方法如下。

```
<!-- 多协议配置 -->
<dubbo:protocol name="dubbo" port="20880" />
<dubbo:protocol name="hessian" port="8080" />

<!-- 使用多个协议暴露服务 -->
<dubbo:service id="helloService" interface="com.alibaba.hello.api.HelloService"
    version="1.0.0" protocol="dubbo,hessian" />
```

Dubbo 中的网络传输集成了若干个开源框架，如业界主流的 Netty、Mina 和 Grizzly 等。序列化方式同样提供多种方案供用户选择，包括 Hessison、Dubbo、JSON 及 JDK 自带的序列化实现。

动态代理方面包括 JDK 中的 ProxyFactory，也支持基于 Java 字节码的 Javassist 类库。

　　Dubbo 支持与 Spring 容器无缝集成，使用 Spring 作为发布启动器和调用启动器，通过自动加载 META-INF/spring 下的所有 Spring 配置，或者显式指定服务发布和引用的配置等方式初始化发布和调用过程。同时，作为一站式的解决方案，Dubbo 也可以在脱离外部容器的场景下启动一个内嵌 Jetty 服务器作为运行容器对外提供服务。

　　Dubbo 推荐使用基于 XML 配置的方式启动服务，包括<dubbo:service/>、<dubbo:reference/>、<dubbo:protocol/>、<dubbo:registry/>和<dubbo:application/>5 个必选配置项，其中，前 4 个配置项分别代表了服务的发布、引用、协议和注册中心，而<dubbo:application/>用于对应用进行命名以示与其他应用区别。典型的 Dubbo 配置方式如下。

```
<dubbo:application name="hello-world-app" />

<dubbo:registry address="multicast://224.5.6.7:1234" />

<dubbo:protocol name="dubbo" port="20880" />

<dubbo:service interface="com.alibaba.dubbo.demo.DemoService" ref="demoServiceLocal" />

<dubbo:reference id="demoServiceRemote" interface="com.alibaba.dubbo.demo.DemoService" />
```

　　为了对服务的发布和调用有更细粒度的控制，Dubbo 也提供了模块、方法和参数级别的配置项<dubbo:module/>、<dubbo:method/>和<dubbo:argument/>。

　　Dubbo 提供了多种注册中心的实现方式，包括集成 Zookeeper、Redis 等第三方工具、Multicast 机制及基于 Dubbo 协议本身的 Simple 注册中心，官方推荐使用 Zookeeper 注册中心，同时支持如下多注册中心的配置方式。

```
<!-- 多注册中心配置 -->
<dubbo:registry id="hangzhouRegistry" address="10.20.141.150:9090" />
<dubbo:registry id="qingdaoRegistry" address="10.20.141.151:9010" default="false" />

<!-- 向多个注册中心注册 -->
<dubbo:service interface="com.alibaba.hello.api.HelloService" version="1.0.0"
    ref="helloService" registry="hangzhouRegistry,qingdaoRegistry" />

<!-- 引用中文站服务 -->
<dubbo:reference id="chinaHelloService" interface="com.alibaba.hello.api.HelloService"
    version="1.0.0" registry="chinaRegistry" />
<!-- 引用国际站站服务 -->
<dubbo:reference id="intlHelloService" interface="com.alibaba.hello.api.HelloService"
    version="1.0.0" registry="intlRegistry" />
```

　　生产环境中，使用注册中心进行服务的发布和订阅是最佳实践，但在开发测试阶段，这种间接路由相对显得过于沉重。Dubbo 考虑到快速开发和调试需求，也提供了直连方式进行服务的发布和调用，具体如下。

```
<dubbo:reference id="xxxService" interface="com.alibaba.xxx.XxxService"
    url="dubbo://localhost:20890" />
```

　　对于有些服务而言，可能只需要进行单方面的订阅或注册，以下相关的配置可以参考。

```
<dubbo:registry address="10.20.153.10:9090" register="false" />

<dubbo:registry address="10.20.141.150:9090" subscribe="false" />
```

　　负载均衡和集群容错思想也在 Dubbo 框架中有所体现，支持主流的随机、轮循、最少活跃调用数、一致性 Hash 等负载均衡算法及 Failover、Failfast、Failback、Failsafe 等容错机制。包括负载均衡、集群容错和路由策略在内的整体效果如图 4-26 所示。

　　Dubbo 框架功能丰富，我们主要关注于 Dubbo 作为分布式服务框架的核心功能，其他未涉及内容可以参考 Dubbo 官方文档。在掌握了服务发布、调用、注册中心等使用方法之后，我们将围绕其实现原理做详细剖析，首先我们有必要梳理一下 Dubbo 的整体架构。

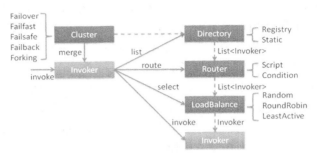

图 4-26　Dubbo 集群（来自 Dubbo 官网）

4.4.2　Dubbo 原理分析

1. Dubbo 整体架构

Dubbo 源代码可以从 https://github.com/alibaba/dubbo 下载，代码组织结构如图 4-27 所示。包结构设计上，Dubbo 同样采用的是稳定抽象（Stable Abstractions Principle，SAP）和稳定依赖（Stable Dependencies Principle，SDP）等分包原则。图 4-27 中除了 dubbo.common 通用工具包之外，处于依赖关系底层的 dubbo.remoting 包和 dubbo.rpc 包是整个框架中的高层抽象，也是我们重点需要分析的对象。

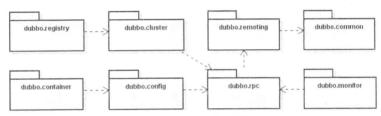

图 4-27　Dubbo 分包结构

Dubbo 的代码结构对应于图 4-28 中的组件分层，其中，protocol 层和 proxy 层放在 rpc 模块中，构成 rpc 核心，不考虑集群环境，可以只使用这两层完成 RPC 调用；remoting 模块实现 Dubbo 协议，transport 层和 exchange 层都放在 remoting 模块中，如果不使用 dubbo 协议，则该层不会使用；serialize 层放在 common 模块中以便更大程度复用；registry 和 monitor 实际上不算一层。

图 4-28　Dubbo 组件分层

　　Dubbo 的组件体现了功能演进思想，首先 protocol 是核心层，构成 RPC 基础组件，如果不需要达到透明化调用效果，使用 protocol 层就可以实现低层次的远程方法调用；在 protocol 基础之上，添加 proxy 封装透明化动态代理，调用远程方法就如同调用本地方法；透明化调用实现之后，就需要考虑负载均衡和集群容错机制，cluster 层承载了这方面的功能；registry 和 monitor 提供服务路由和治理相关辅助功能。而在现有各种序列化工具的基础上为了提升网络传输性能和扩展功能，remoting 层实现了自定义 dubbo 协议作为整个框架的一大扩展点。

　　Dubbo 框架的组件化和分层思想体现了作为一个具备高度可扩展性框架的设计原则，包括基于微内核架构风格的插件化体系结构和服务提供 SPI（Service Provider Interface，服务提供接口）机制。

　　微内核（Microkernel）架构风格结构如图 4-29 所示，和管道-过滤器风格一样同属于扩展性架构风格。微内核架构有时也被称为插件架构模式（Plug-in Architecture Pattern）。通过插件向核心应用添加额外的功能，提供了可扩展性，也可以实现功能的独立和分离。微内核架构包含

图 4-29　Microkernel 架构风格

两部分组件，即内核系统（Core system）和插件（Plug-in Component）。微内核架构的内核系统通常提供系统运行所需的最小功能集，插件是独立的组件，包含特定的处理、额外的功能和自定义代码，用来向内核系统增强或扩展额外的业务能力。

　　微内核架构风格在 Dubbo 中应用广泛，通信框架 Mina、Netty 和 Grizzly，序列化方式 Hession、JSON，传输协议 Dubbo、RMI 等都是这一架构风格的体现。我们可以通过简单的配置就能对这些具体实现进行排列组合构成丰富的运行时环境。

　　微内核架构风格提供的是一种解决扩展性问题的思路，Dubbo 中实现这一思路的是 SPI 机制。

　　JDK 提供了服务实现查找的一个工具类 java.util.ServiceLoader 来实现 SPI 机制。当服务的提供者提供了服务接口的一种实现之后，在 jar 包的"META-INF/services/"目录同时创建一个以服务接口命名的文件。该文件里配置着实现该服务接口的具体实现类。而当外部程序装配这个模块的时候，就能通过该 jar 包"META-INF/services/"里的配置文件找到具体的实现类名，并装载实例化，完成模块的注入。基于这样一个约定就能找到服务接口的实现类，而不需要在代码里硬编码指定。Dubbo 基于 JDK 中的 SPI 机制并做了优化，不会一次性实例化扩展点的所有实现并做了异常处理。

　　Dubbo 提供专门的@SPI 注解，只有添加@SPI 注解的接口类才会去查找扩展点实现，查找位置包括"META-INF/dubbo/"和"META-INF/services/"，而"META-INF/dubbo/internal/"中则定义了各项用于供 Dubbo 本身使用的内部扩展。举例来说，前面提到 Dubbo 对传输协议提供了 Hessian、Dubbo 等多种实现，Dubbo 内部通过扩展点的配置确定使用何种机制。在 dubbo-rpc-default 工程和 dubbo-rpc-hessian 工程中，我们在"META-INF/dubbo/internal/"目录下都发现了 com.alibaba. dubbo.rpc. Protocol 配置文件，但里面的内容分别指向了 com.alibaba.dubbo.rpc.protocol. dubbo. DubboProtocol 和 com.alibaba.dubbo.rpc.protocol.hessian.HessianProtocol 类，意味着当我们引用某个具体工程时，通过该工程中的配置项就可以找到相应的扩展点实现。dubbo-rpc-default 工程的配置如图 4-30 所示。

　　ExtensionLoader 是实现扩展点加载的核心类。我们在上面例子的配置中确定了 protocol 的实现类，然后 ExtensionLoader 通过以下方式获取该类的实例。

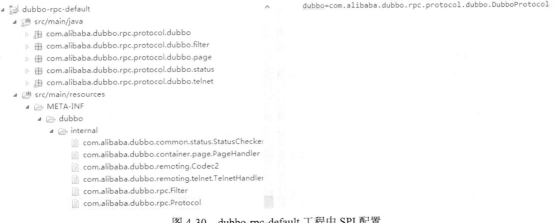

图 4-30　dubbo-rpc-default 工程中 SPI 配置

```
private static final Protocol protocol =
    ExtensionLoader.getExtensionLoader(Protocol.class).
    getAdaptiveExtension();
```

我们注意到 ExtensionLoader 有个 getAdaptiveExtension 方法。该方法的命名源于 @Adaptive 注解。ExtensionLoader 注入的扩展点是一个 Adaptive 实例，直到扩展点方法执行时才决定调用哪一个扩展点实现。Dubbo 使用 URL 对象传递配置信息，扩展点方法调用会根据 URL 参数中包含的 Key-Value 实现自适应，而 URL 的 Key 通过 @Adaptive 注解在接口方法上提供。如在下面的例子中，对于 bind 方法定义，Adaptive 实现先查找 "server" Key，如果该 Key 没有值则找 "transport" Key 值，从而决定加载哪个具体扩展点，代码如下。

```
public interface Transporter {
    @Adaptive({"server", "transport"})
    Server bind(URL url, ChannelHandler handler) throws RemotingException;

    @Adaptive({"client", "transport"})
    Client connect(URL url, ChannelHandler handler) throws RemotingException;
}
```

而在 Dubbo 配置模块中，扩展点均有对应配置属性或标签，通过配置指定使用哪个扩展实现，如 <dubbo:protocol name=" dubbo" /> 即代表应该获取 dubbo 协议扩展点。在调用过程中，Dubbo 会在 URL 中自动加入相应的 Key-Value 对。

对于 Dubbo 的整体架构，Microkernel 作为一种架构风格只负责组装功能而所有功能通过扩展点实现。Dubbo 自身功能也是基于这一机制实现，所有功能点都可被用户自定义扩展和替换。所有扩展点定义都通过传递携带配置信息的方式在运行时传入 Dubbo，确保整个框架采用一致性数据模型。URL 相当于服务发布和调用的数据媒介，接下去我们就来看看 Dubbo 中如何实现注册中心。

2. Dubbo 注册中心

RegistryFactory 是 Dubbo 中对创建注册中心的工厂模式，通过对 RegistryFactory 的实现，Dubbo 提供了 Zookeeper、Redis、Multicast 和 Dubbo 4 种不同机制，如图 4-31 所示。

同时，RegistryService 是对注册中心服务的抽象。该接口中定义的方法包括注册和取消注册、订阅和取消订阅及查找服务，所有操作的对象都是 URL，而订阅相关的操作中还附加了 Listener，确保变更情况下的推送。

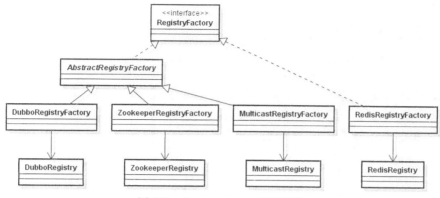

图 4-31　RegistryFactory 类层结构

```
public interface RegistryService {

    void register(URL url);

    void unregister(URL url);

    void subscribe(URL url, NotifyListener listener);

    void unsubscribe(URL url, NotifyListener listener);

    List<URL> lookup(URL url);
}
```

关于 Dubbo 注册中心,我们重点介绍 ZookeeperRegistry,其结构如图 4-32 所示。Zookeeper 物理上表现为一种文件目录树, 通过对树中各个节点的合理编排组成了 Root→Service→ Type→URL 的服务地址分层结构,并通过对不同层级节点的注册和订阅实现服务地址的发布和推送。

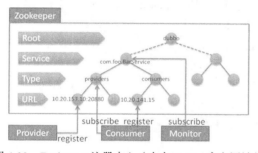

图 4-32　Zookeeper 注册中心(来自 Dubbo 官方网站)

ZookeeperRegistry 通过 ZookeeperTransporter 完成与 Zookeeper 服务器的交互, 而 Zookeeper Transporter 中通过创建与 Zookeeper 服务器的连接获取 ZookeeperClient 对象, 代码如下。

```
@SPI("zkclient")
public interface ZookeeperTransporter {

    @Adaptive({Constants.CLIENT_KEY, Constants.TRANSPORTER_KEY})
    ZookeeperClient connect(URL url);
}
```

ZookeeperClient 接口的定义中包含了注册中心运行过程中所有的数据操作,如创建和删除路径、获取子节点、添加和删除 Listener、获取 URL 等实现发布-订阅模式的入口, 接口定义如下。

```
public interface ZookeeperClient {

    void create(String path, boolean ephemeral);

    void delete(String path);

    List<String> getChildren(String path);

    List<String> addChildListener(String path, ChildListener listener);

    void removeChildListener(String path, ChildListener listener);

    void addStateListener(StateListener listener);

    void removeStateListener(StateListener listener);

    boolean isConnected();

    void close();

    URL getUrl();
}
```

目前可以与 Zookeeper 服务器进行交互的客户端有很多，Dubbo 中提供了对 Zkclient 和 Curator 两个工具的集成，并使用 Zkclient 作为其默认实现，如图 4-33 所示。

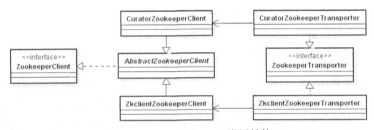

图 4-33　RegistryFactory 类层结构

ZookeeperRegistry 在构造器中利用 ZookeeperClient 创建了对 Zookeeper 的连接，并且添加了自动回复连接的监听器，代码如下。

```
zkClient = zookeeperTransporter.connect(url);
zkClient.addStateListener(new StateListener() {
    public void stateChanged(int state) {
        if (state == RECONNECTED) {
            try {
                recover();
            } catch (Exception e) {
                logger.error(e.getMessage(), e);
            }
        }
    }
});
```

注册 URL 就是利用客户端在服务器端创建 URL 的节点，默认为临时节点，客户端与服务端断开，节点自动删除；而取消注册的 URL，即利用 Zookeeper 客户端删除 URL 节点，代码如下。

```
zkClient.create(toUrlPath(url),url.getParameter(Constants.DYNAMIC_KEY,true));

zkClient.delete(toUrlPath(url));
```

订阅 URL 过程中，订阅接口将适配传入的回调接口 NotifyListener 转换成 Dubbo 对 Zookeeper 操作 Listener，主动根据服务提供者 URL 调用 NotifyListener；而取消订阅 URL，只是去掉 URL 上注册的监听器。

3. Dubbo 服务发布

Dubbo 推荐使用 XML 配置作为服务的发布方式，选择 Spring 容器作为发布启动器。为此，

Dubbo 实现了与 Spring 的无缝集成方案，表现为提供了专门的 dubbo.xsd 和命名空间，具体如下。

```xml
<beans xmlns="http://www.springframework.org/schema/beans"
    xmlns:xsi="http://www.w3.org/2001/XMLSchema-instance"
    xmlns:dubbo="http://code.alibabatech.com/schema/dubbo"
    xsi:schemaLocation="http://www.springframework.org/schema/beans
    http://www.springframework.org/schema/beans/spring-beans-2.5.xsd
    http://code.alibabatech.com/schema/dubbo http://code.alibabatech.com/schema/dubbo/dubbo.xsd"

    <bean id="demoService" class="com.alibaba.dubbo.demo.provider.DemoServiceImpl" />

    <dubbo:service interface="com.alibaba.dubbo.demo.DemoService" ref="demoService" />

    <dubbo:reference id="demoService" interface="com.alibaba.dubbo.demo.DemoService" />

</beans>
```

基于 dubbo.jar 内的 META-INF/spring.handlers 配置，Spring 在遇到 dubbo 命名空间时回调 DubboNamespaceHandler，并对所有 dubbo 的标签使用 DubboBeanDefinitionParser 进行解析，基于一对一属性映射，将 XML 标签解析为各种配置 Bean 对象，具体如下。

```java
public class DubboNamespaceHandler extends NamespaceHandlerSupport {
    static {
        Version.checkDuplicate(DubboNamespaceHandler.class);
    }

    public void init() {
        registerBeanDefinitionParser("application", new DubboBeanDefinitionParser(ApplicationConfig.class, true));
        registerBeanDefinitionParser("module", new DubboBeanDefinitionParser(ModuleConfig.class, true));
        registerBeanDefinitionParser("registry", new DubboBeanDefinitionParser(RegistryConfig.class, true));
        registerBeanDefinitionParser("monitor", new DubboBeanDefinitionParser(MonitorConfig.class, true));
        registerBeanDefinitionParser("provider", new DubboBeanDefinitionParser(ProviderConfig.class, true));
        registerBeanDefinitionParser("consumer", new DubboBeanDefinitionParser(ConsumerConfig.class, true));
        registerBeanDefinitionParser("protocol", new DubboBeanDefinitionParser(ProtocolConfig.class, true));
        registerBeanDefinitionParser("service", new DubboBeanDefinitionParser(ServiceBean.class, true));
        registerBeanDefinitionParser("reference", new DubboBeanDefinitionParser(ReferenceBean.class, false));
        registerBeanDefinitionParser("annotation", new DubboBeanDefinitionParser(AnnotationBean.class, true));
    }
}
```

获取配置 Bean 对象之后，下一步是将 Bean 对象转换成 URL 格式作为统一的数据模型。可以利用 ServiceConfig.export() 方法和 ReferenceConfig.get() 方法，在初始化时将所有 Bean 属性转成 URL 的参数。URL 格式为 "protocol://username:password@host:port/path?key=value&key=value"。当不使用注册中心时，URL 表现为 "dubbo://servicehost/com.foo.FooService?version= 1.0.0"；而当使用注册中心时，URL 中会带有注册中心信息 "registry://registryhost/com.alibaba.dubbo.registry. RegistryService?export=URL.encode("dubbo://servicehost/com.foo.FooService?version =1.0.0")"。

获取 URL 之后 Dubbo 将 URL 传给 Protocol 扩展点，基于扩展点的 Adaptive 机制并根据 URL 的协议头进行不同协议的服务暴露或引用，具体如下。

```java
@SPI("dubbo")
public interface Protocol {
    @Adaptive
    <T> Exporter<T> export(Invoker<T> invoker) throws RpcException;

    @Adaptive
    <T> Invoker<T> refer(Class<T> type, URL url) throws RpcException;
}
```

根据 URL 是否包含注册中心信息，服务发布也分为两种场景。如果使用了注册中心，通过 URL 的 "registry://" 协议头识别注册中心，将服务提供者 URL 注册到注册中心，重新传给 Protocol 扩展点进行暴露；如果没有使用注册信息，则通过 URL 的具体协议头识别，直接调用具体 Protocol （如 DubboProtocol）的 export() 方法打开服务端口。

我们可以通过一个例子来完整梳理基于注册中心的服务发布流程。假设配置文件中配置了注册中心 <dubbo:registry address="zookeeper://10.20.153.10:2181" />，通过 ServiceConfig 解析出的

URL 的格式为"registry://registry-host/com.alibaba.dubbo.registry.RegistryService?export=URL.encode ("dubbo://service-host/com.foo.FooService?version=1.0.0")"。基于扩展点的 Adaptive 机制，通过 URL 的 "registry://" 协议头识别，就会调用 RegistryProtocol 的 export() 方法将 export 参数中的提供者 URL 先注册到注册中心，再重新将 "dubbo://service-host/com.foo.FooService? version=1.0.0" 传给 Protocol 扩展点进行暴露。再次基于扩展点的 Adaptive 机制，通过提供者 URL 的 "dubbo://" 协议头识别，就会调用 DubboProtocol 的 export()方法，创建协议服务器。

DubboProtocol.export()方法创建协议服务器的过程如下。

```
//DubboProtocal
private ExchangeServer createServer(URL url) {
    ...
    ExchangeServer server;
    try {
        server = Exchangers.bind(url, requestHandler);
    } catch (RemotingException e) {
        throw new RpcException("Fail to start server(url: " + url + ") " + e.getMessage(), e);
    }
    str = url.getParameter(Constants.CLIENT_KEY);
    if (str != null && str.length() > 0) {
        Set<String> supportedTypes = ExtensionLoader.getExtensionLoader(Transporter.class)
                                            .getSupportedExtensions();
        if (!supportedTypes.contains(str)) {
            throw new RpcException("Unsupported client type: " + str);
        }
    }
    return server;
}
```

该过程完成了 Remoting 组件中 3 个层次的实现，如图 4-34 所示。Exchangers.bind(url, request Handler)方法根据 SPI 策略使用 HeaderExchanger.bind(url,requestHandler)，具体如下。

```
header=com.alibaba.dubbo.remoting.exchange.support.header.HeaderExchanger
```

在通过 new HeaderExchangeServer(Transporters.bind…) 创建 HeaderExchangeServer 过程中，设置了序列化编码解码协议，同样根据 SPI 策略确定 NettyTransporter.bind(url, channelHandler)，具体如下。

```
netty=com.alibaba.dubbo.remoting.transport.netty.NettyTransporter
```

这样就可以构建 NettyServer 对象，集成并绑定 netty 服务从而启动服务监听。

图 4-34　Remoting 组件

对照 4.3.4 小节图 4-22 中整个服务发布流程，我们发现 Dubbo 采用了与该流程完全一致的方式进行服务发布。至此，我们已经完成了发布管理器和协议服务器这两个最核心组件的创建。最后，Dubbo 中的动态代理通过 ProxyFactory 提供，@SPI 指定默认使用 javassist 字节码技术来生成代理对象，具体如下。

```
@SPI("javassist")
public interface ProxyFactory {

    @Adaptive({Constants.PROXY_KEY})
    <T> T getProxy(Invoker<T> invoker) throws RpcException;

    @Adaptive({Constants.PROXY_KEY})
    <T> Invoker<T> getInvoker(T proxy, Class<T> type, URL url) throws RpcException;
}
```

ProxyFactory 接口有两个方法，一个定义了生成代理对象的方法 getProxy，入参是 invoker 对象，另一个则定义了根据 URL 获取 invoker 对象。这里的 invoker 对象是个可执行对象。该对象的 invoke 方法其实执行的是根据 URL 获取的方法对第一个入参所代表的实体对象的调用，即如果从 URL 中得知调用方法 sayHello，入参 proxy 为 Test 类实例 test，那 invoker.invoke() 的效果就是 test.sayHello()。

4. Dubbo 服务引用

Dubbo 使用 ReferenceConfig 作为服务引用的入口，通过 ReferenceConfig.get() 方法在初始化时将所有 Bean 属性转成 URL 中的参数。和 ServiceConfig.export() 方法一样，根据 URL 是否包含注册中心信息，服务引用也分为两种场景。在使用注册中心的情况下，通过 URL 的 "registry://" 协议头识别，调用 RegistryProtocol 的 refer() 方法，查询提供者 URL。如果不使用注册中心，则通过提供者 URL 的具体协议头识别，调用具体 Protocol（如 DubboProtocol）的 refer() 方法，得到提供者引用。

我们同样可以通过一个例子来完整梳理基于注册中心的服务引用流程。假设配置文件中配置了注册中心<dubbo:registry address="zookeeper://10.20.153.10:2181" />，ReferenceConfig 解析出的 URL 的格式为 "registry://registryhost/com.alibaba.dubbo.registry.RegistryService?refer=URL.encode ("consumer://consumer-host/com.foo.FooService?version=1.0.0")"。基于扩展点的 Adaptive 机制，通过 URL 的"registry://协议头识别，就会调用 RegistryProtocol 的 refer()方法，基于 refer 参数中的条件，查询提供者 URL 得到 "dubbo://servicehost/com.foo.FooService?version=1.0.0"。再次基于扩展点的 Adaptive 机制，通过提供者 URL 的 "dubbo://" 协议头识别，就会调用 DubboProtocol 的 refer()方法，得到服务提供者引用。

DubboProtocol.refer() 方法的执行过程如下。

```
public <T> Invoker<T> refer(Class<T> serviceType, URL url) throws RpcException {
    // create rpc invoker.
    DubboInvoker<T> invoker = new DubboInvoker<T>(serviceType, url, getClients(url), invokers);
    invokers.add(invoker);
    return invoker;
}
```

DubboProtocol 根据 URL 获取 ExchangeClient 对象，接着创建 DubboInvoker。该对象包含对远程服务提供者的长链接，是真正执行远程服务调用的可执行对象。

与服务发布不同，服务的调用涉及集群的负载均衡和容错，情况略显复杂。RegistryProtocol 将多个服务提供者引用通过 Cluster 扩展点伪装成单个服务提供者引用返回。RegistryProtocol.refer() 方法实现如下。

```
public <T> Invoker<T> refer(Class<T> type, URL url) throws RpcException {
    url = url.setProtocol(url.getParameter(Constants.REGISTRY_KEY, Constants.DEFAULT_REGISTRY)).
        removeParameter(Constants.REGISTRY_KEY);
    Registry registry = registryFactory.getRegistry(url);
    if (RegistryService.class.equals(type)) {
        return proxyFactory.getInvoker((T) registry, type, url);
    }

    // group="a,b" or group="*"
    Map<String, String> qs = StringUtils.parseQueryString(url.getParameterAndDecoded(Constants.REFER_KEY));
    String group = qs.get(Constants.GROUP_KEY);
    if (group != null && group.length() > 0 ) {
        if ( ( Constants.COMMA_SPLIT_PATTERN.split( group ) ).length > 1
                || "*".equals( group ) ) {
            return doRefer( getMergeableCluster(), registry, type, url );
        }
    }
    return doRefer(cluster, registry, type, url);
}
```

如果对上述代码进行展开，我们发现有以下几个关键步骤：RegistryProtocol 从 URL 中获取注册中心协议并根据注册中心协议通过注册中心工厂 RegistryFactory.getRegistry（url）获取具体的 Registry 用来跟注册中心交互；创建注册服务目录 RegistryDirectory；构建订阅服务的 subscribeUrl，通过 Registry 向注册中心注册 subscribeUrl；目录服务 registryDirectory.subscribe（subscribeUrl）订阅服务；通过 cluster.join(directory)，合并 invoker 并提供集群调用策略。上述的注册服务目录 Directory 代表多个 Invoker，可以看成 List<Invoker>。集群在选择调用服务时通过目录服务找到所有服务。而 RegistryDirectory 是 Directory 的一种实现，它的 Invoker 集合是从注册中心获取的，实现了 NotifyListener 接口中 notify（List<Url>）回调接口。Directory 接口定义如下。

```
public interface Directory<T> extends Node {

    List<Invoker<T>> list(Invocation invocation) throws RpcException;
}
```

Dubbo 中的 Cluster 可以看做是工厂类，将目录 directory 下的多个 Invoker 合并成一个统一的 Invoker，根据不同集群策略的 Cluster 创建不同的 Invoker。Cluster 对上层透明，包含集群的容错机制。Dubbo 提供了多种集群实现方案，如图 4-35 所示，默认为 FailoverCluster。

```
@SPI(FailoverCluster.NAME)
public interface Cluster {
    @Adaptive
    <T> Invoker<T> join(Directory<T> directory) throws RpcException;
}
```

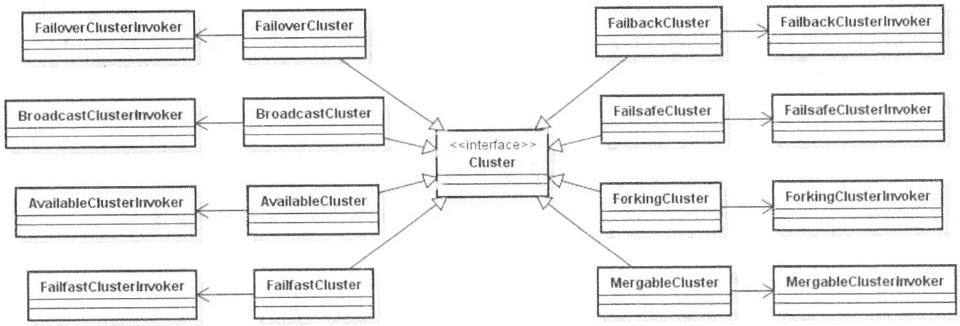

图 4-35　Dubbo 集群实现方案

FailoverCluster 即失败转移集群，当出现失败将重试其他服务器，具体如下。

```
public class FailoverCluster implements Cluster {
    public final static String NAME = "failover";

    public <T> Invoker<T> join(Directory<T> directory) throws RpcException {
        return new FailoverClusterInvoker<T>(directory);
    }
}
```

操作流程上，FailoverCluster 首先根据目录服务 directory.list（invocation）列出方法的所有可调用服务，获取重试次数并根据 LoadBalance 负载均衡策略选择一个 Invoker。然后执行 invoker.invoke（invocation）调用，如果调用成功则返回；如果调用失败且小于重试次数，重新选择 Invoker，调用次数大于等于重试次数时抛出调用失败异常。

4.5　微服务架构

当前的时代背景下，崇尚唯快不破的互联网行业正在快速发展，基于短迭代思想的敏捷方法论已深入人心，用于持续交付的容器虚拟化等 DevOps 技术日渐成熟化，分布式系统在架构设计上面临大规模服务化需求的挑战。大型互联网公司内部存在着几百甚至几千个分布式服务的场景也不少见，量变引起质变，当一个系统中的服务化数量急剧上升时，我们就不得不考虑以下问题。

- 如何确定服务拆分粒度？
- 如何降低服务之间依赖关系？
- 如何尽量降低技术/架构之间的差异化？
- 如何让团队 Owning 服务？
- 如何进行快速的服务开发和交付？

分布式服务框架为系统横向拆分提供了基本的技术手段，其所包含的服务治理的思想也促使我们重视服务数量所带来的管理需求，但对上述问题并没有给出系统性的方案。微服务架构（Microservice Architecture）作为一种新兴的架构模式，试图从架构设计和团队组织的角度出发回答上述问题。

Martin Fowler 指出[6]，微服务架构是一种架构模式。它提倡将单一应用程序划分成一组小型服务，服务之间相互协调和配合，为用户提供最终价值；每个服务运行在其独立的进程中，服务与服务之间采用轻量级通信机制互相沟通；每个服务都围绕着业务进行构建，并且能够被独立部署到生产/类生产环境；尽量避免统一的、集中式的服务管理机制，对具体的一个服务而言，应该根据业务上下文，选择合适的语言、工具进行构建。我们可以对这段话进行总结和提炼，认为微服务具备业务独立、进程隔离、团队自主、技术无关轻量级通信和交付独立性等"微"特性。

微服务架构也对处于快速演进过程中的架构师提出了新的要求：关注服务之间的交互，而不要过于关注各个服务内部实现细节；作出符合团队目标的技术选择，提供代码模板；考虑系统允许多少的可变性，并能够快速适应变化及建设团队是架构师采用微服务架构的基本方法。

4.5.1　微服务实现策略

微服务架构设计在基于分布式系统架构设计的基础上提出了自身的一些思想。这些思想包括技术架构设计与实现，也包括组织架构管理。

1. 架构设计

微服务架构设计首要的切入点就是服务之间的集成方式，即需要保证集成 API 的技术无关性，不要选择对服务具体实现有技术性限制的集成技术。采用技术无关的集成接口，充分融合技术多样性意味着我们在特定场景下不应该使用类似 Dubbo 这种采用私有协议、重量级的通信框架，而应该尽可能使用类如 RESTful 的轻量级通信方式进行服务集成，确保服务易于使用，消费方可以使用多种技术实现集成。

微服务架构设计的第二个切入点在于服务建模，尽可能明确领域的边界。我们可以充分利用第 3 章中介绍的领域驱动设计方法，通过识别领域/子域中的模块和服务、判断这些模块和服务是否独立、考虑提升某些模块和服务的层次并建立充血领域模型。

微服务架构设计的第三个切入点在于服务的部署，独立部署单个服务而不需要修改其他服务。同时，由于服务数量大，修改和发布的频率也可能很高，接口变化管理上通常采用逐步迁移的方案，如图 4-36 所示。而在接口的发布上，下文中将介绍的 API Gateway 等模式也会得到广泛应用。

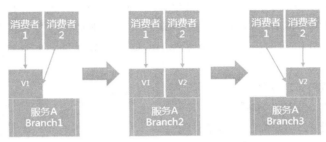

图 4-36　API 版本管理与迁移过渡

2. 团队组织

康威定律（Conway's Law）认为，设计系统的组织，其产生的设计等同于组织之内、组织之间的沟通结构。用通俗的说法就是组织形式等同系统设计，更直白的说，你想要什么样的系统，就搭建什么样的团队。如果一个组织分成前端团队、Java 后台开发团队、DBA 团队和运维团队，那么就形成了所谓的功能团队（Function Team），各个小团队各自为政，需要强有力的组织文化和执行力才能确保各个团队之间有效协作；相反，如果你的系统是按照业务边界划分的，大家遵循同一个业务目标把大系统做成小系统、小产品的话，就形成了实现微服务架构所需的自治性组织文化。

微服务架构认为应该围绕业务组建团队，团队中应该包括产品、开发、测试、运维等各种角色，能够完成某个产品或服务的整个生命周期，也即通常所说的跨职能团队或特征团队（Feature Team）。在 Feature Team 中，开发和运维角色需要转变，开发承担整个生命周期，运维尽早开始服务部署，并通过 DevOps 构建基础设施自动化。

针对微服务架构，我们的思路是寻找一个构建微服务的基本框架，从技术体系、工具和策略 3 方面出发探索全流程微服务实现方案。

4.5.2　微服务实现技术

在本节中，我们将推荐两个框架来实现微服务，一个是 Spring Boot，另一个是 Spring Cloud。

1. Spring Boot

在引入 Spring Boot 之前，我们先来回顾一下使用 Spring 开发 Web 应用程序的过程，通常包括使用 Maven 等工具搭建工程、web.xml 定义 Spring 的 DispatcherServlet、完成启动 Spring MVC 的配置文件、编写响应 HTTP 请求的 Controller 及将服务部署到 Tomcat Web 服务器等步骤。如果想要优化这一套开发过程，有几个点值得我们去挖掘，如使用约定优于配置（Convention Over Configuration）思想的自动化配置、启动依赖项自动管理、简化部署并提供应用监控。这些优化点推动了以 Spring Boot 为代表的新一代开发框架的诞生，作为 Spring 家族新的一员，Spring Boot 支持快速构建项目、不依赖外部容器独立运行、开发部署效率高及与云平台天然集成。这些特点促使我们选择 Spring Boot 来构建微服务。

Spring Boot 使编码更简单，我们只需要在 Maven 中添加一项依赖并实现一个方法就可以提供微服务架构中所推崇的 RESTful 风格接口，具体如下。

```
<dependency>
    <groupId>org.springframework.boot</groupId>
    <artifactId>spring-boot-starter-web</artifactId>
</dependency>
```

```
@Controller
@SpringBootApplication
public class Application {
    public static void main(String[] args) {
        SpringApplication.run(Application.class, args);
    }

    @RequestMapping("/")
    String home() {
        return "Hello Spring Boot!";
    }
}
```

Spring Boot 使配置更简单，把 Spring 中基于 XML 的功能配置方式转换为 Java Config，把基于 "*.properties/*.xml" 文件的部署环境配置转换成语义更为强大的 "*.yml"。同时，对常见的各种功能组件均提供了各种默认的 starter 依赖以简化 Maven 配置。Spring Boot 使部署更简单，支持 java - jar standalone.jar 方式的一键启动，不需要预部署应用服务器，通过默认内嵌 Tomcat 降低对运行环境的基本要求；Spring Boot 使监控更简单，基于 spring-boot-actuator 组件，可以通过 RESTful 接口的方式获取 JVM 性能指标、线程工作状态等运行时信息。

Spring Boot 作为构建微服务的轻量级框架是合适的，但并不包含服务注册和发现机制、外围服务监控和治理功能等功能，提供这些功能的是 Spring Cloud。

2. Spring Cloud

同分布式系统设计和开发一样，实现微服务也面临着服务注册和发现、服务路由、服务通信、配置管理、负载均衡、服务容错等问题和挑战。Spring Cloud 作为一站式开发框架提供了针对上述问题的解决方案。

（1）服务注册和发现

Spring Cloud 使用 Eureka 服务器实现服务注册和发现。服务在启动时会通过服务名称自动注册自己到 Eureka 服务器，而使用服务的一方只需要使用该服务名称加上方法名就可以调用到服务。Eureka 服务器的理念和机制类似于注册中心。

一个类只要通过 @EnableEurekaClient 注解就能成为 Eureka 客户端，从而连接到 Eureka 服务器。而服务器的创建方式与此类似，即使用 @EnableEurekaServer 注解。Eureka 服务器具有两种运行模式，包括 Standalone 模式和 Peer Awareness 模式，前者适合于单机运行环境，后者能将多个服务端关联到一起构成集群。图 4-37 是 Eureka 服务器运行时的效果图，可以看到有一个 CONFIG 服务已经注册到该服务器中。

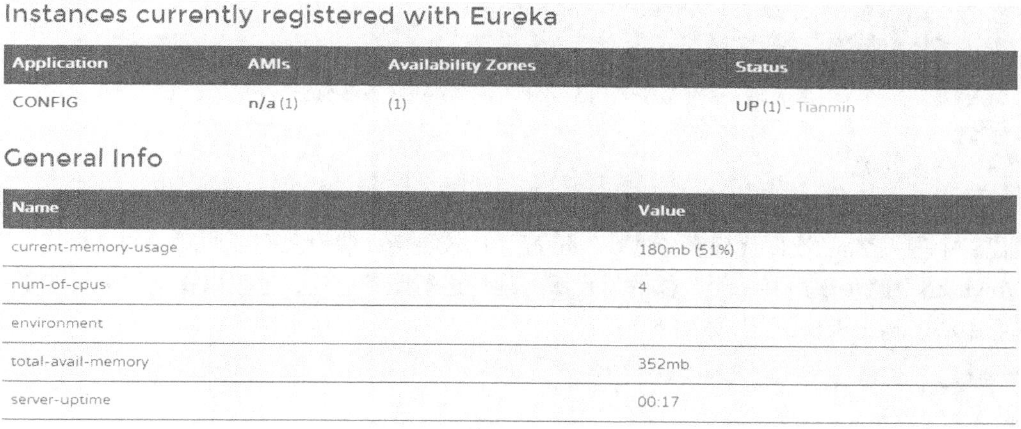

Instances currently registered with Eureka

Application	AMIs	Availability Zones	Status
CONFIG	n/a (1)	(1)	UP (1) - Tianmin

General Info

Name	Value
current-memory-usage	180mb (51%)
num-of-cpus	4
environment	
total-avail-memory	352mb
server-uptime	00:17

图 4-37　Eureka 服务器运行效果图

（2）配置服务

分布式环境下配置信息的管理有一定的难度，一方面服务数量多且运行在集群环境，意味着需要对配置信息的数量和同步率进行控制，另一方面每个服务通常分为开发、测试、生产等生命周期阶段，每个阶段使用的配置信息一般都是不一样的。Spring Cloud 中配置服务的理念就是通过一个配置服务器对散落在系统中的各种外部配置文件进行集中化管理，如图 4-38 所示。为了达到集中化管理的目的，Spring Cloud 对配置文件的命名做了约束，使用 label 和 profile 概念指定配置信息的版本及运行环境。label 表示配置版本控制信息，默认使用 git master 对应的主线版本。而 profile 中的 dev、prod、test 分别对应着开发、生产和测试环境。配置文件可以使用类如

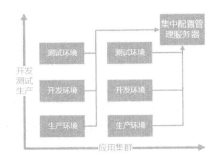

图 4-38　配置文件的集中化管理示意图

/{application}/{profile}[/{label}]、/{application}-{profile}.yml、/{label}/{application}-{profile}.yml、/{application}-{profile}.properties、/{label}/{application}-{profile}.properties 等的命名方式，同时支持 ".properties" 和 ".yml" 两种文件格式。

.yml 文件格式是 YAML（Yet Another Markup Language）编写的文件格式，而 YAML 是一种直观的能够被电脑识别的的数据序列化格式，并且容易被人类阅读，容易和脚本语言进行交互，表现形式如下。

```
spring:
  application:
    name: config
  profiles:
    active: native

eureka:
  instance:
    non-secure-port: ${server.port:8888}
    metadata-map:
      instanceId: ${spring.application.name}:${random.value}
  client:
    service-url:
      defaultZone: http://${eureka.host:localhost}:${eureka.port:8761}/eureka/
```

集中式配置服务器的创建通过@EnableConfigServer 注解实现，服务器可以将存放在仓库中的配置文件信息转化为 REST 接口数据供应用服务在分布式环境下使用。假设在 product 系统存在一个 env 环境，在配置服务器所在的主机上访问 http://localhost:8888/product/env 即可得到类似如下以 JSON 格式表示的配置文件信息，展示了当前环境配置文件的元数据以及包含在配置文件中的数据库配置信息。

```
{"name":"product","profiles":["env"],"label":"master","propertySources":
[{"name":"classpath:/config/product.yml","source":
{"spring.jpa.database":"MYSQL","spring.datasource.platform":"mysql","spring
.datasource.url":"jdbc:mysql://127.0.0.1:3306/microservice_product","spring
.datasource.username":"root","spring.datasource.password":"120822","spring.da
tasource.driver-class-name":"com.mysql.jdbc.Driver"}}]}
```

（3）路由网关

Spring Cloud 使用 Zuul 实现路由过滤器和服务器端负载均衡，并提供了@EnableZuulProxy 注解在代码中嵌入 Zuul 反向代理服务器。Zuul 配置比较灵活，假设我们要访问 users 服务，可以使用 "/myusers" 路径映射某一个具体的后台服务地址进行服务直连，也可以指定 "serviceId" 路由到注册中心 EurekaServer，具体如下。

```
zuul:                          zuul:
  routes:                        routes:
    users:                         users:
      path: /myusers/**              path: /myusers/**
      serviceId: users_service       url: http://example.com/users_service
```

（4）熔断器

在分布式环境下，不可避免地会产生服务暂时不可用或脱机的情况，而一个服务出现故障可能会导致整个业务链路形成阻塞。熔断器（Circuit Breaker）提出的背景就是当某一个服务出现问题时，确保链路中的其他服务仍可用，基本思路就是对服务之间的依赖做隔离。目前提供熔断器实现的代表工具是 Netflix Hystrix 框架。该框架实现对依赖访问的时延和错误控制，并提供停止错误传播、快速失败功能。

Hystrix 使用命令模式 HystrixCommand 包装依赖调用逻辑，每个命令在单独线程中执行，可配置依赖调用超时时间。当调用超时时，直接返回或执行应用系统提供的 Fallback 逻辑，如图 4-39 所示。

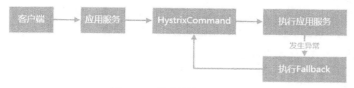

图 4-39　熔断器与 Fallback

Spring Cloud 内部集成了 Netflix Hystrix 框架，提供 @EnableCircuitBreaker 注解构建 Hystrix 客户端。实现过程中，使用 Hystrix 命令模式封装依赖逻辑并提供 Fallback 方法实现降级策略，当 Hystrix 中的业务逻辑发生异常时，将自动切换到 Fallback 中的降级逻辑，具体如下。

```
@HystrixCommand(fallbackMethod = "fallbackSave")
public List<Person> save(String name) {
    return personService.save(name);
}

public List<Person> fallbackSave(String name){
    List<Person> list = new ArrayList<>();
    Person p = new Person(name+"failed to save. ");
    list.add(p);
    return list;
}
```

（5）负载均衡

Ribbin 是 Spring Cloud 中实现客户端负载均衡的一种工具。有两种方式实现客户端负载均衡功能，一种是使用@RibbonClient 注解命名化客户端，具体如下。

```
@Configuration
@RibbonClient(name = "foo", configuration = FooConfiguration.class)
public class TestConfiguration {

}
```

另一种是注入 RestTemplate 时自动使用 Ribbin，具体如下。

```
@Autowired
RestTemplate restTemplate;

public Product getProduct(String productName) {
    return restTemplate.getForObject("http://product/" + productName, Product.class);
}
```

Spring Cloud 还提供了另一种称之为 Feign 的客户端负载均衡实现。Feign 集成了 Ribbon 和 Eureka，借助于 @FeignClient 注解，通过简单接口申明在调用 REST 服务时就能自动嵌入客户端负载均衡功能，具体如下。

```
@FeignClient("stores")
public interface StoreClient {
    @RequestMapping(method = RequestMethod.GET, value = "/stores")
    List<Store> getStores();

    @RequestMapping(method = RequestMethod.POST, value = "/stores/{storeId}",
            consumes = "application/json")
    Store update(@PathVariable("storeId") Long storeId, Store store);
}
```

Feign 也可以集成 Hystrix 实现熔断器和负载均衡的整合，具体如下。

```
@FeignClient(name = "hello", fallback = HystrixClientFallback.class)
protected interface HystrixClient {
    @RequestMapping(method = RequestMethod.GET, value = "/hello")
    Hello iFailSometimes();
}

static class HystrixClientFallback implements HystrixClient {
    @Override
    public Hello iFailSometimes() {
        return new Hello("fallback");
    }
}
```

4.5.3 微服务实现案例

本节中，我们通过构建一个尽量简单的、包含假想业务流程的系统来展示微服务相关的设计理念和实现技术。该系统称为 product-system，包括商品查询和订单管理功能。用户可以根据商品名称使用商品查询服务，选择商品并添加订单，获取订单列表和根据订单 Id 查询订单。

1. 系统架构设计

系统技术架构的细化上，基本策略还是分层和分割，并合理设置子系统及交互方式。微服务架构的应用体现在两个方面，一方面后台系统可以抽象 Product 和 Order 两个独立的微服务；另一方面前台系统面对多个后台微服务时，使用 API 网关模式进行服务的有效访问。

API 网关（Gateway）模式使客户端和服务在调用关系和部署环境进行解耦，提供了最佳的 API 给每个客户端，减少了请求/往返次数，简化了客户端的调用。同时，该模式也增加了复杂性和响应时间，因为 API 网关必须开发、部署和管理，而通过 API 网关多了一层网络跳转。我们认为 API 网关模式的缺点相比其优点是微不足道的，因此该模式目前被广泛应用在微服务架构设计和实现中。API 网关作为单一入口通过协议转换整合后台基于 REST、AMQP 和 Dubbo 等不同风格和实现技术的服务，面向 Web、Mobile、开放平台等特定客户端提供统一服务，如图 4-40 所示。

本案例系统架构如图 4-41 所示，客户端通过 API 网关连接到后台系统，API 网关负责将 Product 服务和 Order 服务整合到一个业务链路，而 Product 服务和 Order 服务则通过服务发现、配置管理和熔断器机制进行分布式环境的系统整合。

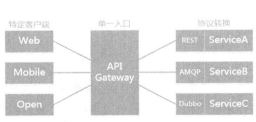

图 4-40　API Gateway 模式

图 4-41　系统架构图

单个微服务的实现采用 Spring Boot 框架，通过 spring-boot-starter-rest、spring-boot-starter-jpa 和 spring-boot-starter-actuator 构建微服务架构基本业务组件。而分布式体系的创建需要借助于 Spring Cloud Config 和 Spring Cloud Netflix 相关的 Eureka、Hystrix、Zuul 和 Ribbon 等组件。图 4-42 是系统的组件图。

2. 系统实现

我们结合系统架构对 product-system 进行拆分并创建代码工程：两个 product 和 order 微服务分别独立成两个代码工程 product-product 和 product-order；系统存在一个面向前端的 product-ui 组件充当 API 网关；product-config 作为集中式的配置服务器通常也单独作为一个工程进行管理。在基于 Spring Cloud 的开发模式中，上述这些工程均依赖于注册中心 product-discovery。系统代码工程依赖关系如图 4-43 所示。

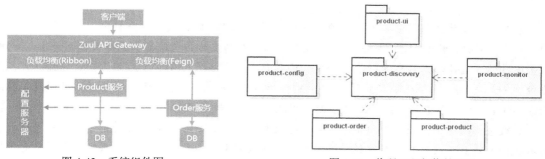

图 4-42　系统组件图　　　　　　　图 4-43　代码工程与依赖关系

通过使用 @EnableEurekaServer 注解，product-discover 启动 Eureka 服务器。product-config 使用 @EnableConfigServer 注解启动配置服务器并和 product-product 和 product-order 分别使用 @EnableEurekaClient 注解成为 Eureka 客户端。product-ui 一方面也使用 @EnableEurekaClient 注解注册到 Eureka 服务器，同时分别使用@EnableFeignClients、@EnableCircuitBreaker 和@EnableZuul Proxy 注解启动 Feign 客户端、熔断器和 Zuul 负载均衡。

由于篇幅有限，product-system 中各个工程的代码实现以及工程之间的配置关系请参考：https://github.com/tianminzheng/product-system-microservice。

4.6　本章小结

当单机处理能力存在瓶颈并需要考虑服务的稳定性和可用性时，分布式系统就成为架构设计不可回避的一个话题。分布式系统首先要解决的问题在于实现网络之间的通信，通过编码解码、寻址路由、实例定位、服务引用等组件完成分布式环境下的远程方法调用。RPC 架构可以帮忙我们完成以上需求。这是本章的第一大块内容。

光有 RPC 架构还不够，因为分布式环境下的服务数量增多会对服务的发布、引用、管理提出新的要求。本章的第二大块内容是在 RPC 架构的基础上，介绍负载均衡、容错、服务注册、路由、监控等主题，为分布式系统添加服务治理功能。同时，也例举主流的分布式服务框架 Dubbo 进行核心功能介绍和原理分析，并引申出对微服务架构这一服务化的发展方向并给出基本的实现技术和案例。

分布式架构和前一章介绍的领域驱动设计分别代表了架构拆分中的横向和纵向方向。在对这两个架构的高层次方向有所把握之后，接下来就是系统架构的具体实现技术。下一章我们将围绕架构实现的技术体系展开讨论。

第5章
架构实现技术体系

系统架构设计是一门复杂的方法论，包含业界主流的思维模式和工程实践。与设计和实现架构一样，对系统架构本身的理解同样也是见仁见智。架构设计面向业务但又具备技术特性，同时，架构设计的方法论和工程实践既具备一定的通用性，又需要因地制宜。对架构设计的描述我们无法做到一言以蔽之，但又需要注重收敛性。为此，本书尝试使用一种基线架构（Baseline Architecture）[7]对架构设计的通用内容进行阐述。

基线架构的结构如图 5-1 所示，基本思想是对系统设计过程中的层次进行划分，并区分业务需求和技术特性。表现层是系统的入口，业务请求通过表现层进入业务适配层，业务适配的目的在于找到合适的业务服务进行请求响应。分布式服务框架可以看作是这一层次的代表性架构风格。业务适配层的请求经过分布式环境下的路由进入到某一个具体的业务服务，单个业务服务内部由一系列的领域对象组成。面向领域设计的策略设计和技术设计理念能够帮助我们更好的组织这些领域对象，从而构建复杂而有序的业务逻辑。业务逻辑依赖数据访问，这里的数据指的是广义的数据来源，包括内部的各种数据持久化媒介，也包括通过系统集成从外部系统获取的数据。为了完成数据从表现层到数据层的流转，系统架构中通常还存在通用设施层。该层提供领域无关、面向技术的支持性基础功能。

图 5-1　基线架构划分

构建业务适配层的分布式架构和构建领域对象层的领域驱动设计分别同横向和纵向的角度为我们提供了面向业务架构拆分的设计方法。这些设计方法的背后还需要技术体系进行配合才能完成整个系统架构。本章将重点围绕架构的实现，从图 5-1 中的数据层和通用设施层出发梳理目前具有代表性的技术体系，包括缓存和性能、消息传递、企业服务总线、数据分析和安全性。

对于架构师转型，掌握技术体系是很好的起点，也是对架构师能力的基本要求。对技术体系把控的基本思路在于建立符合架构师认知水平的知识领域，包括技术的原理、工具和相关工程实践。本章对各项技术的介绍侧重于原理和工具的概述，包括进一步学习的方向和思路，而由于篇幅有限，对具体实现细节不做过多展开。

5.1　缓存与性能优化

性能（Performance）问题可能是架构设计过程中最常见的关注点之一，因为性能容易衡量，也容易感知。当点击 APP 上某个按钮发现需要较长时间等待时，我们就知道性能问题已经成为系统架构的一个潜在优化点。等待的真相在于如何控制数据在网络上传输的时间、服务器处理数据并产生响应的时间和客户端本地计算与渲染的时间。减少等待时间的手段也有很多，包括增加带宽、提升服务器硬件计算速度、使用高性能服务器软件、使用负载均衡等硬件手段，也包括减少请求、优化数据库、使用动态内容缓存、使用数据缓存等软件手段，还包括减少视觉等待等提升用户体验的手段。

5.1.1　性能概述

不同人的眼中对性能认识的侧重点也不同，比如，终端用户视角认为可以通过前端优化手段提升性能，开发人员视角的性能提升侧重于应用程序重构，而运维人员则关注部署基础设施的统筹管理。本节主要讨论开发人员眼中的性能。通常开发人员通过提升服务器并发处理能力、数据库性能优化、分布式计算、系统扩展、代码优化和缓存等手段来提升系统性能。

服务器并发处理能力方面，可以从内存管理、长连接或短连接、IO 模型、服务器并发策略等方面入手找到性能的提升点；数据库性能优化上，索引的有效创建、连接池和临时表的应用、反范式化设计及各种 NoSQL 技术都能在数据量较大的场景下消除数据访问操作的瓶颈；使用以消息中间件为代表的异步计算及以 Map/Reduce 算法为代表的并行计算是应用分布式计算提升系统运算性能的主要方式；复制和读写分离、垂直分区和水平分区建立、业务分割等手段则提示了系统的扩展性；使用无状态对象构建多线程应用、使用资源池进行资源复用、合理的数据结构和实体建模推进了代码层面的重构和优化；最后，基于页面缓存、静态化内容和反向代理缓存等技术构建分布式环境下的动态内容缓存是各种缓存类工具的主要实现方法。在众多提升系统性能的开发手段中，通常使用缓存可以作为优先考虑的性能优化方案。

缓存的作用在于减少数据的访问时间和计算时间，表现为将来自持久化或其他外部系统的数据转变为一系列可以直接从内存获取的数据结构的过程。图 5-2 就是缓存的一种表现形式，将数据表示为 Key-Value 对，然后对 Key 施加一定的算法获取其 HashCode，再根据该 HashCode 所对应的索引找到 Value 在内存中的位置并获取该 Value 值。各种缓存实现工具，尽管其支持的数据结构及数据在内存中的分配和查找方式有所不同，但基本结构模型都与图 5-2 类似。从该图中，我们也认识到缓存本质上是一种时间换空间的做法。缓存应用场景广泛，读写比高的数据、热点数据、共享数据、对实时一致性要求不是很高的数据都可以通过缓存进行管理以提高访问效率。

仅使用本地级缓存是非常不划算的。为了提升缓存的并发访问效率及确保缓存服务器的高可用性，一般都会使用分布式缓存。分布式缓存适合大量集中访问的数据，很多时候作为数据库前置组件用于挡住数据洪峰，也可作为服务器之间数据共享的存储媒介。

关于分布式缓存要明确的首要问题是各个缓存服务器之间如何进行数据的管理以便应用程序在分布式环境能找到目标缓存服务器。图 5-3 中描述了两种典型的分布式缓存表现形式，其中，上半部分代表着所有缓存服务器通过数据同步的方式以确保应用程序的请求在任何一台缓存服务器上都能得到相同的结果，而下半部分则使用完全不同的机制，即各个缓存服务器之间保持独立，应用服务器通过一定的缓存交互协议能够从一而终找到特定的某一台目标缓存服务器进行数据操作。基于这两种分布式缓存的构建方式，业界也有一批优秀的实现工具可供使用。接下来我们先介绍缓存服务器之间互不通信的 Memcached。

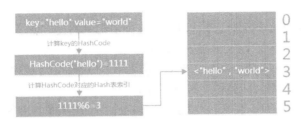

图 5-2　缓存基本结构

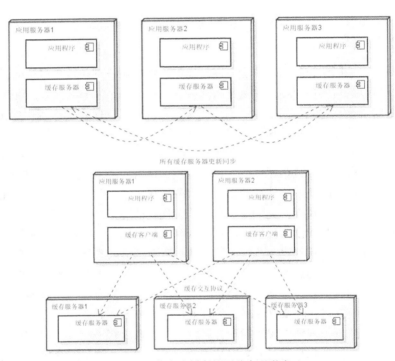

图 5-3　分布式缓存的两种表现形式

5.1.2　Memcached

Memcached 是高性能内存对象缓存系统，基于存储键/值对的 HashMap 进行内存数据结构组织，支持多语言客户端，支持分布式。

1. Memcached 基本应用

作为老牌的缓存服务器，Memcached 目前仍然广泛应用于各种新兴和遗留系统中，其处理流程如图 5-4 所示，可以看到嵌入在应用程序中的 Memcached 客户端库在整个处理流程中起到数据库与 Memcached 集群之间的桥接作用，通过特定的基于客户端的分布式算法和通信协议实现集群访问。

图 5-4　Memcached 处理流程

Memcached 采用的通信协议非常简单，基于经典的 C/S 架构和文本行的协议格式实现客户端和服务器集群之间的通信。Memcached 命令格式与示例如下。

command <key> <flags> <expiration time> <bytes><value>　　set userId 0 0 5 12345

表 5-1　　　　　　　　　　　　　　Memcached 命令格式

<命名名称>	命令描述
<key>	用于查找缓存值
<flags>	客户机使用它存储关于键值对的额外信息
<expiration time>	该数据的存活时间，0 表示永远
<bytes>	存储字节数
<value>	存储的值（始终位于第二行）

表 5-1 对各个命令参数做了展开。作为缓存服务器，Memcached 提供了缓存操作场景下的基本功能。

- add(key, data, …)：当缓存不存在键时，向缓存中添加一个键值对。
- set(key, data, …)：用于向缓存添加新的键值对。
- replace(key, data, …)：仅当键已经存在时，replace 命令才会替换缓存中的键。
- get(key)：用于检索与之前添加的键值对相关的值。
- get(keys)：检索多个键值对应的值。
- incr/decr(key)：增一/减一计数。
- delete(key, …)：用于删除 memcached 中的任何现有值。

应用程序中一般都使用封装上述基本操作的客户端工具与服务器进行交互，典型的包括：Memcached client for Java，该组件基于传统 BIO，由官方提供，应用广泛且稳定；Spymemcached，基于 NIO，存取速度高，但不是很稳定；Xmemcached，基于 NIO，存取速度高，集成性和扩展性好。无论基于何种客户端，应用程序中使用 Memcached 的基本方法如下。

```java
public User getUser (int id) {
    User user = null;
    try {
        user = userMemcache.get("user_" + id);
        if(user == null) {
            user = userDAO.get(id);
            if(user != null) {
                userMemcache.set("user_" + id, user);
            }
        }
    } catch (Exception e) {
        e.printStackTrace();
    }

    return user;
}
```

在高并发的分布式环境下，客户端和集群之间的网络连接将成为瓶颈，高效的事件处理机制将成为系统性能的关键。Memcached 使用 libevent 机制进行网络并发连接的处理，而 libevent 是对跨平台的事件处理接口的封装，兼容 Windows/Linux/BSD/Solaris 等操作系统并封装 select/poll/

epoll/kqueue 等 IO 模型。各个 IO 模型的特点将在本节后续内容中展开。

2. Memcached 内存模型

Memcached 是纯内存对象缓存系统，没有提供缓存数据持久化功能。对基于内存的缓存实现而言，关键在于如何提供高效的内存管理机制。基于底层 malloc 和 free 进行内存管理容易产生内存碎片，内存碎片的整理加重了操作系统管理内存负担。为此，Memcached 使用了一种称之为 Slab Allocation 的针对小内存区的内存分配机制。该机制将分配的内存分割成各种尺寸的块（Chunk），尺寸相同的块分成组，然后重复使用已分配的内存。Memcached 使用几个特定术语来描述 Slab Allocation 机制。Page 是分配给 Slab 的最小内存单位，根据 Slab 的大小切分成 Chunk，Chunk 是真正用于缓存记录的内存空间，而 Slab Class 就是特定大小的 Chunk 组，如图 5-5 所示。

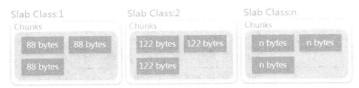

图 5-5　Slab Allocation 示意图

Page 是内存分配最小单位，默认大小为 1MB。Page 一旦被分配，在重启前就不会被回收或者重新分配。Memcached 会预先将数据空间划分为一系列 Slab，每个 Slab 只负责一定范围内的数据存储。从图 5-5 中可以看到，每个 Slab 负责的空间其实是不等的。Chunk 的大小为所在 Slab 能够存放的最大数据长度，数据大小小于 Chunk 大小时，空余的空间将会被闲置。

Memcached 对内存管理采用逐步分配策略。启动时指定最大使用内存后，首先选择合适的 Slab，然后查看该 Slab 是否还有空闲的 Chunk，如果有则直接存放进去，如果没有则要进行申请。Slab 申请内存时以 Page 为单位，所以在放入第一个数据时无论大小为多少，都会有 1M 大小的 Page 被分配给该 Slab。申请到 Page 后，Slab 会将这个 Page 的内存按 Chunk 的大小进行切分。当待缓存数据到达服务器时，Memcached 从 Chunk 的空闲列表中根据数据大小选择最合适的 Chunk 进行内存分配。

这里有关键几点需要明确，Memcached 分配出去的 Page 不会被回收或者重新分配，所以申请的内存不会被释放，某个 Slab 中空闲的 Chunk 也不会借给任何其他 Slab 使用。因此存在几种内存浪费的场景，Chunk 中存放数据长度小于 Chunk 大小时产生浪费，Page 分块为 Chunk 时分不完产生浪费，某个 Slab 或许一直未用导致产生浪费，如图 5-6 所示。

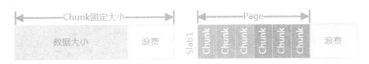

图 5-6　Memcached 的 Chunk 和 Slab 分配机制

Chunk 的分配与缓存数据大小有直接关系，所以合理的分配 Chunk 取决于应用系统业务数据的整体大小分布。为了充分利用内存空间，Memcached 提供了增长因子（Growth Factor）参数控制 Chunk 的内存分配大小，用于调整 Chunk 之间的大小差异，确保根据需要对 Chunk 的使用能尽量减少内存空间浪费。该参数默认值为 1.25，即 Chunk 以 1.25 倍的比例依次递增分配。Memcached 也提供了 stats 命令查看当前 Slab 的使用情况。

对于缓存内存管理而言，还有一个重要话题就是缓存替换策略，即决定缓存信息中哪些条目应该被删除。最常见的缓存替换策略包括最近最少使用（Least Recently Used，LRU）、前进先出（First

In First Out，FIFO）、最不经常使用（Least Frequently Used，LFU）等。Memcached 都提供了这些策略的支持，但数据删除之后会重复利用存储空间，不会释放已分配的内存。为了降低定时删除所带来的性能影响，Memcached 也不会主动监视数据是否过期，而是在查看数据时作出是否过期判断，也就是所谓的延迟过期（Lazy Expiration）机制。对于未超时数据，则默认使用 LRU 策略进行处理。

3. Memcached 分布式

Memcached 是互不通信式分布式缓存的典型代表，也就是说服务器端没有分布式功能，完全由客户端程序实现分布式。图 5-7 是 Memcached 分布式结构的示意图，当应用程序访问服务器集群时，包含在客户端程序中的分布式算法决定了应该访问的服务器地址。假设服务器集群包括 node[0] => 10.0.0.1:11211、node[1] => 10.0.0.2:11211 和 node[2] => 10.0.0.3:11211 三台服务器。当应用程序尝试设置 key 为 hello、值为 world 的数据时，分布式算法根据传入的 key 和保存在客户端程序中的这 3 台服务器地址计算出应该访问 node[0] => 10.0.0.1:11211 这台服务器。而当应用程序同样尝试获取 key 为 hello 的缓存数据时，因为所使用的 key 相同，Memcached 也会从同一台服务器中获取该 key 对应的缓存数据。

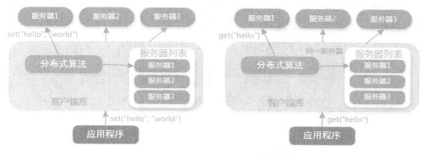

图 5-7　Memcached 分布式示意图

Memcached 中的客户端分布式算法采用两阶段 Hash 的机制实现上述 get 和 set 服务，如图 5-8 所示。简单 Hashing 算法可以使用类如 f(key) = crc32(key) % servers_count 的公式计算 hash 值，假设分布式集群中的 servers_count 为 4，则所有的缓存数据将平摊到这 4 台服务器。一旦其中某一台服务器宕机，servers_count 变成 3，则根据以上公式计算出来的结果将会发生很大变化。n % 4 和 n % 3 的结果导致 27%的 key 仍然有效，而 73%的 key 将会 hash 到与原来不同的服务器，导致在服务器宕机瞬间缓存效率急剧下降。

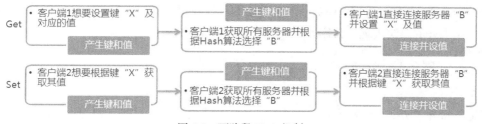

图 5-8　两阶段 Hash 机制

目前业界对上述问题的一种常见解决方案是使用一致性哈希（Consistent Hashing）算法。该算法在实现上，构造长度为 $0 \sim 2^{32}$ 的整数 Hash 环，根据服务器的 Hash 值将节点放置在 Hash 环上，再根据缓存数据 Key 得到其 Hash 值，并在 Hash 环上顺时针查找这个 Key 的 Hash 值最近的节点即为目标服务器，如果找不到则取第一个服务器节点。当位于 Hash 环上的某一台服务宕机时，影响只作用于该服务器周围的有限范围。

5.1.3 Redis

Redis 是 REmote DIctionary Server 的简称，通常被认为是一种 Non-relational/NoSQL 技术。与 Memcached 一样，Redis 在具备同样简单的 Key-Value 缓存功能的同时，提供了更多的数据类型、操作命令和功能组件，以及纯内存性缓存所不具备的数据持久化。正因如此，Redis 的应用日益广泛，已经成为构建缓存系统的首选。

1. Redis 基本应用

Redis 支持 5 种数据类型，包括基本的 String 类型及 List、Set、Sorted Set 和 Hash 等容器类型。String 就是最基本的键值对，能保持包括二进制图片、序列化对象在内的各种数据。Lists 表示根据插入顺序存储的列表，最多可支持最多（$2^{32}-1$）个元素。List 支持 POP 和 PUSH 指令，可以使用这些指令简单实现队列（Queue）机制，如图 5-9 所示。Set 代表无序列表，不能存储重复键值。Sorted Set 相对比较复杂，其缓存值会与一个分值（Score）关联，因此能提供有序机制，实现高性能查询，如图 5-10（b）所示。Hash 映射 String 键和 String 值，在 key/value 的基础上添加了子键 subkey，从而构成 key-subkey-value 三层结构，subkey-value 组合可以用来描述一个对象的各个字段，而 key-subkey-value 组合则适合表述一组对象，可以映射应用程序中的复杂数据模型，如图 5-10（a）所示。

图 5-9　通过 List 构建队列

图 5-10　Sorted Sets 和 Hashes 结构

Redis 的使用通常依赖于客户端，Redis 提供了支持 Java/C#/Ruby/Python/PHP/Perl/Lua 等多种语言的客户端版本实现。在 Java 领域，Jedis、JRedis 和 Spring Data Redis 应该是使用最广泛的客户端工具。Jedis 由官方推荐，提供完整的 Redis API 支持，便于封装和扩展。本节以 Jedis 为例介绍 Redis 所包含的核心功能特性，包括事务、管道和发布-订阅机制。

Redis 中的事务特性是指一个客户端发起的事务中的命令可以连续的执行，中间不会插入其他客户端的命令，事务中某个操作失败并不会回滚其他操作，所以实际上是一种伪事务。multi/exec 组合命令是事务的语法表现，具体如下。

```
Transaction tx = jedis.multi();
for (int i = 0; i < 100000; i++) {
    tx.set("t" + i, "t" + i);
}
List<Object> results = tx.exec();
```

管道支持异步方式，一次发送多个指令，不同步等待其返回结果。使用和不使用管道的执行流程如图 5-11 所示，可以看到使用管道在大批量数据操作的场景下能提供更高的性能，代码如下。

```
Pipeline pipeline = jedis.pipelined();
long start = System.currentTimeMillis();
for (int i = 0; i < 100000; i++) {
    pipeline.set("p" + i, "p" + i);
}
List<Object> results = pipeline.syncAndReturnAll();
```

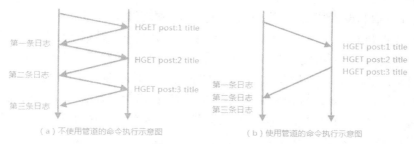

图 5-11　Redis Pipeline

Redis 提供了内置的发布-订阅模式实现，Publisher 用于发布消息，而 Subscribe 用于监听消息，消息的传输通过 Channel 实现。通过 SUBSCRIBE、UNSUBSCRIBE、PSUBSCRIBE 和 PUNSUBSCRIBE 等指令可以实现基本的以及支持模式匹配的订阅/退订机制。

2. Redis 实现

（1）数据结构

我们以缓存中最具代表性、保存键值对映射关系的 Hash 数据结构来看 Redis 的实现方式。在 Redis 中 Hash 通过字典（Dictionary）这一抽象的数据结构来表现，而哈希表（Hashtable）是字典的底层实现。一个哈希表里面包含多个节点，而每个哈希表节点就代表字典中的一个键值对。哈希表中键值对的分布由所采用的哈希算法决定，代表性的哈希算法有 MurmurHash 算法[8]。哈希表结构中存在一个哈希表大小掩码（Size Mask）用于计算哈希索引值。当一个新的键值对被添加到字典时，Redis 先根据健值计算出哈希值的索引值，然后再根据索引值将该键值对构建成一个哈希表节点并放到哈希表指定的索引上。假设键的哈希值为 8，则可以计算索引值 index=hash&sizemask=8&3=0，也即该键值应被置于哈希表中的第一个节点。显然，如果有两个键值对计算所得的索引值相同就会产生冲突，Redis 中使用链表解决键冲突，表现为每个哈希节点都有一个 next 指针，被分配到同一索引上的多个节点就可以按照被分配的先后顺序形成一个单向链表，如图 5-12 所示。

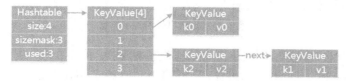

图 5-12　哈希表结构示意图

一个字典中存在两张哈希表，通常情况下只会使用如图 5-12 所示的一张哈希表存放键值对。但当键值对数量越来越多，而哈希表的原有大小有限的话，冲突现象就会非常频繁，导致数据存取效率底下。为此，字典通常具有 rehash 机制，即根据需要对哈希表的大小进行扩充。扩充的时机由负载因子（Load Factor）计算所得。负载因子代表字典中已经存放的键值对与哈希表大小的比值。当该比值大于一定界限时，如图 5-13 所示，字典就会启用另一张新的哈希表并将该哈希表的大小设置为原有哈希表大小的 2 倍，并进行一系列的数据拷贝和重新根据索引值创建哈希节点过程。

（2）服务器

Redis 服务器由一系列的数据库构成，客户端通过 Select 指令可以切换当前使用的数据库。数据库实际上就是各种数据结构表示的 Key-Value 对，称之为数据库键空间。对数据库键可以进行各种操作，除了获取和设置 Value 之外，比较典型的就是指定键的生存时间（Time To Live，TTL），可以通过 EXPIRE 和 EXPIREAT 指令进行设置。如果使用缓存，数据不可能永远存在，Redis 通过比较时间戳对过期键进行判断。Redis 中提供了 3 种不同的策略用于删除过期键，分别是定时删除、延迟删除和定期删除。定时删除属于主动删除策略，针对键设置定时器，需要占用 CPU 时间。延迟删除的概念与 Memcached 中的概念一致，即在获取键时判断是否过期，属于被动策略。而定期删除会隔一段时间扫描数据库并删除过期键，显然对部分已经过期的缓存数据而言会占用内存，属于主动策略，也是一种折中方案。结合 Redis 有效期机制和 Hash 数据结构可以方便地实现类似 Session 的数据管理功能。

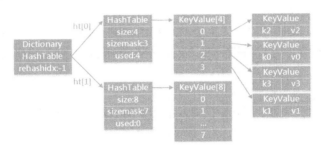

图 5-13　哈希表 rehash 机制

Redis 服务器本身是一个事件驱动程序，事件类型有两种，一种是对套接字操作进行抽象的文件类型，另一种是对定时操作进行抽象的时间类型。文件事件处理器实际上就是 select、epoll、evport、kqueue 等 IO 多路复用程序和事件队列的组合。而时间事件分为定时事件和周期性事件两类，抽象为包含 Id（事件编号）、When（事件发生时间）和 TimeProc（事件处理程序）3 部分的统一模型，如图 5-14 所示。

图 5-14　定时事件模型示意图

Redis 服务器与客户端建立网络连接、处理客户端请求、保存处理数据和自身资源管理。服务器在初始化过程完成之后会执行事件循环。该事件循环基于 serverCron，每 100 毫秒执行一次，会更新服务器时间缓存、更新缓存替换策略中的 LRU 时间、更新服务器每秒执行命令次数、管理客户端资源、管理数据库资源并检查持久化操作的运行状态。

（3）持久化

与 Memcached 纯内存缓存不同，Redis 支持缓存数据持久化操作。缓存数据持久化的目的在于服务器重启后的数据恢复。Redis 提供了数据库快照（Redis Data Base，RDB）文件和追加式（Append Only File，AOF）文件两种数据持久化方案。这两种持久化方案都可以将内存中的数据库键空间保存到磁盘上，但是原理截然不同。

RDB 数据回写机制分同步和异步两种。同步回写即 SAVE 指令，主进程直接向磁盘回写数据，在数据大的情况下会导致系统假死很长时间异步回写即 BGSAVE 指令，主进程 fork 后，复制自身并通过这个新的进程回写磁盘，回写结束后新进程自行关闭。Redis 的自动保存功能就是使用 BGSAVE 指令，即按照一定的策略周期性的将数据保存到磁盘。可以通过类似 save 900 1 的配置信息完成当有一条数据被改变时 900 秒刷新到磁盘一次的方式进行数据快照的保存。该功能的实现同样基于 Redis 服务器的事件循环。

RDB 保存的是数据，而 AOF 保存的是操作数据的指令。AOF 较 RDB 优先使用，因为 RDB 文件需要通过定时操作来保存整个数据集的状态。一方面每次保存 RDB 的时候，Redis 都要 fork 出一个子进程来进行实际的持久化工作，在数据集比较庞大时，fork 可能会非常耗时，造成服务器暂时停止处理客户端请求。另一方面，由于数据量大可能会几分钟才能保存一次 RDB 文件。在这种情况下，一旦发生故障停机就可能会丢失好几分钟的数据。AOF 文件是一个只进行追加操作的日志文件。Redis 也提供了几种 AOF 文件同步的策略，如写入不同步、写入一秒则同步、写入并同步等。AOF 的默认策略为每秒钟同步一次，在这种配置下，Redis 仍然可以保持良好的性能，并且就算发生故障停机也最多只会丢失一秒钟的数据。同时，AOF 还支持重写（Rewrite）机制，解决 AOF 文件过大所引起的性能问题。Redis 可以在 AOF 文件体积变得过大时自动地在后台对其进行重写。重写会优化部分指令的执行方式。重写后的新 AOF 文件包含恢复当前数据集所需的最小命令集合。

3. Redis 分布式

Redis 通过 SLAVEOF 指令可以实现主从复制（Replication）。SLAVEOF 指令分为两步操作，同步和命令传播。同步用于初始化 Master 与 Slave 之间的连接。当两者连接建立后，Slave 会向 Master 发送 SYNC 指令，然后 Master 就将整个 RDB 文件发送到 Slave，如图 5-15（a）所示。此后，Master 继续将所有已经收集到的修改指令依次传送给 Slave。Slave 通过执行这些修改命令达到最终的数据同步，也就是命令传播，如图 5-15（b）所示。

图 5-15　SLAVEOF 指令示意图

如果 Master 和 Slave 之间的链接出现断连现象，Slave 可以自动重连 Master。但是在连接成功之后，一次基于整个 RDB 文件的完全同步将被自动执行。显然这个过程非常低效。PSYNC 指令是对 SYNC 指令的优化，支持增量式的部分重同步，图 5-16（a）所示。部分重同步使用偏移量（Offset）来标记断线前的同步位置，重连之后 Master 就可以从偏移量开始将缓存区中的指令发送给 Slave，如图 5-16（b）所示。

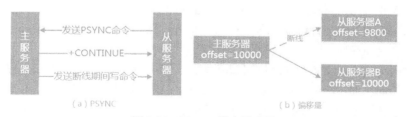

图 5-16　PSYNC 指令示意图

高可用性（High Availability，HA）的目的在于减少服务器停工时间，主从复制可以理解为是实现高可用性的一种手段，而 Redis 提供了哨兵（Sentinel）系统作为专门的高可用性实现机制。

Sentinel 系统的基本工作过程包括监视服务器、发现服务器下线情况和调整服务器结构 3 部分，如图 5-17（a）所示，Sentinel 系统同时监控着 4 台服务器，包括一台 Master 和三台 Slave，当作为 Master 的 Server1 突然下线时，Sentinel 系统察觉到该服务器下线就会从 3 台从服务器中挑选 Server2 作为新的 Master，并确保剩余的两台 Slave 以该台服务器作为 Master，一旦原先的 Server1 重新上线之后，Server1 则降级为一台 Slave 分别如图 5-17（b）、（c）、（d）所示。

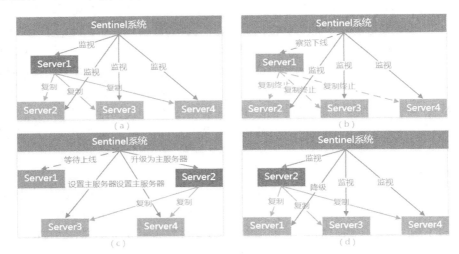

图 5-17　Sentinel 示意图

Sentinel 系统会与各个服务器建立两种连接，即用于发送命令的命令连接和用于订阅频道的订阅连接。整个服务器监控和调整过程中，Sentinel 系统一方面向主/从服务器发送消息，另一方面也接收来自主/从服务器的频道信息，从而能够确保获取服务器下线信息并进行故障转移。

5.1.4　Nginx

Nginx 是一款轻量级 Web 服务器，具有占有内存少，并发能力强，支持 Linux 和 Windows 等特点。相比轻量级、中小型和并发量不大的 Tomcat 而言，Nginx 更加适合满足复杂业务场景需求。Nginx 提供了基本 HTTP 服务，包括处理静态文件、反向代理并通过缓存进行加速、简单的负载均衡、模块过滤器功能和支持 HTTP 下安全套接层 SSL 等功能。反向代理、负载均衡和 Web 缓存可以说是 Nginx 的核心功能。

1. Nginx 核心功能

Nginx 中的反向代理转发前端请求性能稳定、配置灵活、支持正则表达式、能实现异常判断和自动重新请求并自动错误页面跳转。Nginx 通过 upstream 指令集提供反向代理，设置后端服务器组，默认采用轮询策略进行请求处理并支持权重。当出现错误时，自动转到下一台服务器，如果全部失败，则返回最后一台服务器结果。

Nginx 中的负载均衡支持对前端访问和流量进行分流，提供多种内置负载均衡策略并支持外部扩展策略。轮询、加权轮询、每个客户端固定访问一个后端服务器的 ip_hash 都是其内置负载均衡策略，而按访问 URL 的 hash 结果来分配请求的 url_hash 及按后端服务器的响应时间来分配的 fair 都来自于第三方。

说到 Nginx 中的缓存，我们再来区分一下它与缓冲（Buffer）之间的区别。缓存和缓冲都用于解决 IO 效率问题，但缓冲针对 IO 之间传输效率不同步，将数据临时存放再统一发送，是一种异步传输机制，用于降低进程之间等待时间。而缓存针对 IO 之间的数据访问效率，通过将硬盘数据在内存中建立缓存数据降低硬盘访问等待时间。对应于缓存和缓冲概念，Nginx 提供了 Proxy Buffer 和 Proxy Cache 两个指令。这两个指令都与代理相关，可提高客户端与被代理服务器之间交互效率，一方面通过 Proxy Buffer 机制进行数据传递，另一方面通过 Proxy Cache 配置进行数据缓存，而 Proxy Cache 依赖于 Proxy Buffer。Nginx 提供与 Squid 类似的缓存功能，可以通过扩展模块引入 Memcached 等第三方组件完善缓存机制。

2. Nginx 服务器架构

（1）模块化结构

Nginx 采用模块化思想构建，包括核心模块、标准 HTTP 模块、扩展 HTTP 模块、邮件服务模块和各种第三方模块，其中核心模块包括进程管理、权限控制、错误日志、配置解析等基础性功能。我们使用 Nginx 的主要目的就是利用其 HTTP 模块处理前端请求。图 5-18 是 Nginx 对 HTTP 请求的处理流程，可以看到 Nginx 对请求的响应过程就是典型的管道-过滤器模式的体现。当请求到达 Nginx 时，核心模块分配资源并根据配置获取对应的处理器进行处理，处理结果再经过层层过滤产生最终响应，我们可以在过滤链中根据需要添加过滤器确保响应结果满足业务需求。

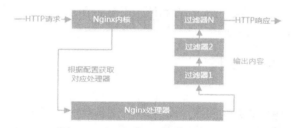

图 5-18　Nginx HTTP 模块处理流程

（2）请求处理机制

对于 Web 请求的处理方式上存在多进程和多线程两种方式。多进程方式相较多线程方式设计和实现简单，但因为创建进程需要较大的内存复制等资源和时间开销，往往采用进程预生成技术以降低运行时创建成本。而线程开销低于进程，但共享资源导致需要任务调度和同步，实现难度大。Nginx 在请求处理机制上采用多进程方式，包括一个主进程和多个工作进程，同时结合事件驱动模型实现异步非阻塞。

Nginx 使用 IO 多路复用实现事件处理模型。IO 多路复用在实现方法上包括 Select 模型、Poll 模型、Epoll 模型等。Select 模型同时支持 Windows 和 Linux，分别创建所关注的 read 事件、write 事件、exception 事件的描述符集合，然后调用底层 select 函数等待事件发生，轮询事件描述符集合，如有事件发生则处理。Poll 和 Epoll 模型主要应用于 Linux 系统，都是对 Select 模型的优化。Poll 模型对 read 事件、write 事件、exception 事件创建统一事件描述符集合，而 Epoll 模型则不使用轮询进行事件通知，而是高效地等待内核上报事件。

（3）进程交互机制

Nginx 中包含 3 种工作进程，分别是负责与外界通信、对内部进程进行管理的主进程（Master），用于处理客户端请求、完成 Nginx 主体工作的工作进程（Worker），以及执行缓存索引重建和缓存管理进程（Cache）。Master-Worker 进程之间体现的还是管道机制，而 Worker-Worker 进程相互独立，通过 Master 间接交互。基于这 3 种进程交互机制的 Nginx 服务器架构如图 5-19 所示。

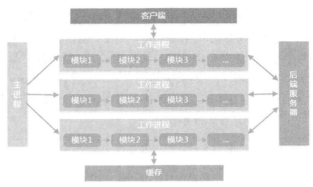

图 5-19　Nginx 服务器架构

5.2　消息传递系统

RPC 架构作为分布式系统的基本实现机制，能够提供跨进程之间的方法调用，但在实现远程方法调用的同时，实际上也把方法的实现者和调用者绑定在了一起，形成一种耦合。消息传递系统的引入就是为了打破这种耦合。

5.2.1　消息中间件需求

1. RPC 架构的问题

耦合度是 RPC 框架存在的最大问题，图 5-20 分别从技术、空间和时间 3 个维度展现了 RPC 架构中存在的耦合关系。技术上，如果使用类如图 5-20（a）中的 RMI 协议，意味着应用程序 A 和应用程序 B 都只能使用 Java 这种特定语言和体系。空间上，图 5-20（b）中的方法调用两边无论是方法名称还是入参出参都需要严格遵循 getUser（id）这一方法的定义。时间上，一旦远程方法的实现者不可用，则方法调用就会失败，也即要求方法调用两边都应同时在线才能确保调用成功，如图 5-20（c）所示。分布式服务框架和微服务架构能够在一定程度上缓解这 3 种耦合、特别是技术耦合所带来的限制，但在特定场景下，由于这些耦合度的存在，基于 RPC 的分布式架构并不是一种合适的选择。

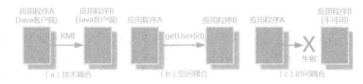

图 5-20　RPC 架构的耦合度

2. 消息传递系统

消息传递（Messaging）机制能够降低技术、空间和时间耦合。消息传递机制在消息发送方和消息接收方之间添加了存储转发（Store and Forward）功能，如图 5-21 所示。存储转发是计算机网络领域使用最为广泛的技术之一，基本思想就是将数据先缓存起来，再根据其目的地址将该数据发送出去。显然，有了存储转发机制之后，消息发送方和消息接收方之间并不需要相互认识，也不需要同时在线，更加不需要采用同样的实现技术。这样，紧耦合的单阶段方法调用就转变成松耦合的两阶段过程，技术、空间和时间上的约束也通过中间层得到显著缓解。这个中间层就是消息传递系统（Messaging System）。

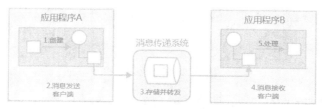

图 5-21　消息传递机制

在消息传递系统中，消息的发送者称为生产者（Producer），负责产生消息，一般由业务系统充当生产者；消息的接收者称为消费者（Consumer），负责消费消息，一般是后台系统负责异步消费。生产者行为模式单一，而消费者根据消费方式的不同有一些特定的分类，常见的有推送型消费者（Push Consumer）和拉取型消费者（Pull Consumer）。推送指的是应用系统向 Consumer 对象注册一个 Listener 接口并通过回调 Listener 接口方法实现消费消息，而在拉取方式下应用系统通常主动调用消费者的拉消息方法消费消息，主动权由应用系统控制。存储转发机制的实现者通常称为 Server 或 Provider，是 Broker 模式的具体实现，所以有时也称为 Broker。

消息传递有两种基本模型，即发布-订阅（Pub-Sub）模型和点对点（Point to Point）模型。发布-订阅支持生产者消费者之间的一对多关系，是典型的推送消费者实现机制。而点对点模型中有且仅由一个消费者，通过拉取或基于间隔性拉取的轮询（Polling）方式进行消息消费。当发送者和消费者数量较多的场景下，也可以引入组（Group）的概念。Producer Group 和 Consumer Group 分别代表一类 Producer 和 Consumer 的集合名称，使用统一逻辑发送和接收消息。

消息持久化是消息传递系统实现存储转发的基本需求。持久化的方式也有多种，可以使用关系型数据库、Key-Value 存储容器和文件系统。持久化存储系统还能实现消息堆积，确保在消息发送高峰期挡住数据洪峰，保证后端系统的稳定性。

发送消息时，通常需要确保每个消息必须投递一次，通过消息确认机制能够确保消息是否已经成功投递，如果没有确认成功，可以再次发送。在更加严格的场景下则要求有且仅有一次发送，即在发送消息阶段不允许发送重复的消息，在消费消息阶段也不允许消费重复的消息。在分布式环境下由于三态性的存在，实现有且仅有一次发送开销很大，所以根据业务抽象出等幂性消息成为一种有效的替代方案。所谓等幂性（Idempotence），指的就是重复发送和消费消息总能获得同样的结果，不会对系统业务流程产生任何影响。

上述需求构成了消息传递系统最基本的模型，围绕这个模型业界有一些实现规范和工具，代表性的规范有 JMS 和 AMQP，而 Kafka、RocketMQ 等工具虽不遵循特定的规范但也提供了消息传递的设计和实现方案。

5.2.2　JMS

1. JMS 规范

JMS（Java Messaging Service，Java 消息服务）基于消息传递语义，提供了一整套经过抽象的公共 API。基于图 5-22 中的客户端 API 体系，我们可以通过 ConnectionFactory 创建 Connection，而作为客户端的 Producer 和 Consumer 通过 Connection 提供的会话（Session）与服务器进行交互，交互的媒介就是各种经过封装、包含目标地址（Destination）的消息。

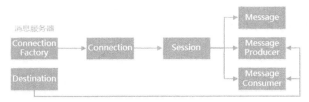

图 5-22　JMS 公共 API

JMS 中的消息有两大部分组成，即消息头（Header）和消息体（Payload）。消息体只包含具体的业务数据，而消息头包含 JMS 规范定义的通用属性，构成了消息传递基础元数据（Meta Data），由消息传递系统默认设置。消息的唯一标识 MessageId、目标地址 Destination、接收消息的时间 Timestamp、有效期 Expiration、优先级 Priority、持久化模式 DeliveryMode 等都是常见的通用属性。另一方面，开发者也可以根据业务需求对消息头添加定制化属性，JMS 规范提供了一系列 get/set 方法用于设置应用程序特定的属性。同时，JMS 提供了 TextMessage、ObjectMessage、BytesMessage、StreamMessage、MapMessage 等多种默认消息实现用于封装和简化对消息体数据结构的操作。

JMS 规范中的点对点模型表现为队列（Queue），队列提供了一对一顺序发送和消费机制。点对点模型 API 在通用 API 基础上，专门区分生产者 QueueSender 和消费者 QueueReceiver。点对点模型可以应用于即发即弃场景，也可以通过设置包含回复地址的消息头 ReplyTo 来满足请求-应答式的需求。如果发送的一批消息构成一个整体，我们也可以使用 CorrelationId 消息头对这些消息进行关联，如图 5-23 所示。

图 5-23　JMS Queue 使用场景

主题（Topic）是 JMS 规范中对发布-订阅模型的抽象，JMS 同样提供了专门的 TopicPublisher 和 TopicSubscriber。对于 Topic 而言，多个消费者同时消费一条消息，所以消息会有消息副本的概念。相较点对点模型，发布-订阅模型通常用于更新、事件、通知等非响应式请求场景。这些场景中，消费者和生产者之间是透明的，消费者可以通过配置文件进行静态管理，也可以在运行时动态创建，同时支持取消订阅操作。

我们再来看一下 JMS 中消息传递的异常情况，当消息传递系统中某一个消费者发生故障时，生产者针对该消费者消息的发送过程就会失败。JMS 支持消息持久化，所以消息本身不会丢失，但需要确保消息消费过程的完整性，JMS 规范通过消息确认（Acknowledge）机制实现这一目标。JMS 中的消息确认有 AUTO_ACKNOWLEDGE、DUPS_OK_ACKNOWLEDGE 和 CLIENT_ ACKNOWLEDGE 3 种模式。我们分别从生产者、消费者和服务器的角度出发来分析这些模式。

对于 AUTO_ACKNOWLEDGE 模式，消息发送有且仅有一次，无论是使用 Queue 还是 Topic，发送消息都将同步阻塞直到接收确认，底层确认对编程模型不可见，出现故障时则抛异常表示消息未传送。对于服务器而言会有两个阶段，消息首先会被持久化并发送给消费者，然后待消费者确认消息之后就删除该消息。当消费者发生故障无法接收消息时，服务器就会尝试重新发送，重发消息违反了"有且仅有一次"要求，所以消费者可以根据消息头 JMSRedelivered 来选择是否要消费，整个过程如图 5-24 所示。在 DUPS_OK_ACKNOWLEDGE 模式下，消息可以发送多次以避免额外开销，显然站在消费者角度应尽量使用等幂操作来避免重复消费对业务逻辑的影响。CLIENT_ACKNOWLEDGE 模式需要消费者使用 JMS 提供的 API 进行显式确认。

图 5-24　AUTO_ACKNOWLEDGE 模式示意图

2. ActiveMQ

JMS 规范有 ActiveMQ、WMQ、TIBCO 等第三方实现。本节以 ActiveMQ 为例介绍 JMS 规范在该框架中的具体实现及作为一个消息中间件系统应该具备的完整解决方案。ActiveMQ 完全兼容 JMS 规范，提供两种连接器（Connector）封装对 Connection 的实现：一种是传输连接器（Transport Connector），用于客户端与服务器端通信；另一种是网络连接器（Network Connector），用户服务器与服务器之间通信以便建立服务器集群。

按照 JMS 规范，客户端通过 Connection 与服务器进行交互，而创建 Connection 之间先要初始化 ConnectionFactory。ActiveMQ 对 ConnectionFactory 初始化提供了 JNDI 支持。JNDI（Java Naming and Directory Interface，Java 命名和目录接口）是一种标准的 Java 命名系统接口，提供统一的客户端 API，通过访问不同的 JNDI SPI 的实现，将 JNDI API 映射为特定的命名服务和目录系统，使得 Java 应用程序可以和这些命名服务和目录服务之间进行交互。在这里，JMS 规范相当于 SPI，而 ActiveMQ 就是 SPI 的具体实现。通过配置文件指定 ActiveMQ 的 SPI 实现类 ActiveMQIinitialContextFactory 就可以使用 JNDI 内建机制获取 ConnectionFactory，具体如下。

```
java.naming.factory.initial = org.apache.activemq.jndi.ActiveMQInitialContextFactory
java.naming.provider.url = tcp://localhost:61616

//从 jndi.properties获取JNDI连接
InitialContext ctx = new InitialContext();

//查找JMS connection factory
TopicConnectionFactory conFactory =
    (TopicConnectionFactory)ctx.lookup(topicFactory);

//创建JMS connection
TopicConnection connection = conFactory.createTopicConnection();
```

同时，我们也可以直接使用实现了 ConnectionFactory 接口的 ActiveMQConnectionFactory 类达到同样的目。ActiveMQ 支持 TCP、UDP、NIO、SSL、HTTP(S)和 Java 虚拟机内部协议 VM 等传输协议用于创建客户端与服务器之间的网络连接。使用 TCP 协议创建 Connection 的方式如下。

```
ActiveMQConnectionFactory factory =
    new ActiveMQConnectionFactory("tcp://localhost:61616");
Connection connection = factory.createConnection();
```

ActiveMQ 支持在分布式环境下运行集群模式确保服务器的高可用性和负载均衡。基于 Network Connector 的服务器集群部署方式中，各个服务器通过网络互相连接并共享队列。当服务器 A 上指定的 QueueA 中接收到一个消息而此时没有消费者连接服务器 A 时，如果集群中的服务器 B 上面由一个消费者在消费 QueueA 的消息，那么服务器 B 会先通过内部网络获取服务器 A 上的消息，并通知自己的消费者来消费，如图 5-25 所示。ActiveMQ 提供了多个协议以应对不同场景下的需求，比如，Static 和 Multicast 协议分别用于定义已知网络地址和动态网络地址的服务器之间的连接，Failover 协议提供客户端对一个或多个服务器的网络重连机制，Fanout 协议则用于多个服务器之间复制消息。

图 5-25　ActiveMQ 分布式环境

ActiveMQ 支持消息持久化，Queue 基于 FIFO 原则进行消息存储，消息在消费并确认后删除，Topic 中消息会保存一份并生成多个消费副本，并在所有持久化消费者都完成消费之后删除消息。消息的持久化媒介默认使用基于文件系统的 KahaDB，但也提供了插件式扩展方案，可以通过简单配置即可集成基于文件的 AMQ、基于数据库的 JDBC 等其他持久化机制。

在实际开发过程中，应用程序可以通过 ActiveMQ 提供的 BrokerFactory 和 BrokerService 服务内嵌 ActiveMQ，也可以通过添加资源配置的方式与 Tomcat 等应用服务进行集成。同时，Spring 提供了对 JMS 规范及各种实现的友好集成，直接配置 Queue 或 Topic 并创建 BrokerFactoryBean 就可以使用 JmsTemplate 提供的各种方法简化对 ActiveMQ 的操作。

5.2.3 AMQP

1. AMQP 规范

AMQP，即高级消息队列规范（Advanced Message Queuing Protocol），是一个提供统一消息服务的应用层标准高级消息队列规范。基于此规范的客户端与消息中间件可传递消息，并不受客户端不同产品和不同开发语言等条件的限制。同 JMS 规范一下，AMQP 描述了一套模块化的组件及这些组件之间进行连接的标准规则用于明确客户端与服务器交互的语义。

AMQP 规范中包含一些消息中间件领域的通用概念，比如，Broker 就是用来接收和分发消息的的服务器，Connection 代表生产者和消费者与 Broker 之间的 TCP 连接。如果每一次访问 Broker 都建立一个 Connection，在消息量大的时候建立 TCP Connection 的开销将是巨大的，效率也较低，所以 AMQP 提出了通道（Channel）概念。Channel 是在 Connection 内部建立的逻辑连接。如果应用程序支持多线程，通常每个线程创建单独的 Channel 进行通信。每个 Channel 之间是完全隔离的。一个 Connection 可以包含很多 Channel。在设计理念上 AMQP 建议客户端线程之间不要共用 Channel，或者至少要保证共用 Channel 的线程发送消息必须是串行的，但是建议尽量共用 Connection。作为客户端与服务器之间交互的基本单元，AMQP 中的消息在结构上也由 Header 和 Body 两部分组成，其中，Header 是由生产者添加的持久化标志、接收队列、优先级等各种属性的集合，而 Body 是真正需要传输的领域数据。

AMQP 中由 3 个主要功能模块连接成一个处理链完成预期的功能，分别是交换器（Exchange）、消息队列（Queue）和绑定（Binding）。交换器接收应用程序发送的消息，并根据一定的规则将这些消息路由到消息队列；消息队列存储消息，直到这些消息被消费者安全处理完为止；而绑定定义了交换器和消息队列之间的关联，提供路由规则。

出于多租户和安全因素考虑，AMQP 还提出了虚拟主机（Virtual Host）概念。Virtual Host 类似于权限控制组，一个 Virtual Host 里面可以有若干个 Exchange 和 Queue，但是权限控制的最小粒度是 Virtual Host。当多个不同的用户使用同一个 Broker 提供的服务时，可以划分出多个 Virtual

Host 并在自己的 Virtual Host 创建相应组件。整个 AMQP 规范的模型如图 5-26 所示。

我们可以看到在 AMQP 协作中并没有明确指明类似 JMS 中一对一的点对点模型和一对多的发布-订阅模型，但通过控制 Exchange 与 Queue 之间的路由规则，我们可以很容易模拟出存储转发队列和主题订阅这些典型的消息中间件概念。在一个 Broker 中可能会存在多个 Queue，Exchange 如何知道它要把消息发送到哪个 Queue 中去呢？关键就在于通过 Binding 规则设置的路由信息。在与多个 Queue 关联之后，Exchange 中就会存在一个路由表。这个表中存储着每个 Queue 所能存储消息的限制条件。消息的 Header 中有个属性叫路由键（Routing Key）。它由消息发送者产生，是提供给 Exchange 路由这条消息的标准。Exchange 会检查 Routing Key 并结合路由算法来决定将消息路由到哪个 Queue 中去。根据不同路由算法 Exchange 会有不同实现，一些基础的路由算法由 AMQP 所提供，我们也可以自定义各种扩展路由算法。图 5-27 就是 Exchange 与 Queue 之间的路由关系图，可以看到一条来自生产者的消息通过 Exchange 中的路由算法可以发送给一个或多个 Queue，从而分别实现点对点和发布订阅功能。

图 5-26 AMQP 模型

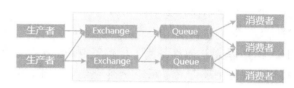

图 5-27 AMQP 路由关系图

在绑定 Exchange 与 Queue 的同时，一般会指定一个绑定键（Binding Key）；生产者将消息发送给 Exchange 时，就会指定一个 Routing Key；当 Binding Key 与 Routing Key 相匹配时，消息将会被路由到对应的 Queue 中。在实际应用过程中 Exchange 类型及 Binding Key 一般都是事先固定配置，所以通过指定 Routing Key 就可以在运行时决定消息流向。Binding Key 并不是在所有情况下都生效，它依赖于 Exchange 类型。每一个 Exchange 类型实际上就体现为一种特定路由算法。AMQP 规范指定了 6 种 Exchange 类型。

（1）直接式交换器类型

直接式交换器类型（Direct Exchange）通过精确匹配消息的 Routing Key，将消息路由到零个或者多个队列中，由 Binding Key 将队列和交换器绑定到一起。这让我们可以构建经典的点对点队列消息传输模型，不过当消息的 Routing Key 与多个 Binding Key 匹配时，消息可能会被发送到多个队列。我们以 routingKey="key1"发送消息到 Exchange 时，消息会同时路由到 Queue1 和 Queue2，如图 5-28 所示。而如果我们以 routingKey="key2"来发送消息，则消息只会路由到 Queue2。如果我们以其他 routingKey 发送消息，则消息不会路由到任意一个 Queue 中。

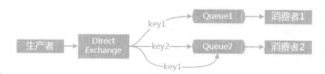

图 5-28 Direct Exchange

（2）广播式交换器类型

广播式交换器类型（Fanout Exchange）比较简单：不论消息的 Routing Key 是什么，这条消息都会被路由到所有与该交换器绑定的队列中。

（3）主题式交换器类型

主题式交换器类型（Topic Exchange）通过消息的 Routing Key 和 Binding Key 的模式匹配，将消息路由到被绑定的队列中。这种路由器类型可以被用来支持经典的发布-订阅消息传输模型，即使用 Topic 名称作为消息寻址模式，将消息传递给那些部分或者全部匹配主题模式的多个消费者。以图 5-29 中的配置为例，routingKey="word2.word1"的消息会同时路由到 Queue1 与 Queue2，routingKey="test.word1"的消息会路由到 Queue1；routingKey="test.word2"的消息会路由到 Queue2；routingKey="Word3.test"的消息也会路由到 Queue2；而 routingKey="test.word4"和 routingKey="hello.test"等消息将会被丢弃，因为它们没有匹配任何 bindingKey。

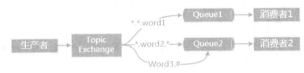

图 5-29　Topic Exchange

（4）消息头式交换器类型

消息头式交换器类型（Header Exchange）提供了复杂的、多重部分表达式路由，它的路由机制基于 AMQP 消息头属性，而不依赖于 Routing Key 和 Binding Key 的匹配规则。

AMQP 规范中还定义了系统交换器类型和自定义交换类型，一般很少实现，故不展开介绍。

2．RabbitMQ

RabbitMQ 是使用 erlang 语言开发的 AMQP 规范标准实现。ConnectionFactory、Connection、Channel 都是 RabbitMQ 对外提供的 API 中最基本的对象。遵循 AMQP 规范的建议，Channel 是应用程序与 RabbitMQ 交互过程中最重要的一个接口。我们大部分的业务操作是在 Channel 这个接口中完成的，包括定义 Queue、定义 Exchange、绑定 Queue 与 Exchange、发布消息等。

Queue 是 RabbitMQ 的内部对象，RabbitMQ 中的消息都只能存储在 Queue 中，生产者生产消息并最终投递到 Queue 中，消费者可以从 Queue 中获取消息并消费。RabbitMQ 中也通过消息确认和消息持久化的方式避免消费者在没有处理完消息就宕机导致消息丢失的情况发生。

多个消费者可以订阅同一个 Queue。这时 Queue 中的消息会被平均分摊给多个消费者进行处理，而不是每个消费者都收到所有的消息。如果每个消息的处理时间不同，就有可能会导致某些消费者一直在忙，而另外一些消费者在处理完手头工作后一直空闲。我们可以通过设置预获取数量（Prefetch Count）来限制 Queue 每次发送给每个消费者的消息数，比如，我们设置 Prefetch Count 为 1，则 Queue 每次给每个消费者只发送一条消息直到消费者消费完成之后再发送下一条。

RabbitMQ 实现了 AMQP 规范 6 种 Exchange 类型中的 4 种，分别是 Direct、Fanout、Topic 和 Header。通过对各个 Exchange 类型的特性进行灵活的排列组合，实际开发过程中可以实现包括点对点和发布订阅在内的各种消息消费模型。

我们使用消息中间件的主要目的是基于异步的解耦，但实际的应用场景中，我们也可能依赖于一些同步处理。这需要同步等待服务端将消息处理完成后再进行下一步操作。RabbitMQ 中实现同步操作的机制是使用消息头中的两个属性，ReplyTo 和 CorrelationId。ReplyTo 用于告诉服务器处理完成后将消息发送到这个回复 Queue 中，而 CorrelationId 代表此次请求的标识号，客户端将根据服务器回传的 CorrelationId 了解哪条请求被执行成功或失败，如图 5-30 所示。我们在 JMS 规范中同样提到过这两个消息头属性，可见很多设计理念在消息中间件相关的规范和实现中都是相通的。

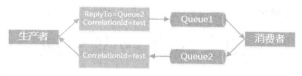

图 5-30　AMQP 同步机制

5.2.4　Kafka

Kafka 并没有使用某种特定的消息传递规范，而是提出了一套针对特定场景的新的设计思想和实现方案。现有消息传递系统一般无法消费大量持久化消息，也只能提供近似实时的数据分析功能。而 Kafka 面向的对象是海量日志和网站活跃数据，通过轻量、精炼的基础架构能够同时处理离线和在线数据。Kafka 的这种设计理念与大数据分析关系密切，目前常被用作 Hadoop 等大数据分析工具的前端数据收集器。

Kafka 基本的设计思想包括：持久化消息，消息具有有效期并被持久化到本地文件系统；支持高流量处理，面向特定的使用场景而不是通用功能；消费状态保存在消费端而不是服务端，减轻服务器负担和交互；支持分布式，生产者/消费者透明；依赖磁盘文件系统做消息缓存，不消耗内存并提供高效的磁盘存取；强调减少数据的序列化和拷贝开销，使用批量存储、发送和 zero-copy 机制。

Kafka 架构如图 5-31 所示，从中我们可以看到 Broker、Producer、Consumer、Push、Pull 等消息传递系统常见概念都能在 Kafka 中有所体现，其中，Producer 使用 Push 模式将消息发布到 Broker，而 Consumer 使用 Pull 模式从 Broker 订阅消息。同时，Kafka 也实现了 Consumer Group 机制，多个 Consumer 构成组结构，消息只能传输给某个 Group 中的某一个 Consumer。也就是说，消息的消费具有显式分布式特性。我们注意到在图 5-31 中还使用到了 Zookeeper，其作用在于实现 Broker 和 Consumer 之间的负载均衡。

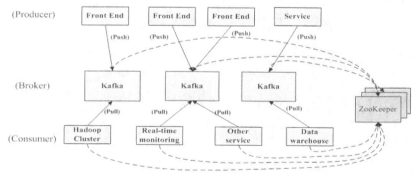

图 5-31　Kafka 分布式环境（引自 Kafka 官方网站）

Kafka 认为处理海量数据的性能瓶颈在于大量的网络请求和过多的字节拷贝。解决消息数量过大的思路是把消息分组，把一组消息批量发给消费者，而字节拷贝则使用 sendfile 系统调用进行优化。传统 Socket 发送文件拷贝需要在内核态、用户态和网卡缓存之间直接进行数据拷贝，而 sendfile 系统调用能够避免内核态与用户态上下文切换工作。

持久化策略上，Kafka 使用 Segment File 日志文件来保存消息，消息直接添加到文件尾部，属于顺序写磁盘，效率非常高。当日志文件大小达到一定阈值时（默认 1G），将会创建一个新文件。而对于删除策略，启动一个后台线程定期扫描，把保存时间超过阈值的日志文件直接删除。

5.3　企业服务总线

　　消息传递系统在很大程度上可以降低系统耦合、缓解系统瓶颈、提升系统可伸缩性和用户体验，并有利于异构系统之间的交互和集成，确保系统架构的灵活性。但消息传递系统也存在一定的问题。试想两种常见场景，当生成者发送的消息中包含某个数字，而业务流程上要求消费者根据数字的大小对消息进行有选择性的消费（见图 5-32（a）），或者所发送的消息格式并不能直接被消费者消费，而是需要一定的转换处理过程时（见图 5-32（b）），消息传递系统就无能为力了，因为消息传递系统的主要功能是传递本身，而不是消息处理。

图 5-32　消息传递的两种场景

　　图 5-33 中的两种场景可以抽象为消息路由（Routing）和消息转换（Transformation）。消息路由和转换需求与应用程序的业务需求有本质区别，代表的是在消息传递过程中的技术需求而非业务需求，所以处理这些需求的代码不应该嵌入到业务逻辑中，而是应该有专门的组件来承载相关的实现。图 5-33（a）和图 5-33（b）中分别引入了中间层用于提供基于内容的中介路由逻辑和格式转换逻辑。这个中间层就是本节中要展开讨论的服务总线。

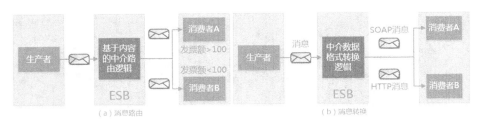

图 5-33　消息路由和消息转换

5.3.1　服务总线解决方案

　　服务总线（Service Bus）本质上是一种系统集成（System Integration）组件，用于解决分布式环境下的异步协作问题，可以看作是对消息传递系统的扩展和延伸。我们将在消息传递系统的基础上通过以下六大问题对其做进一步分析。

- 数据单元如何统一？
- 消息传递媒介如何决定通信？
- 数据如何进行过滤？
- 数据如何到达目标应用系统？

- 数据如何在异构系统之间进行适配？
- 应用系统如何与消息系统进行交互？

消息由包含消息系统元数据的消息头和包含领域数据的消息体所构成，是消息传递系统的统一数据单元。这点在上一节中已经明确。消息的生产者和消费者之间通过类如 Queue 或 Topic 等逻辑结构进行交互。我们可以把这种逻辑结构抽象成一种通道（Channel）。通道是通信的逻辑地址，应用系统通过特定通道进行连接，更为重要的是通道充当了管道的角色。管道-过滤器（Pipe-Filter）体系的特点就是能够将小系统复合成大系统，如图 5-34 所示，原始消息可以通过一层层的管道和过滤器的组合完成解密、认证和去重的功能。

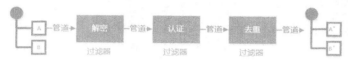

图 5-34　管道-过滤器体系在消息传递中的应用

关于数据如何到达目标应用系统，我们可以使用路由器（Router）在一个位置上维护消息目标地址并基于消息本身或上下文进行路由，如图 5-35（a）所示。转换器（Transformer）用于异构系统之间进行数据适配，数据结构、类型、表现形式、传输方式等都是潜在的需要转换的对象。上述关于消息的通信、过滤、路由、转换等功能构成了服务总线系统的基本需求。在实现上，服务总线通常属于应用程序的一个部分，但应用系统应该与服务总线系统分离，端点（Endpoint）封装了应用系统与服务总线系统的交互，如图 5-35（b）所示。

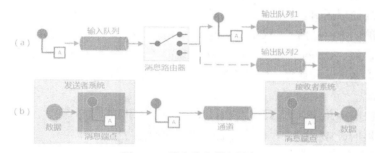

图 5-35　消息路由器和端点

对消息传递六大问题的剖析引出了服务总线的整体解决方案，如图 5-36 所示。本节内容围绕这些问题对服务总线中的核心组件展开讨论。服务总线是一种分布式异构后端、前端系统中间层软件服务，能够隐藏复杂性、简化访问，通过通用且规范的查询形式实现对服务的封装、重用、组合、调度。

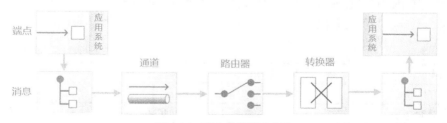

图 5-36　服务总线解决方案

1. 消息通道

消息通道的基本模型如图 5-37 所示，模型虽然很简单，但可以引出的问题有很多。这些问题和对应的答案如下。

- 通道是单向还是双向？单向。
- 一个系统需要多少通道？很多。
- 一种通道是否可以传输多种数据类型？可以。
- 一条消息有几个消费者？一个或多个。
- 消费者主动还是被动？都可以。
- 生产者/消费者速率不同怎么办？通道缓存。
- 通道断了怎么办？通道持久化。

图 5-37　通道基本模型

从通道类型上讲，点对点通道（QueueChannel）和发布-订阅通道（PublishSubscribeChannel）是最基本的两种类型。但也有一些专用的通道，如一种数据类型对应一种通道的数据类型通道，专门用来保存无法处理的消息的非法消息通道及处理无法传送消息的死文字通道（Dead Letter Channel）。而根据消费者是否主动，可以分为执行 Pull 操作的轮询通道和基于事件响应 Push 操作的订阅性通道，通常用于执行 Pull 操作的通道会带有通道缓存功能，因为 Pull 操作的执行速率因消费者而异。

有了通道，就可以引入通道适配器（Channel Adapter）的概念。通道适配器解决应用程序如何连接到消息系统这一问题。通道适配器包含一个通道和一个处理器（Handler）。该处理器包含应用系统对消息的处理逻辑。从消息系统角度来看，Inbound Adapter 指的是应用程序往消息系统发送消息时使用的适配器，而 Outbound Adapter 则相反。有些场景下，消息系统之间也需要进行连接和交互。桥接器（Bridge）可以解决这方面的需求，因为通道和通道适配器可以连接应用程序和消息系统，那么通道和通道适配器之间的直接连接也就意味着消息系统之间的直接连接。

2. 消息路由

消息路由解决服务总线六大问题中数据如何进行过滤和数据如何到达目标应用系统这两个核心问题。在路由器的设计上面，我们同样面临如下问题。

- 一次处理单条/多条消息？
- 路由结果面向一个/多个目标？
- 路由是否有状态？

围绕上述 3 个问题所得出的答案，我们加以排列组合可以得到多种路由器的表现形式，如表 5-1 所示，其中，有状态的路由器指的就是需要根据消息传递的上下文确定路由结果，通常涉及多个消息，具有较高的复杂性。

表 5-1　　　　　　　　　　　　　　　　　　　路由器总览

路由器	消费消息数	发布消息数	有无状态
内容路由器	1	1	无
过滤器	1	0 或 1	无
接收表	1	0 或 n	无
分解器	1	n	有
聚合器	n	1	有
重排器	n	n	有

（1）内容路由器

内容路由器（Content-based Router）是最简单的路由器，即通过消息的内容决定路由结果。这里的消息内容包括输入消息的消息头属性值、消息体类型及各种对消息体内容的自定义的业务规则，通过内容路由器可以产生一对一的路由效果。

（2）接收表

接收表（Recipient List Router）面向 1 对多的路由需求，当对同一消息进行路由时，特定场景下可能会满足多种路由条件从而产生多个路由结果，如图 5-38 所示。

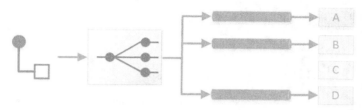

图 5-38　路由表示意图

（3）过滤器

过滤器（Filter）的目的是决定是否将消息流转到下一个环节。如果满足一定过滤条件，则该消息将不会产生任何路由结果。过滤条件同样可以包括复杂的业务流程性内容。

（4）分解器和聚合器

分解器（Splitter）的典型应用场景是消息包含多个元素，而每个元素处理方式不同。这时候我们可以把原始消息分解成多个消息，并通过复制关联标识符（CorrelationId）等公共属性的方式实现分解后消息的关联。

聚合器（Aggregator）往往和分解器一起使用，是分解的逆过程，将独立而又相关的消息组织成整体进行处理。聚合器的实现具有典型的状态性，因为独立消息的个数、到达顺序、相关性等因素都依赖于消息传递上下文。有时候，分解之后的独立消息并不一定能在有限的时间间隔之内都达到聚合器，而聚合器也不可能无限等待。这就需要明确聚合完成策略。常见的聚合策略有等待所有、第一个最好、超时等，图 5-39 所示的就很可能是一个等待所有的聚合完成策略。

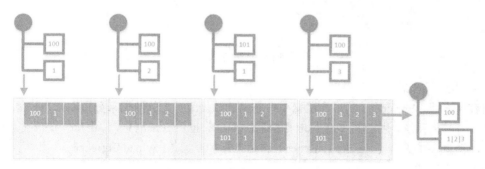

图 5-39　聚合完成策略示意图

分解器和聚合器组合与 Hadoop 中 Map/Reduce 算法有异曲同工之妙，对于数量较大的计算可以通过路由的策略并行执行。这也是解决类似问题的一种思路。

（5）重排器

重排器（Resequencer）应该是最复杂的一种路由器实现，目的是为了将一批乱序到达的消息还原到按照顺序排列的效果。顺序是一种典型的状态性表现形式，要想实现顺序就必须确保消息之间可比较。图 5-40 中的上半部分描述了重排下的场景，而下半部分给出了一种重排实现方案。

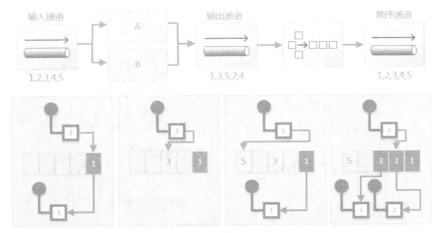

图 5-40　重排器示意图

几种消息路由实现可通过相互组合形成组合处理器，比如，分解器+路由器+聚合器、Pub-Sub 通道+聚合器等是常见的组合方式。

3. 消息转换器

消息转换器（Transformer）解决服务总线六大问题中数据如何在异构系统之间进行适配的问题。服务总线常用于异构系统之间的交互和集成，通过转换可以消除异构系统之间由于数据格式所导致的依赖。最基本的转换思路就是通过一种自定义转换机制进行两种数据结构之间的映射，但有些场景下我们也需要实现基本数据结构转换，并对输入的数据结构进行内容的扩充和过滤。对于消息传递系统而言，消息由消息头和消息体构成。我们也可以把入口消息整个作为消息体构建新的消息，并在新消息中添加特定的消息头形成出口消息。这就体现了消息包装（Message Envelope）思想如图 5-41 所示。这种思想类似于网络传输中的数据包封装过程。

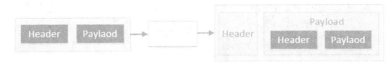

图 5-41　消息包装思想

（1）内容扩充器

内容扩充器（Enricher）就是往消息中扩充新的数据。扩充的数据来源可以来自计算、外部环境和第三方其他系统。扩展的对象可以是消息的消息头也可以是消息体。因此，内容扩充器一般可以分成消息头扩充器（Header Enricher）和消息体扩充器（Payload Enricher）。

（2）内容过滤器

内容过滤器是内容扩充器的对称操作，区别于消息路由中的消息过滤器。内容过滤的目的是去除消息中的某一部分而不是在消息传递过程中过滤掉该消息。

（3）声明标签

声明标签（Claim Check）的作用在于减少传输量和隐藏敏感信息，体现的是一种数据直接传输和间接存储相结合的思想。如果存在一个数据中央仓库保存着量大或安全性要求高的信息，那在消息传递系统过程中我们就可以做到把数据的业务键、消息 Id 或任何唯一性 Id 作为消息进行传递，消息的接收方可以根据该消息反向从数据中央仓库中获取目标数据，如图 5-42 所示。

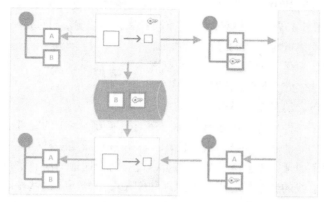

图 5-42　声明标签示意图

4. 端点与消费者

应用系统通过端点与消息系统进行交互，端点是生产和消费消息的媒介，封装消息传递的底层代码。对于端点，我们主要考虑两个问题。

- 同步或异步？
- 单向或双向？

生产消息是一个相对简单的过程，只需要把消息发送到某个通道即可，而消费消息我们要考虑的问题则有很多，比如是使用同步还是异步消费方式、消息如何进行分配和过滤、持久消费、以及应对多次消费的幂等性设计等。由此，诞生了很多不同类型的消费者实现方式。

（1）轮询消费者

如何控制何时消费消息？可以使用轮询消费者（Polling Consumer）。轮询消费者一般是一种同步、基于点对点通道的消费方式，通过消费的速率或者定时操作控制消费时机。在某些特定场景下，可以引入动态算法以控制消费速率，也可以引入多线程的消费机制确保消费过程的高效性。当然多线程机制引入会导致同步操作控制的复杂性或者直接放弃同步特性。

（2）事件驱动消费者

如何让应用自动消费消息？可以使用事件驱动消费者（Event-Driven Consumer）。事件驱动消费者是典型的异步消费者，使用 Pub-Sub 通道并触发应用程序中的回调函数。因为是异步操作，所以无法控制消费速率。

（3）其他消费者

围绕消费场景，我们还可以抽象出一些特定场景下的消费者。例如，消息客户端如何同时处理多个消息？可以使用竞争消费者。消费者如何选择想要消费的消息？可以使用选择性消费者。消费者如何处理重复的消息？可以使用幂等消费者。

对消费者而言，一个重要的主题就是节流（Throttling），即如何控制消费节奏确保应用程序不会因为消息到达的太多太快而被拖垮。轮询是典型的节流机制，竞争消费者和选择性消费者也在一定程序上可以达到限流的效果。

5. 消息网关

我们继续探讨应用系统如何与消息系统进行交互这一话题。当应用程序与消息系统进行交互时，从系统设计的角度讲，我们希望应用程序中的业务代码和用于消息传递的非业务代码耦合度尽量低，也就是说应用程序应该封装对消息系统的访问接口。消息网关（Gateway）就是用来实现这方面的需求。消息网关中应该只包含业务领域层面的接口定义而不应该出现任何和消息传递技术相关的内容，如图 5-43 所示。消息网关也有同步和异步之分，同时是一个双向（Bidirectional）的概念，即一定是一个请求应答式的过程。前面提到的通道适配器也被认为是一种消息网关，消息网关与通道适配器有相似之处，但通道适配器是一个单向的概念，且可以包含消息系统 API。

图 5-43　消息网关

消息网关中还存在一种称之为服务激励器（Service Activator）的组件。该组件用于解决如何使服务统一支持消息和非消息传递技术这一问题。服务激励器是一种同步机制，用于屏蔽通信方式，通常用于连接两个通道并把业务代码作用于通过这两个通道的所有消息。

以上我们对服务总线的各个核心组件的原理和作用做了分析，这些核心组件构成了企业级应用程序集成的主要实现模式[9]。服务总线也可以看做是一种规范，业界基于如何实现服务总线提供了多种第三方工具，如 Mule ESB、Apache Camel 和 Spring Integration。接下去我们就结合 Spring Integration 这一特定工具来进一步理解服务总线的实现机制及相关各个组件的应用场景。

5.3.2　集成化端点

1. Spring Integration

Spring Integration 是 Spring 家族中一员，作为轻量级、松耦合集成框架，与现有 Spring 系统完美融合，支持并扩展主流系统集成模式，并提供众多基础性系统交互端点技术。

（1）消息通道

Spring Integration 把通道抽象成两种基本的表现形式，即支持轮询的 PollableChannel 和实现发布-订阅模式的 SubscribableChannel。这两个通道都继承自具有消息发送功能的 MessageChannel，具体如下。

```
public interface MessageChannel {
    boolean send(Message message);

    boolean send(Message message, long timeout);
}

public interface PollableChannel extends MessageChannel {
    Message<?> receive();

    Message<?> receive(long timeout);
}

public interface SubscribableChannel extends MessageChannel {
    boolean subscribe(MessageHandler handler);

    boolean unsubscribe(MessageHandler handler);
}
```

我们注意到对于 PollableChannel 才有 receive 的概念，代表这是通过轮询操作主动获取消息的过程，而 SubscribableChannel 则是通过注册回调函数 MessageHandler 来实现事件响应。Spring Integration 同时实现了其他几种通道，包括阻塞式队列的 RendezvousChannel。该通道与带缓存的 QueueChannel 都属于点对点通道，但只有等前一个消息被消费之后才能发送下一次消息；PriorityChannel 即优先级队列，而 DirectChannel 是 Spring Integration 的默认通道，该通道的消息发送和接收过程处于同一线程中；另外还有 ExecutorChannel，使用基于多线程的 TaskExecutor 来异步消费通道中的消息。

（2）消息路由

Spring Integration 提供了 PayloadTypeRouter 和 HeaderValueRouter 用于基于内容的消息路由。

当然对于任何需要定制化的路由场景，我们都可以像在 Spring 中注入一个普通的 Javabean 一样把路由逻辑嵌入到路由器中。而支持一对多特性的接收表通过如下配置即可实现。

```xml
<recipient-list-router id="customRouter" input-channel="routingChannel">
    <recipient channel="channel1" selector-expression="payload.equals('foo')"/>
    <recipient channel="channel2" selector-expression="headers.containsKey('bar')"/>
</recipient-list-router>
```

分解器和聚合器一般成对使用。在 Spring Integration 的官方示例中展示了如何通过分解/聚合思想去除输入字符串中多余空格的实现方法，在分解器和聚合器中分别对该字符串中的字符进行处理并最终通过单元测试验证该实现方法的正确性，具体如下。

```xml
<channel id="inputChannel"/>
<splitter input-channel="inputChannel" output-channel="upperChannel">
    <bean class="org.springframework.integration.samples.testing.splitter.CommaDelimitedSplitter"/>
</splitter>
<channel id="aggregationChannel"/>
<aggregator input-channel="aggregationChannel" output-channel="outputChannel">
    <bean class="org.springframework.integration.samples.testing.aggregator.CommaDelimitedAggregator"/>
</aggregator>
<channel id="outputChannel"/>

@Autowired
MessageChannel inputChannel;

@Autowired
QueueChannel outputChannel;

@Test
public void test() {
    inputChannel.send(MessageBuilder.withPayload("  a ,z  ").build());
    Message<?> outMessage = testChannel.receive(0);
    assertNotNull(outMessage);
    assertThat(outMessage, hasPayload("a,z"));
    outMessage = outputChannel.receive(0);
    assertNull("Only one message expected", outMessage);
}
```

为了简化配置，Spring Integration 还提供了链式（Chain）配置方法，如对分解/聚合的配置可以做如下简化。

```xml
<channel id="inputChannel"/>
<chain input-channel="inputChannel" output-channel="outputChannel">
    <splitter ref="commaDelimitedSplitter" method="split"/>
    <aggregator ref="commaDelimitedAggregator" method="aggregate"/>
</chain>
<channel id="outputChannel"/>
```

（3）消息转换

Spring Integration 内置一批基本数据结构转换器，具体如下。

```xml
<object-to-string-transformer input-channel="in" output-channel="out"/>

<payload-serializing-transformer input-channel="objectsIn" output-channel="bytesOut"/>
<payload-deserializing-transformer input-channel="bytesIn" outputchannel="objectsOut"/>

<object-to-map-transformer input-channel="directInput" output-channel="output"/>
<map-to-object-transformer input-channel="input" output-channel="output" type="org.foo.Person"/>

<json-to-object-transformer input-channel="objectMapperInput"
    type="foo.MyDomainObject" object-mapper="customObjectMapper"/>
```

SpEL（Spring Expression Language）是 Spring 框架中功能强大的表达式语言，同样可以方便地应用到转换器中，具体如下。

```xml
<transformer input-channel="inChannel" output-channel="outChannel"
    expression="payload.toUpperCase() + '- [' + T(java.lang.System).currentTimeMillis() + ']'"/>
```

Header Enricher、Payload Enricher、HeaderFilter 等基于内容的扩充、过滤器工具在 Spring

Integration 中都有提供实现。声明标签的实现依赖于数据存储方案，可以把相应的唯一性标识放在消息头中并结合消息存储一起使用，具体如下。

```xml
<bean id="simpleMessageStore" class="org.springframework.integration.store.SimpleMessageStore"/>
<chain input-channel="claim-check-in-channel" output-channel="claim-check-out-channel">
    <claim-check-in message-store="simpleMessageStore"/>
    <header-enricher>
        <header name="CLAIM_CHECK_ID" expression="payload"/>
    </header-enricher>
</chain>
<chain input-channel="claim-check-out-channel">
    <transformer expression="headers.get('CLAIM_CHECK_ID}')"/>
    <claim-check-out message-store="simpleMessageStore" remove-message="true"/>
</chain>
```

（4）端点与消费者

在开发过程中，事件驱动消费者相对比较简单，通过构建 EventDrivenConsumer 并设置事件处理器即可，具体如下。

```java
SubscribableChannel channel = context.getBean("subscribableChannel", SubscribableChannel.class);
EventDrivenConsumer consumer = new EventDrivenConsumer(channel, exampleHandler);
```

轮询消费者的基本用法如下，表示简单的点对点同步消费过程。

```java
PollableChannel channel = context.getBean("pollableChannel", PollableChannel.class);
PollingConsumer consumer = new PollingConsumer(channel, exampleHandler);
```

同时，轮询消费者可以设置消费速率和时间间隔。基于 Cron 表达式的定时触发器是常见定时实现机制，可以在轮询消费者添加相关设置。也可以通过 Spring 自带的 TaskExecutor 进行多线程消费，具体如下。

```java
CronTrigger trigger = new CronTrigger("*/10 * * * * MON-FRI");
consumer.setTrigger(trigger);

PollingConsumer consumer = new PollingConsumer(channel, handler);
TaskExecutor taskExecutor = context.getBean("exampleExecutor", TaskExecutor.class);
consumer.setTaskExecutor(taskExecutor);
```

（5）消息网关

消息网关的开发流程如图 5-44 所示，首先需要定义一个面向业务领域的接口，然后为该接口提供实现。通过<gateway>配置项指定业务接口和请求通道信息之后，就相当于消息通过请求通道时会自动执行该业务接口的实现类方法。之后，我们在应用程序中只需简单获取业务接口即可使用消息处理所带来的效果。

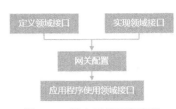

图 5-44　消息网关开发流程

我们通过一个简单的例子来演示图 5-44 中的步骤，领域接口的定义和实现如下，代表简单的乘法运算场景，具体如下。

```java
public interface MathServiceGateway {

    Integer multiplyByTwo(int i);
}
public class MyMathService {
    public int multiplyByTwo(int i){
        return i*2;
    }
}
```

通过<gateway>配置项指定了默认的输入通道：

```xml
<gateway id="mathGateway"
         service-interface="com.sad.esb.gateway.math.MathServiceGateway"
         default-request-channel="names"/>
```

应用程序中，通过领域接口获取网关的实例，并调用业务方法获取网关的处理结果，具体如下。

```
MathServiceGateway mathService =
  context.getBean("mathGateway", MathServiceGateway.class);
System.out.println(mathService.multiplyByTwo(2));
```

服务激励器非常实用，首先提供一个业务层代码，可以看到该代码中没有任何关于消息传递的 API 侵入，具体如下。

```
public class SeatAvailabilityService {
    @ServiceActivator
    public SeatConfirmation confirmSeat(ChargedBooking chargedBooking) {
        Seat seat = new Seat("1A");
        return new SeatConfirmation(chargedBooking, seat);
    }
}
```

然后通过<service-activator>配置指定输入输出通道，通过输入通道的消息就会自动执行以上业务层代码，业务层方法中的入参和出参就相当于是消息中包含领域数据的消息体，具体如下。

```
<service-activator input-channel="chargedBookings"
                   output-channel="emailConfirmationRequests"
                   ref="seatAvailabilityService" />
```

2. 端点集成

服务总线的目的是为了系统集成，虽然通过服务总线的各个组件我们也可以构建丰富的端点实现，但 Spring Integration 这类工具已经提供了大量的集成化端点方便应用程序直接使用。当在各个异构系统之间进行集成时，对于如何屏蔽各种技术体系所带来的差异性，服务总线为我们提供了实现方案。通过通道之间的消息传递，在消息的入口和出口我们可以使用通道适配器和消息网关这两种典型的端点对消息进行同构化处理。Spring Integration 提供的常见集成端点包括 File、FTP、TCP/UDP、HTTP、JDBC、JMS、JPA、Mail、MongoDB、Redis、RMI、Web Services 等，具体实现如下。

```
<file:outbound-channel-adapter id="filesOut" directory="${directory}"/>

<http:inbound-gateway request-channel="request" path="/process/{entId}"
    payload-expression="#pathVariables.entId"/>

<jdbc:outbound-channel-adapter data-source="dataSource" channel="input"
    query="insert into foos(id,name) values(:headers[id],:payload[foo])"/>

<jms:outbound-gateway id="jmsOutGateway" request-destination="outQueue"
    request-channel="outboundJmsRequests" reply-channel="jmsReplies"/>

<mail:outbound-channel-adapter channel="outboundMail"
    host="somehost" username="someuser" password="somepassword"/>

<redis:store-inbound-channel-adapter channel="redisChannel" key="myCollection"
    connection-factory="redisConnectionFactory" collection-type="LIST" >
    <int:poller fixed-rate="2000" max-messages-per-poll="10"/>
</redis:store-inbound-channel-adapter>

<ws:outbound-gateway request-channel="input" reply-channel="reply"
    uri="http://springsource.org/{foo}-{bar}">
    <ws:uri-variable name="foo" expression="payload.substring(1,7)"/>
    <ws:uri-variable name="bar" expression="headers.x"/>
</ws:outbound-gateway>
```

以 JMS 为例，通过消息结构映射、消息类型转换、目标地址与通道之间的转换就可以集成到服务总线。JMS 本身就有消息头和消息体，消息结构映射非常简单。JMS 的目标地址在服务总线中代表的就是一个消息通道。Queue 和 Topic 可以分别对应点对点通道和发布订阅通道。而消息类型转换对于服务总线而言都是消息体。Spring Integration 提供了<jms:outbound-channel-adapter>和<jms:inbound-channel-adapter>分别用于单向的发送和接收消息，也提供了<jms:outbound-gateway>

和<jms:inbound-gateway>用于实现双向的消息传递。

同样作为一种消息中间件，Kafka 在 Spring Integration 中的集成方式就有所不同，Spring Integration 提供了<kafka:outbound-channel-adapter>和<kafka:inbound-channel-adapter>这两个端点，但因为其依赖的组件和配置比较复杂，所以额外提供了<kafka:zookeeper-connect>、<kafka:producer-context>和<kafka:consumer-context>用于支持消息传递上下文。

各个集成端点在使用方式上大同小异，其他端点的设计、实现和使用方式可以参考 Spring Integration 的官方文档和示例。

5.4 数据分析处理

随着大数据时代的到来，批处理（Batch Processing）的相关概念和实现方式得到了长足发展。作为一项基础设施，如何在不需要人工参与的情况下离线、自动、高效地进行复杂数据分析是批处理程序需要考虑的核心问题。批处理与大数据关系密切，MapReduce 算法实际上就是一种离线批处理技术。批处理与消息传递系统关系也很密切，互补和整合是这两种技术体系的应用方法。批处理技术应用非常广泛，数据报表、统计分析、定时任务等场景实际上都可以应用批处理技术。

5.4.1 轻量级批处理

站在最高的抽象层次上，所有批处理的过程都包括读数据、处理数据和写数据三大部分。数据来源和终点可以是文件、数据库、消息队列，而分析、计算、转换并形成结果构成数据处理的功能范围。普通的数据处理技术也可以实现这 3 个步骤，但一些关键特性使得批处理与这些数据数据技术有本质性区别。批处理面向海量数据，要求在实现自动化的前提下还需要保证处理过程的健壮性、可靠性和性能。

为了满足批处理需求，业界也产生了一系列有效的工具和框架，代表性的就是 Hadoop 生态圈中的相关技术。但 Hadoop 技术体系是一种重量级的实现方案，实际应用过程中存在入门门槛过高、学习周期过长、开发和维护困难等问题，对于某些体量并不是特别大的数据报表、统计分析、定时任务类功能需求并不建议使用。我们希望找到一种轻量级实现方案来支持日常批处理功能。本节我们首先来看一下轻量级批处理技术的相关设计理念。

1. 批处理基本架构

（1）分层

分层结构上，批处理架构可以抽象为 3 个主要层次，即基础架构层、核心层和应用层，其中，基础架构层提供了通用的读、写、处理服务，是对各种数据媒介的操作封装；核心层关注于批处理的执行过程，包括对批处理任务和流程的抽象及如何启动、控制这些任务与流程；应用层则包含应用程序需要实现的业务代码。

（2）建模

我们把批处理的最小对象称为一个任务（Job），每个 Job 可以包含一个或多个步骤（Step），每个 Step 负责与具体的外部媒介交互并产生计算结果。一个 Job 的启动和关闭应该有专门组件进行控制。该组件称为任务控制器（Job Controller）。在批处理执行过程中，所有关于 Job 和 Step 的上下文信息都应该进行持久化确保进行监控和后续处理，持久化机制的抽象就是任务仓库（Job Repository）。围绕任务所展开的模型如图 5-45 所示。

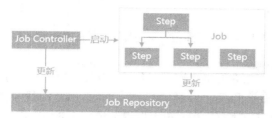

图 5-45　批处理模型

对于任何一个 Job，运行过程中都存在一种一对多关系，即 Job 的定义应该只有一份，但可以有多次执行。这种设计理念的原因在于任何一个 Job 都有可能遭遇运行失败的情况。当 Job 一次执行失败之后，可以通过手工或自动的方式尝试再次执行，显然应该把两次执行过程进行区分。我们用 Definition 和 Execution 分别来表示 Job 的定义和执行。

任务控制器起到对 Job 的控制作用，可以根据定义启动和关闭 Job，并对多次 Job 执行进行管理。通常，我们可以用调度器（Scheduler）的方式启动任务控制器以实现自动化，也可以根据需要由外部系统通过各种请求方式提交 Job 执行请求。

对于批处理应用而言，处理的对象并不是一条数据，而是一批数据的集合（Batch）。在读取数据阶段，读取器（Reader）可以单条执行读取操作，并交由数据处理器（Processor）进行转换或过滤处理，但在写数据的过程中，数据写入器（Writer）往往会以 Batch 为基本操作单元，如图 5-46 所示。

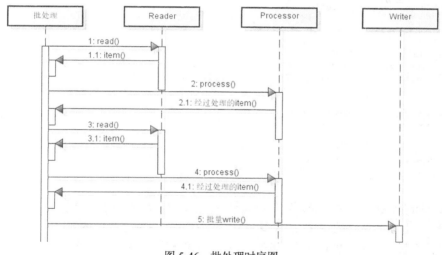

图 5-46　批处理时序图

2. 批处理健壮性

对于批处理应用，健壮性（Robustness）是最核心的非功能性需求，因为长时间、离线处理、自动化等需求促使批处理的过程应该保持在非人工干预下能够有一定的智能化机制。要想实现智能化，首先需要确保对任务的执行过程可跟踪并在产生失败时进行任务重启。健壮性的实现体现在以下 3 种策略。

（1）Skip

Skip 即忽略，对于类如文件中某个数字格式错误等非致命异常，我们认为直接忽略这些异常比停止 Job 更加合适。

（2）Retry

Retry 即重试，对于网络失败或数据库锁等瞬态异常，重试在很大程序上能够确保 Job 的正常执行。

（3）Restart

Restart 即重启，对于因为数据格式错误太多、业务处理异常等任务执行失败场景，Skip 会导致业务逻辑错误而 Retry 显然也不能解决问题，这时候就需要对问题进行修正后重新执行。

以上 3 种健壮性策略可以组合使用，也可以根据特定业务规则在运行过程中把某种策略动态替换成其他策略，比如，当数据格式小于某个界限时，使用 Skip 是合适的，但超过这个界限就认为需要进行 Restart。

5.4.2　Spring Batch

Spring Batch 基于 Spring 和 Java，是一款轻量级批处理框架，实现了批处理的基本架构，并支持批处理健壮性。Spring Batch 内置包括文件、数据库、消息中间件、外部服务在内的多种数据读取和写入机制，也对数据处理过程做了转换和过滤抽象。使用 Spring Batch 可以应用于定期提交批处理任务、按顺序处理依赖的任务、部分处理、批处理事务支持及消息传递等基础设施集成等场景。

1. 批处理基本实现

Spring Batch 的设计理念之一在于以接口形式暴露通用核心的服务并提供了完整的默认实现。Spring Batch 的核心接口如下，分别对应批处理的 3 个主要步骤，可以看到读和处理操作的对象是一个 Item，而写操作则使用 Item 列表。

```
package org.springframework.batch.item;

public interface ItemReader<T> {
    T read() throws Exception, UnexpectedInputException,
        ParseException, NonTransientResourceException;
}

public interface ItemProcessor<I, O> {
    O process(I item) throws Exception;
}

public interface ItemWriter<T> {
    void write(List<? extends T> items) throws Exception;
}
```

ItemReader 实现数据读取，读取对象可以包括文本文件、XML 文件、数据库、服务和 JMS 等多种形式。此处，以文本文件的 Reader 模型为例。该模型包括识别文件中的数据记录并创建领域对象两个部分。固定长度格式、基于间隔符格式、JSON 格式都是 ItemReader 所默认支持的数据记录识别方式。整个模型的类结构如图 5-47 所示。通过内置的一行一个记录、连续字符串中的间隔符、使用"{"和"}"处理 JSON 数据、在一行末尾添加特定字符串作为结束后缀等多种 RecordSeparatorPolicy 可以识别的特定数据格式，然后通过对应格式的 LineMapper 即可获取领域对象，具体如下。

```
public interface RecordSeparatorPolicy {
    boolean isEndOfRecord(String line);
    String postProcess(String record);
    String preProcess(String record);
}
public interface LineMapper<T> {
    T mapLine(String line, int lineNumber);
}
```

通过以下配置可以初始化一个 ItemReader 对象。

```
<bean id="productItemReader" class="org.springframework.batch.item.file.FlatFileItemReader">
    <property name="resource" value="datafile.txt" />
    <property name="linesToSkip" value="1" />
    <property name="recordSeparatorPolicy" ref="productRecordSeparatorPolicy" />
    <property name="lineMapper" ref="productLineMapper" />
</bean>

<bean id="productRecordSeparatorPolicy" class="xxx">
    (...)
</bean>

<bean id="productLineMapper" class="xxx">
    (...)
</bean>
```

对于 XML 而言，Spring Batch 同样内嵌了 JAXB、Castor XML、XMLBeans 和 XStream 等多种 OXM(Object XML Mapping)框架。对于数据库，JdbcCursorItemReader 和 JdbcPagingItemReader 分别支持普通场景和分页场景的数据库查询。集成服务的基本思想是使用适配器模式，而 JmsItemReader 则专门用于读取 JMS 消息。

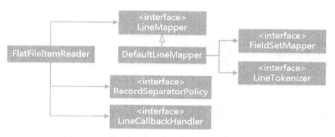

图 5-47　基于文本文件的 ItemReader 模型

ItemWriter 实现数据写入，从接口定义可以看出，数据写入的对象是数组，即一批数据。这点与 ItemReader 不同。Spring Batch 中使用数据块（Chunk）概念来表达 Batch 的含义。数据写入同样支持多种媒介，包括文本文件、数据库、服务、JMS 和邮件等。我们再以文本文件为例分析如何将 Java 对象转换为文件数据。图 5-48 是文本文件的写入过程相关类结构，支持固定格式、间隔符格式和 XML 格式。通过 LineAggregator 可使用 toString()方法、分隔符、格式化等方式实现把一个 Java 对象转换为一行数据的过程。在每行数据写入之后，还可以通过回调为文件添加 Header 和 Footer。

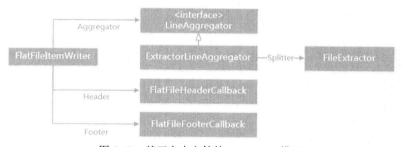

图 5-48　基于文本文件的 ItemWriter 模型

```
public interface LineAggregator<T> {
    String aggregate(T item);
}
```

通过以下配置可初始化一个 ItemWriter 对象。

```
<bean id="productItemWriter" class="org.springframework.batch.item.file.FlatFileItemWriter">
    <property name="resource" value="file:target/outputs/passthrough.txt" />
    <property name="lineAggregator">
        <bean class="org.springframework.batch.item.file.transform.PassThroughLineAggregator" />
    </property>
</bean>
```

对于其他数据媒介，JdbcBatchItemWriter、ItemWriterAdaper、JmsItemWriter、SimpleMail MessageItemWriter 可分别用于实现数据库、服务、JMS 和邮件的写入。

ItemProcessor 代表处理器模型，Spring Batch 中的数据处理有转换（Transformation）和过滤（Filtering）两种主要的场景。转换的形式有多种，基本的数据状态和数据结构转换比较常见，但也可以实现查询驱动的转换，如图 5-49 所示，ItemReader 读取各个对象的 Id，ItemProcessor 就可以通过数据库查询等方式获取整个对象并传递给 ItemWriter。

过滤的目的是决定是否进行 Writer 操作，比如，Process 方法返回 null，就不会触发 Writer。可以通过自定义业务逻辑实现复杂的过滤机制，如图 5-50 所示，基于持久化的判断机制也是一种常见的过滤机制。

图 5-49　ItemProcessor 中的查询驱动转换

图 5-50　ItemProcessor 中的自定义过滤

ItemProcessor 的实现类包括实现自定义 POJO 代理方法的 ItemProcessorAdapter 和提供 Validator 对象的 ValidatingItemProcessor。对于 ItemProcessor，我们可以通过支持 ItemProcessors 链的 CompositeItemProcessor 配置复杂的 Processor 组合方式，具体如下。

```
<job id="readWriteJob">
    <step id="readWriteStep">
        <tasklet>
            <chunk reader="reader" processor="processor" writer="writer" />
        </tasklet>
    </step>
</job>

<bean id="processor" class="org.springframework.batch.item.support.CompositeItemProcessor">
    <property name="delegates">
        <list>
            <ref bean="productMapperProcessor" />
            <ref bean="productIdMapperProcessor" />
        </list>
    </property>
</bean>

<bean id="productMapperProcessor" class="xxx.PartnerProductItemProcessor">
    <property name="mapper">
        <bean class="xxx.SimplePartnerProductMapper" />
    </property>
</bean>

<bean id="productIdMapperProcessor" class="xxx.PartnerIdItemProcessor">
    <property name="mapper">
        <bean id="partnerIdMapper" class="xxx.PartnerIdMapper">
            <property name="partnerId" value="PARTNER1" />
            <property name="dataSource" ref="dataSource" />
        </bean>
    </property>
</bean>
```

Spring Batch 基于 Spring，通过 Spring Batch 命名空间和前缀可以简单实现基于 XML 的配置方式管理批处理流程的定义。一个完整的 Job 配置包括 job、step、tasklet 和 chunk 等内容，具体如下。

```
<job id="productJob">
    (...)
    <step id="productStep">
        <tasklet>
            <chunk reader="productItemReader" processor="productItemProcessor"
                writer="productItemWriter" skip-limit="20" retry-limit="3"/>
        </tasklet>
    </step>
</job>
<bean id="productItemReader" class="(...)">
    (...)
</bean>
<bean id="productItemProcessor" class="(...)">
    (...)
</bean>
<bean id="productItemWriter" class="(...)">
    (...)
</bean>
```

Spring Batch 提供 JobLauncher 接口作为 Job 控制器，通过设置合适的参数即可启动 Job，具体如下。

```
public interface JobLauncher {
    public JobExecution run(Job job, JobParameters jobParameters);
}

ApplicationContext context = (...)
JobLauncher jobLauncher = context.getBean(JobLauncher.class);
Job job = context.getBean(Job.class);
jobLauncher.run(
  job,
  new JobParametersBuilder()
    .addString("inputFile", "file:./products.txt")
    .addDate("date", new Date())
    .toJobParameters()
);
```

Spring Batch 也支持 Spring 容器内部的 Spring Scheduler 和外部 Quartz Scheduler 定时器以自动启动 Job，也支持命令行和外部系统提交 Job 请求等方式来手动启动 Job。无论使用何种方式，都是对 JobLauncher 的封装。

2. 批处理健壮性

Spring Batch 中，Skip 策略可以通过简单配置直接生效，如使用<skippable-exception-classes>配置项就可以指定 Skip 的次数及异常，具体如下。

```
<job id="importProductsJob">
    <step id="importProductsStep">
        <tasklet>
            <chunk reader="reader" writer="writer" commit-interval="100" skip-limit="10">
                <skippable-exception-classes>
                    <include class="org.springframework.batch.item.file.FlatFileParseException" />
                    <exclude class="org.springframework.batch.item.NonTransientResourceException"/>
                </skippable-exception-classes>
            </chunk>
        </tasklet>
    </step>
</job>
```

同时，也可以实现定制化的 Skip 策略支持复杂业务场景，具体如下。

```
<bean id="skipPolicy" class="xxx.skip.ExceptionSkipPolicy">
    <constructor-arg value="org.springframework.batch.item.file.FlatFileParseException" />
</bean>

<job id="importProductsJobWithSkipPolicy">
    <step id="importProductsStepWithSkipPolicy">
        <tasklet>
            <chunk reader="reader" writer="writer" skip-policy="skipPolicy" />
        </tasklet>
    </step>
</job>
```

ItemProcessor 中的过滤器区别于 Skip 策略，其过滤表示不写数据，而 Skip 表示该数据不合法并抛出异常，但也可以在过滤过程中实现 Skip 的效果，具体如下。

```
public interface Validator<T> {
    void validate(T value) throws ValidationException;
}

public class ProductValidator implements Validator<Product> {

    @Override
    public void validate(Product product) throws ValidationException {
        if(BigDecimal.ZERO.compareTo(product.getPrice()) >= 0) {
            throw new ValidationException("Product price cannot be negative!");
        }
    }
}
```

Retry 的使用方式与 Skip 基本一致，但 Restart 的执行会有一些约束条件，只能重启失败的 Job执行，严格按照 Job 失败时状态进行重启并且可以重启很多次。Job 定义在 Spring Batch 中会生成一个 Job Instance，然后每次 Job 执行对应一个 Job Execution，Restart 过程中会根据 Job Instance生成一个新的 Job Execution 并放在 Job Repository 中，如图 5-51 所示。

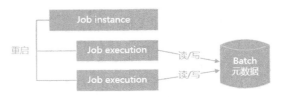

图 5-51　Job Instance 和 Execution

Job Repository 保存批处理运行时的详细信息，支持 In-memory 和 JDBC 两种持久化实现策略。JobInstance、JobParameters、JobExecution 和 StepExecution 是持久化过程使用的基本领域对象，分别代表 Job 的运行实例、运行参数、针对 Job 和 Step 的执行过程。

3. 批处理集成

我们知道系统集成的基本方式有 4 种，分别是文件传输、共享数据库、RPC 和消息传递。在Spring 中，每一种集成方式都能找到对应的实现技术，如表 5-2 所示。Spring Batch 作为 Spring家族的一员与这些技术的集成非常方便。这也是使用 Spring Batch 的一大原因，因为批处理通常都需要与外部环境和系统进行数据交互。

表 5-2　　　　　　　　　　　　　集成方式与 Spring 技术体系

集成方式	Spring 技术体系
文件传输	Spring 资源抽象组件、Spring Batch
共享数据库	Spring 数据访问组件（JDBC、ORM、事务）
RPC	Spring remoting（RMI、HttpInvoker、Hession）
消息传递	Spring JmsTemplate、Spring Integration

在上一节中，我们重点介绍了基于 Spring Integration 的服务总线机制，Spring Integration 面向消息传递，体系了事件驱动思想，而 Spring Batch 基于文件传输，面向批量数据。通常 Spring Integration作用于 Spring Batch 之前，可以通过消息触发启动 Job，如图 5-52 所示。

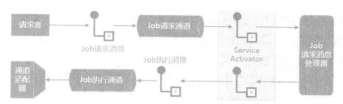

图 5-52　Spring Batch 集成 Spring Integratio

5.5　安全性

我们的系统可能面临着各种潜在的网络攻击手段，包括 XSS 攻击、注入攻击、CSRF 攻击、文件上传漏洞和 DDoS 攻击等。目前，应对攻击的基本切入点有两种，即网络架构和应用程序。

5.5.1　安全性概述

网络架构上，通过内外网分离、硬件+软件、防火墙和网闸等手段可以有效应对网络攻击，如图 5-53 所示。处于内网区域中的服务器通过内网前置机与网闸相连，网闸的另一端是 DMZ（Demilitarized Zone，非军事化区）域的前置机，两台前置机之间的数据传递通过网闸进行硬件级别的隔离。另一方面，DMZ 区域中的前置机通过防火墙暴露 Internet 的入口连接到云服务，用户 APP 最终通过云服务访问业务数据，这其中的防火墙和云服务平台都可以添加安全性控制。当然，网闸、防火墙、乃至云服务都需要花钱购买。我们的思路还是希望能通过软件开发的手段在应用程序级别加强安全性。

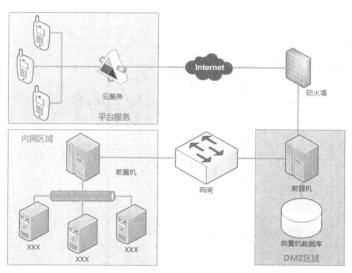

图 5-53　网络架构下安全性示例

应用程序级别的安全控制手段常见的包括信息加密、认证、授权和使用安全性协议。信息加密上，单向散列、对称和非对称加密是代表性技术。单向散列（Hash）加密能够将不同长度的明文转换成固定长度的密文，且转化过程单向不可逆。对称加密中加密和解密使用同一密钥，而非对称加密中加密和解密分别使用公钥和私钥机制。认证（Authentication）和授权（Authorization）的含义比较容易混淆，认证的目的在于回答"你是谁"这一个问题，常见的包括摘要认证和签名认证，而授权在于明确"你是谁"之后进一步明确"你能做什么"，通用的授权模型是对资源、权限、角色和用户的组合。在协议层面也有一些成熟方案，比如，HTTPS（HTTP over Secure Socket Layer）协议能将整个通信过程加密，而 OAuths 协议则通过分布式环境下开放和消费第三方接口解决授权问题。

5.5.2　安全性实现技术

1.　加密算法

（1）单向散列加密

单向散列加密算法常用于生成消息摘要（Message Digest），其主要特点在于单向不可逆和密文长度固定，同时也具备"碰撞"少的优点，即明文的微小差异就会导致所生成密文完全不同。同时，如果直接对明文进行散列，那么黑客可以获得这个明文散列值，然后通过查散列值字典（例如 MD5 密码破解网站）得到其明文，通过加盐（Salt）可以在一定程度上解决这一问题。所谓加盐就是在初始化明文数据时，由系统自动往这个明文里添加一些附加数据，然后再散列，当使用该数据时，系统为用户提供的代码撒上同样的"盐"，然后散列并再比较散列值以判断明文是否正确。这个"盐"值是由系统随机生成的，并且只有系统知道。这样即便在两个不同场景下使用了同样的明文，由于系统每次生成的盐值不同，它们的散列值也不同。单向散列加密及加盐思想被广泛用于在系统登录过程中的密码生成和校验，如图 5-54 所示。常见的单向散列加密算法实现包括 MD5（Message Digest 5）和 SHA（Secure Hash Algorithm），在 JDK 自带的 MessageDigest 类中都已经包含了默认实现，直接调用方法即可。

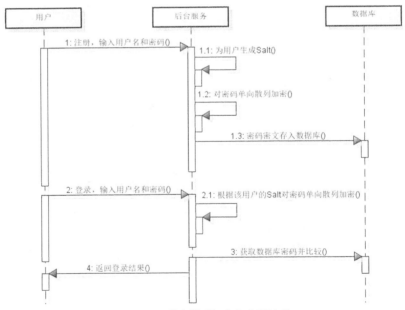

图 5-54　单向散列加密与密码校验

（2）对称加密

对称加密（Symmetric Encryption）中加密和解密采用统一算法，密钥对称。使用对称密钥的优点在于简单、高效、长密钥难破解，但需要确保密钥交换过程的安全性。DES（Data Encryption Standard）和 AES（Advanced Encryption Standard）算法是目前对称加密的主要实现方式。

（3）非对称加密

与对称加密在加密和解密时使用的是同一个密钥不同，非对称加密（Asymmetric Encryption）需要两个密钥来进行加密和解密。这两个密钥分别称为公钥（Public Key）和私钥（Private Key）。在非对称加密中，首先乙方生成一对密钥（公钥和私钥）并将公钥向甲方公开，得到该公钥的甲方使用该密钥对机密信息进行加密后再发送给乙方，乙方再用自己保存的私钥对加密后的信息进行解密，如图 5-55 所示。在传输过程中，即使攻击者截获了传输的密文，并得到了乙的公钥，也无法破解密文，因为只有乙的私钥才能解密文。同样，如果乙要回复加密信息给甲，那么需要甲先公布自己的公钥给乙用于加密，甲自己保存甲的私钥用于解密，甲乙之间使用非对称加密的方式完成敏感信息的安全传输。显然非对称加密实现和密钥管理比较复杂，目前典型的实现有 RSA 算法。

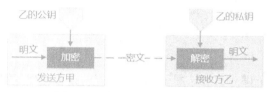

图 5-55　非对称加密过程示意图

以上 3 种加密算法各有其应用场景：单向散列加密主要用于生成信息摘要和随机数，对称加密用于通信加密，而非对称加密用于信息安全传输。同时，算法之间也可以混合使用，比如，可以使用非对称加密传输对称密钥，也可以使用对称加密进行数据加解密。

2. 认证

加密算法是一种基础设施，可以基于各种加密算法完成特定场景下的业务需求，比如认证。Web 应用中 HTTP 请求虽然比较脆弱，抓包工具却很强大，开放环境下对请求和响应进行认证的重要性不言而喻。常见的认证方式有摘要认证和签名认证。

（1）摘要认证

摘要认证中摘要的对象是客户端参数和服务端响应，即在请求-应答式交互过程中，需要站在发生交互的客户端和服务端分别判断对方是否合法。摘要认证的过程也比较简单，即通过 MD5 或 SHA 算法结合加盐机制进行摘要的生成和比对以判断信息是否被篡改。整个认证就是一个客户端参数摘要生成→服务端参数摘要验证→服务端响应摘要生成→客户端响应摘要验证的闭环交互过程。

以客户端参数摘要生成→服务端参数摘要验证过程为例，图 5-56 分别展示了客户端和服务端的处理方式。这里需要考虑的点在于如何保证客户端和服务端使用同一个 Salt。服务端可以在认证之前通过某种方式把 Salt 发给需要接入的客户端。服务端响应摘要生成→客户端响应摘要验证的过程与此类似，不在重复展开。

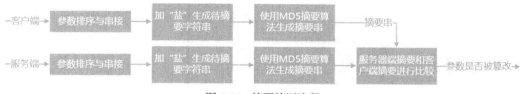

图 5-56　摘要认证流程

（2）签名认证

摘要认证的主要问题就是如何防止 Salt 泄露，而签名认证则不使用 Salt，基本思路是使用非对称加密算法加密数字摘要，是混合算法的一种具体应用。同摘要认证一样，签名认证也通过客户端参数签名生成→服务端参数签名验证→服务端响应签名生成→客户端响应签名验证完成闭环。客户端参数签名生成→服务端参数签名验证的流程如图 5-57 所示，摘要认证中通常使用 MD5withRSA 和 SHA1withRSA 等算法组合。

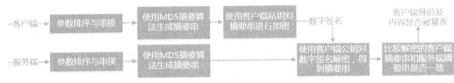

图 5-57 签名认证流程

3. 协议

（1）HTTPS

摘要认证和签名认证能够对信息的发送方和接收方的身份进行有效验证，但敏感信息仍然以明文方式在网络上传递。HTTPS 协议通过对整个通信过程加密的方式确保敏感信息不被泄漏，可以把 HTTPS（HTTP over SSL）看做是 HTTP 协议加上 SSL/TLS 的结合体。

SSL/TLS 协议的基本思路是采用公钥加密法，也就是说，客户端先向服务器端索要公钥，然后用公钥加密信息，服务器收到密文后，用自己的私钥解密。因为需要对整个通道的所有信息进行加密，而非对称加密计算量太大导致加密效率过低，SSL/TLS 协议的做法是针对每一次会话（Session），客户端和服务器端都生成一个会话密钥（Session Key），用它来加密信息。由于会话密钥是对称加密，所以运算速度非常快，而服务器公钥只用于加密"对话密钥"本身。这样就减少了加密运算的消耗时间。这样 SSL/TLS 协议的基本过程就分成 3 步，即客户端向服务器端索要并验证公钥→双方协商生成对话密钥→双方采用对话密钥进行加密通信，其中，前两步又被称为握手阶段（Handshake）。

SSL/TLS 协议的握手阶段非常复杂，如图 5-58 所示。JSSE（Java Secure Socket Extension，Java 安全套接字扩展）是 SSL 和 TLS 的纯 Java 实现，通过它可以透明地提供数据加密、服务器认证、信息完整性等功能，如同使用普通的套接字一样使用安全套接字，大大减轻了开发者的负担。通过 OpenSSL 等工具可以生成 KeyStore，然后利用 JSSE 提供了 SSLSession、SSLContext、KeyManagerFactory、TrustManagerFactory 等核心类即可使开发者很轻松将 SSL 协议整合到应用程序中，并且 JSSE 能将安全隐患降到最低点。

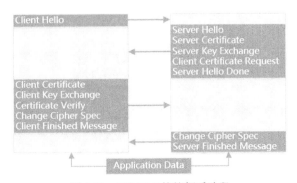

图 5-58 SSL/TLS 协议握手阶段

（2）OAuth

OAuth 是 Open Authorization 的简称，面向 SOA 和 ESB 等分布式场景下开放和消费第三方接口，用户平台商保障用户私有数据合法访问。OAuth 协议解决的是授权问题而不是认证问题。在应用过程中，不需要账户信息访问第三方应用，平台商通过 OAuth 协议对第三方应用进行授权，从而使第三方应用、用户和授权平台形成一个整体。OAuth 协议的工作流程如图 5-59 所示。

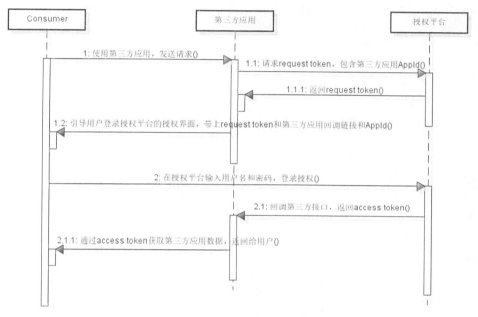

图 5-59　OAuth 协议时序图

OAuth 协议的实现体系比较复杂，综合应用摘要认证、签名认证、HTTPS 等安全性手段，需要提供 Token 生成和校验、分布式 Session 和公私钥管理等功能，同时需要开发者入驻并进行权限粒度控制。一般情况下，我们可以借助 Apache Oltu、Spring Security for OAuth 等工具来搭建OAuth 平台。

5.6　本章小结

架构实现的过程也是一个层次化的过程。系统架构的实现层次如图 5-62 所示。除了前端架构之外的其他所有分层架构在本章中都有所体现。

图 5-60 中，应用层架构包括第 3 章中的领域建模，也包括本章中的系统集成。服务层架构涵盖第 4 章中的分布式服务及本章中的分布式消息、分布式缓存和服务总线。关系型数据库、NoSQL、缓存系统等都属于存储层架构。服务器架构方面在本章中主要介绍了 Nginx 这一代表性反向代理服务器。数据处理架构和安全性架构作为两个辅助性架构也在 5.4 节和 5.5 节中做了详细介绍。

图 5-60　系统架构实现技术体系

　　至此，关于软件架构设计知识体系，我们已经全部介绍完毕。从下一章开始，我们将探索软件架构设计系统工程领域，从系统工程的维度为程序员向架构师转型提供思路、方法论和工程实践。

第三篇
软件架构设计系统工程

本篇内容

本篇侧重于对架构实现过程的描述。本篇共计 3 章，相关内容如下。

1. 软件工程学

从包括软件实现、项目管理和过程改进在内的系统工程三段论出发梳理软件开发过程，重点阐述架构师角色与这些开发过程的关系及发展方向。同时，对业务架构系统建模和项目过程透明化管理提供了案例分析。

2. 敏捷方法与实践

从工程实践和过程管理两个角度对敏捷方法中具有代表性的极限编程和 Scrum 框架进行介绍，并分析敏捷开发中架构师角色所起到的作用和发展方向。该章同样提供了关于如何进行敏捷回顾和识别消除研发过程相关的案例分析和方法提炼。

3. 软件交付模型

该章关注软件开发完成之后的过程管理，从配置管理和持续集成角度提供进行软件交付的方法论和工程实践，并梳理完整的交付工作流。

本篇与上一篇中介绍的架构实现技术一起构成了架构师所需掌握的转型所需的"硬"技能体系。

思维导图

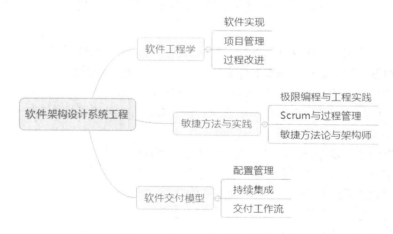

第6章
软件工程学

围绕一个软件系统所展开的所有过程都可以用图 6-1 中的最高视图来进行概括和抽象，即软件系统是从客户需求出发到客户满意度为止的一种表现媒介。客户需求和客户满意度应当一致，关于软件系统如何实现这种一致性，我们有两个问题需要解决。

图 6-1　软件开发过程的最高视图

- 客户需求如何通过软件系统来表达？
- 软件系统的实现过程如何能够满足客户的要求？

第一个问题的提出意味着软件系统需要能够承载所有客户提出的业务功能，通过软件开发的手段把抽象的需求转化为实际可以触碰的软件。但是提供最终可以运行的、功能完备的软件并不一定能够满足客户需求，因为软件开发过程本身也是一种约束关系，即不可能在不限成本、不限时间的条件下完成对系统的实现。软件工程的提出本质上就是为了解决这两个问题。

软件工程（Software Engineering）是一门交叉学科，结合前面提到的两个问题，一方面软件工程体现在软件开发技术，软件开发方法学、软件工具和软件工程环境及系统架构设计的方方面面都属于这一范畴；另一方面，软件工程还体现在软件的工程性管理，包括软件的开发过程和软件经济学等内容。

6.1　软件工程学概述

关于软件工程的定义，业界有几种代表性说法。一种认为，软件工程是一种层次化技术，从工具到方法再到过程构成了一个完整的体系。也有人认为软件工程是目标、过程和原则的结合体，通过选取适宜的开发模型、采用合适的设计方法、提供高质量的工程支持等原则，并结合组织性过程可以确保系统的可用性、正确性和适宜性。整体而言，这些定义虽然角度和措辞有所不同，但都指出软件工程是一项系统工程。

从系统工程角度，软件开发可以分成三大部分，即软件工程的组成三段论，如图 6-2 所示。软件实现主要回答"客户需求如何通过软件系统来表达"这一问题，包括需求工程和软件设计两大部分；项目管理则从范围、时间、成本等角

图 6-2　软件工程的组成三段论

度出发讨论如何在一定的约束条件下实现系统，包括计划和估算管理、质量与配置管理、风险与团队管理等内容；而过程改进则围绕软件开发的过程，提出持续优化的方法和实践确保得到令人满意的结果。

软件工程围绕软件生命周期进行展开。经典的软件生命周期包括可行性研究、需求分析、概

要设计、详细设计、编码、测试、发布、维护等各个环节。通常，我们以详细设计为界限把软件工程的环节分成上游工程和下游工程两大部分。同时，围绕如何组织这些环节也有一批软件生命周期模型，例如瀑布模型、敏捷模型等代表性表现形式。

规范就是解决"什么人在什么时候该做什么并有什么结果"的问题，可以从流程角度出发对软件工程进行解读。人的因素体现在角色分工，而活动定义规定或建议每个角色应该在某个阶段做什么样的事情，提交并对活动的结果作出判定。同时，通过工作流和沟通，可以明确软件开发的各个环节是如何衔接的及不同角色的个人之间的交互和协调方式。

变化是软件工程中一个永恒的主题，没有一成不变的软件系统，也没有一成不变的用户和市场。所以通过管理需求来限制外在的变化对开发的影响、通过控制开发过程来限制内在的变化对开发的影响、通过持续过程改进来提升应对变化的整体能力也是对软件工程的另一种解读。

集成才是硬道理。从广义上讲，软件系统开发就是一个不断集成的过程，从前端到后台、从基础设施到应用、从内部方法到第三方服务本质上都是集成。软件系统就要及早集成，从降低项目风险、促进团队协作和管理计划安排的角度出发，通过界面集成、数据集成、业务集成和流程集成等手段推动软件开发工作的不断演进也是软件工程从集成角度的表现。

软件工程是一门系统工程，我们对于软件工程的讨论思路在于从软件工程的组成三段论出发，侧重思想和方法论，并提供一定案例分析。

6.2 软件实现

软件的实现过程抛去编码、测试、集成等下游工程内容，主要体现在需求工程和软件设计这两个方面。需求工程包括可行性研究和需求分析，而软件设计则包括概要设计和详细设计。作为架构师，我们的关注点在于如何对客户需求进行分析和管理，并建立能够进入下游工程的系统模型。

6.2.1 需求工程

需求是对软件的描述，规定软件的功能及其运行环境。根据 Carnegie-Mellon 大学软件工程研究院提供的数据，如表 6-1 所示，项目失败的十大原因中，与需求相关的"不充分的需求规范"和"需求的改变"排在前两位，意味着我们需要对需求有足够的重视，因为需求本身也是一项工程。

表 6-1　　　　　　　　　　　　　　项目失败的原因

编号	十大因素	影响指数
1	Inadequate requirements specification（不充分的需求规范）	4.5
2	Changes in requirements（需求的改变）	4.3
3	Shortage of systems engineers（缺乏系统工程师）	4.2
4	Shortage of software managers（缺乏了解软件特性的经理人）	4.1
5	Shortage of qualified project managers（缺乏合格的项目经理）	4.1
6	Shortage of software engineers（缺乏软件工程师）	3.9
7	Fixed-price contract（固定价合同）	3.8
8	Inadequate communications for system integration（系统集成阶段，交流与沟通不充分）	3.8
9	Insufficient experience as team（团队缺乏经验）	3.6
10	Shortage of application domain experts（缺乏应用领域专家）	3.6

需求工程中，经常会提到问题空间（Problem Space）和解空间（Solution Space）的概念。所谓问题空间，指的是被开发系统的应用领域，即在现实世界中由这个系统进行处理的业务范围。解空间则指可以在问题域内产生某种效果的系统，而构成软件需求的正是这些想要获得的效果，也正是为何做软件需求的原因和目的。问题空间与解空间的关系如图 6-3 所示。通过分析问题空间，我们探求的就是找到问题空间和解空间之间的接口从而能够对解空间进行设计和实现。

1. 需求层次

如同软件架构，我们对需求进行分析之后会发现其同样具备一定的层次性。层次性的产生原因一方面在于需求抽象的过程，另一方面也取决于需求传递过程中所流转的角色和媒介。从图 6-4 中可以看出，业务需求位于整个需求层次的最上层，代表的是客观存在的业务实体本身，反映了组织机构或客户对系统、产品高层次的业务利益和目标要求。但业务实体只有被抽象成用户需求才能被识别，也才能从用户角度被验证，用户需求描述了用户使用产品必须要完成的任务。它们在用例（Use Case）和情景描述（Scenario）中予以说明。系统需求描述了系统中各个方面的需求，包含硬件、软件和其他关联系统，更多站在技术人员的角度看问题，把用户需求转变为可供编码实现的系统模型。

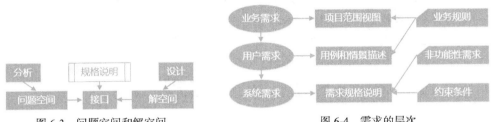

图 6-3　问题空间和解空间　　　　　图 6-4　需求的层次

需求的不同层次分别会有不同的需求表现形式，从最初的项目视图和功能范围，到功能用例，再到详细的软件需求规格，需求的粒度逐步细化，而对功能的描述也从纯粹的功能性需求转变到功能性需求和非功能性需求的结合体。所谓功能性需求，指的是项目中具体需要或不需要提供的功能和内容，而非功能需求则代表项目中为满足客户业务需要必须达到的一些特性，典型的包括系统性能、可靠性、可维护性、可扩充性及对技术与业务方面的适应性。这些非功能性需求的提炼依赖于对功能性需求的充分理解和分析，也是架构师的一项关键职责。

2. 需求开发

需求同样是一个开发的过程，从获取需求到需求的最终验证，需求开发构成了一个闭环框架，如图 6-5 所示。

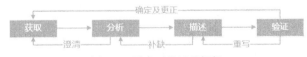

图 6-5　需求开发过程框架

（1）需求获取

需求获取的手段包括访谈、工作坊（Workshop）、焦点小组（Focus Group）、观察、问卷调查、系统接口分析和用户界面分析等。架构师通常是这一过程的参与者而不是主导者，但为了更好地理解需求，架构师有时候也会以一定正式或非正式的形式组织需求获取活动。

（2）需求分析

需求分析的基本手段是使用用例方法来理解用户需求。用例在表示上应该有一定的统一规范，一个唯一的 Id 和一个简洁的名称、一个说明表示用例的意图的简短文字、开始执行用例的出发条件、用例开始需要满足的零个或多个前提条件、一个或多个后置条件表示用例成功完成后系统的状态等构成了用例的基本要素。

（3）需求记录

需求记录的媒介就是软件需求规格说明（Software Requirements Specification，SRS）。SRS 用于阐述软件系统必须具备的功能、性能、特征和必须遵循的约束，是后续项目规划、设计和编码的基础，也是系统测试和用户文档的基础。SRS 一般建议包含用户界面设计但不应该包含设计、构建、测试或项目管理方面的细节。

在需求进行记录的过程中，务必确认需求的优先级。确定优先级的技术也有很多，典型的包括入选与落选策略、两两比较并排序、MoSCow 法、四象限法、价值/成本/风险模型等。四象限法如图 6-6 所示，对于现实中的任何事物处理方式上都包括重要性和紧急性两个维度。显然我们对不同维度会采用不同的需求处理方式。四象限法偏重于定性判断，而价值/成本/风险模型则是一种定量模型：通过列出所有功能需求，先计算客户代码估算需求的相对收益和相对损失（即不开发该需要带来的损失程度），得到的相对收益+相对损失即是需求的总价值，然后开发人员估算需求的相对成本和每个功能的技术风险，得到优先级=价值/（成本+风险）%。

（4）需求确认

需求确认的基本思想是评审（Review），通过评审会议对每一个需求利用检查表（Checklist）思想进行确认。

通过以上流程获取的需求可能还会面临很多问题，典型的包括不适当的需求，无足够用户参与、忽略用户分类、用户需求的不断增加、模棱两可的需求说明、不必要的特性（镀金）、过分精简的规格说明等。这些问题中部分可以在开发阶段进行解决，而剩下的则需要依靠需求管理的理念和方法。

3. 需求管理

需求管理本质在于明确变更控制与边界，即当需求开发完成之后，如何应对业务变更导致的影响。在需求管理中存在一种重要概念，即需求基线（Baseline）。需求基线是客户认可的一个需求集合，通常作为某一具体的计划发布版本的内容。基线中的需求处于配置管理之下，后续的变更只能通过定义的变更控制流程进行。要实现这一目标，需求和代码一样也需要版本控制。需求基线、需求版本及需求开发和管理的边界如图 6-7 所示。关于配置管理我们在第 8 章中还会具体展开。

图 6-6　四象限法　　　　　　　　　　　图 6-7　需求变更与基线

6.2.2　系统建模与案例分析

架构师使用模型来表述系统，从需求的层次上，建模的主要对象是系统需求。而模型是一个抽象概念，需要借助于特定工具进行表述，目前使用最广泛的建模工具是 UML。

1. UML

UML（Unified Modeling Language，统一建模语言）为面向对象软件设计提供统一的、标准的、可视化的建模语言，适用于描述以用例为驱动，以体系结构为中心的软件设计的全过程。UML的定义包括 UML 语义和 UML 表示法两个部分。UML 对语义的描述使开发者能在语义上取得一致认识，消除了因人而异的表达方法所造成的影响。而 UML 表示法则定义 UML 符号，为开发者或开发工具使用图形符号和文本语法进行系统建模提供了标准。

UML 模型在构成上是对事物及关系的图形化。UML 中的事物包括类、接口、用例、组件和节点等结构事物，也包括交互、状态机等行为事物。关系在 UML 中体现为继承、实现、依赖、关联、聚合和组合等六大表现形式，基本与面向对象方法中的关系一致。UML 提供了 9 种图形来表述这些事物和关系。基于事物的结构和行为特征，这些图也可以分成从结构和行为两个大类。各个图的定义及分类可参考表 6-2。

表 6-2   UML 图

名称	描述	小类	大类
类图	类以及类之前的相互关系	静态图	结构
对象图	对象以及对象之前的相互关系		
组件图	组件及其相互依赖关系	实现图	
部署图	组件在各个节点上的部署		
时序图	强调时间顺序的交互图	交互图	行为
协作图	强调对象协作的交互图		
状态图	类所经历的各种状态	行为图	
活动图	工作流程的模型		
用例图	需求捕获和描述	用例图	

软件实现包括上游工程和下游工程，从图 6-8 中的 UML 图之间的关系可以看出，使用 UML进行系统建模包含了上游工程中的需求分析、概要设计和详细设计，意味着从需求到设计我们都可以借助于 UML 来实现系统模型。

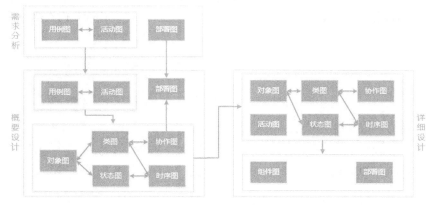

图 6-8   UML 图关系

2. 用例建模

UML 中提倡以用例为中心组织需求，用例建模可以分为提取用例和描述用例两个主要步骤。

（1）提取用例

开发用例模型的第一步是识别角色，可以通过向用户提问来识别角色，如谁使用系统提供的主要功能（主要角色）、谁来维护和管理系统（次要角色）、谁需要借助于系统完成日常工作任务、系统需要控制的硬件设备有哪些、系统需要与其他哪些系统交互、系统从哪儿得到信息、对系统产生的结果感兴趣的人或事是哪些等都可以达到这一目的。识别角色的过程中要注意不能把目光只专注于人身上。

所谓用例，简单地讲就是做一件事情。做一件事情需要做一系列的活动，可以有很多不同的方法和步骤，也可能会遇到各种意外情况。因此很多不同情况的集合构成了场景，一个场景就是一个用例的实例。一个用例是用户与软件系统之间的一次典型交互作用。在 UML 中，用例被定义成系统执行的一系列动作，也就是系统功能。

用例从场景执行者角度出发，采用动宾短语描述。用例分两种，一种是业务用例，在系统建模的初始阶段使用，面向用户；另一种是系统构建阶段的系统用例，面向设计人员。用例的好坏对后续的建模工作影响很大，在设计用例时，确保用例可观测，也就是说用例止于系统边界，用例执行应该具有由系统生成的结果值，同时用例能够由角色观测，代表业务语言和用户观点。

用例粒度的把握是一个难点，系统应当具备一定数量的用例实例，但切忌粒度过细，不应该把一个步骤、系统活动或 CRUD 操作当做用例。如果对 ATM 进行建模，支持跨行业务、3 次错误吞没卡片并不是用例，因为这只是一种业务规则，用于限定业务的范围；插入卡片、输入密码、选择服务同样不是用例，因为这些都是过程步骤，不是完整目标；警示骗子同样不是一个合理的用例，因为已经超出了边界范围；而取钱、存钱、挂失卡片、交纳费用等才应该被提取成用例。

按照 UML 中的规范，用例图中可以使用用例、角色、关联、注释等元素，而用例之间的关联又可以分为直接关联、扩展（Extend）、包含（Include）和泛化（Generalization），其中，扩展用于分离扩展路径，包含用于提取公共步骤便于复用，泛化则是指同一业务目的的不同技术实现。包括常见用例元素的示意图如图 6-9 所示。

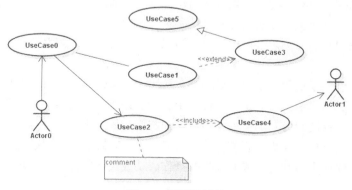

图 6-9　用例图元素

（2）描述用例

系统用例提取之后形成了用例图，但仅仅依靠用例图表现力往往不足，通常都需要在用例图的基础上添加用例描述。每个团队可能都有用例描述的具体方法，但都大同小异，用例名称、用例标识、涉及的角色及基本描述是必要元素，间隔调整的规格说明则还包含前置条件（Pre Conditions）、后置条件（Post Conditions）、正常事件流（Flow of Events）、备选事件流（Alternate Flow）及其他功能需求、设计约束、尚存在的问题等内容。我们还是通过如下 ATM 取款用例来展示用例描述方法。

用例编号：001

用例名：ATM 取款

用例描述：储户使用信用卡，在 ATM 上取款

角色：储户

前置条件：ATM 机器处于正常准备状态。后置条件：若成功，则储户取出钱，账户上扣除钱；若失败，储户没有取到钱，账户上钱数不变。

正常事件流

储户插卡→ATM 提示输入用户口令→储户输入口令→ATM 口令验证通过，提示输入钱数→储户输入钱数→ATM 进行钱数有效性检查，提示操作成功，吐出卡和钱→储户取走卡和钱→ATM 屏幕恢复为初始状态。

备选事件流

① ATM 验证用户口令不通过：ATM 给出提示信息，并吐出信用卡→储户取出卡→ATM 屏幕恢复为初始状态。

② ATM 验证用户输入钱数超过 3000：ATM 给出提示信息，并吐出信用卡→储户取出卡→ATM 屏幕恢复为初始状态。

3. 静态建模

静态建模的目的是识别系统的静态元素及它们之间的关系，根据开发系统的静态结构需要创建类图和对象图。类图用需要出现在系统内的不同的类来描述系统的静态结构，包含类和它们之间的关系。类名、类的属性和类的操作是类图的基本组成。对象则对应于真实世界中的某个客观实体，所有的对象都是有唯一标识的独立实体。对象图描述一段时间里特定实例的静态结构。静态建模的主要产出一般是类图。

在定义类的时候，将类的职责分解成为类的属性和方法。类在类型上可以分为实体类（Entity）、边界类（Boundary）和控制类（Control）。实体类和边界类的划分与第 3 章介绍的领域驱动设计思想完全一致，映射需求中的每一个实体而得到的类称为实体类，实体类保存要进行持久化的信息，而信息需要在用例内、外流动，边界类就用于实现信息映射。另外，控制类的作用在于识别控制用例工作的类。

围绕类和对象展开的静态建模过程可以分为识别类、确定类的属性和操作、确定类之间的关系 3 个步骤。

识别类的基本思路是从用例视图中寻找类，从用例的事件流开始，查看事件流中的名词和动宾短语以获得类。具体做法上可以是从事件流中寻找名词或名词词组，将性质相同的归为一类，或性质内容值正负相反的归为一类，去除不恰当的与含糊的类别，去除可以作为类属性或方法的项目，然后给按照一定规范这些类取个合适的名字。上一节的 ATM 取款用例中，储户和 ATM 显然是两个实体类，输入卡号和金额界面及提升操作成功或失败的界面是边界类，输入金额合法性校验则属于控制类。

一个类具有很多属性和操作，对于另外一个外部对象来说，类的属性和操作都具有可见性。类包装了信息和行为。这些信息称为属性。属性主要提供给方法使用，方法也就是操作。类之间的关系包括继承、实现、依赖、关联、聚合和组合。这些关系之间的综合应用可以构成复杂的静态模型图。在本节后续的案例分析中会看到相应的示例。

4. 动态和架构建模

（1）动态建模

UML 中包括 4 种动态建模图，分别是时序图、协作图、状态图和活动图。时序图表示类之间

的交互，这种交互代表了类之间消息交互的顺序。协作图表示类的集合和这些类发送和接收的消息，即类与它们之间的交互。状态图表示类的行为，在执行动作时它描述类的状态和响应。活动图描述类的活动，可以用于表示多个类的状态及它们之间的关系。

时序图和协作图可以合称为交互图。交互图常常用来描述一个用例的行为，显示该用例中所涉及的对象及这些对象之间的消息传递情况。交互图的基本内容元素包括对象和消息，创建创建交互图的过程也就是寻找对象、寻找角色和添加消息的过程。在表述上，时序图是一种二维图，纵向是时间轴，横向轴代表了在协作中各独立对象的类元角色，着重体现对象间消息传递的时间顺序，而协作图则强调参与一个交互对象的组织。

状态图描述一个对象在其生命周期中的行为。状态节点通过转移连接的图，描述了一个特定对象的所有可能状态，以及由于各种事件的发生而引起状态之间的转移。当对象的状态数目有限时，就可以用状态图来建模对象的行为。状态图显示了单个类的生命周期，通常由初始状态、终止状态、活动及活动之间的转换过程所组成。

活动图也就是通常所说的流程图，使用流程来描述用户事件流，包含状态、分支等要素。活动图中也可以添加泳道（Swimlate），添加了泳道的活动图更能从角色维度区分流程接口的所属关系。

（2）架构建模

组件图很大程度上代表了软件系统实现的不同方面，包含模型代码库、可执行文件、运行库和其他组件的信息。组件是代码的实际物理模块，UML 中的组件图显示组件及它们之间的依赖关系，可以用来表现程序代码如何分解成模块或组件的。组件间的关系取决于组件中类的关系，有泛化关系和依赖关系之分。

部署图用来描述系统硬件的物理拓扑结构及在此结构上执行的软件。部署图可以显示计算节点的拓扑结构和通信路径、节点上运行的软件、软件包含的类和对象等逻辑单元。对于分布式系统，部署图可以清楚地描绘硬件设备的分布、通信及在各设备上软件和对象的配置。

5. 系统建模案例分析

本节通过一个虚构系统来展现使用 UML 进行系统建模的方法。该系统是 4.5.3 小节中 product-system 的另一个版本，相关代码可参考 https://github.com/tianminzheng/product-system。系统的业务需求如图 6-10 所示，包括了商品查询和订单管理两个简单业务场景，但在系统设计和实现上需要考虑更多的约束。商品查询中所有的商品数据源头并不在自身服务平台中，而是需要供应商数据同步。这就涉及一个数据集成的过程。同时，商品查询服务对内面向订单系统，对外也可以面向客户端和第三方系统，也即商品查询可以是一种开放式服务。同样，订单服务作为核心内部服务，需要进行订单状态、供应商订单处理和订单查询管理，在依赖商品服务的同时，也需要通过数据实时集成完成与供应商的数据同步。

通过以上分析，多个异构之间的系统数据集成、灵活而开放的数据服务提供、数据实时性和一致性平衡考虑的数据同步及多个系统之间通过服务分层和异步通信策略实现系统扩展是在技术上的需求。这些需求的背后是系统模型中的一系列组件。在下文中，我们把服务平台中面向客户端和第三方系统的服务称为平台基础和应用服务，而与各个供应商进行交互的服务称为平台集成服务。

（1）用例建模

由于系统功能比较简单，所以用例模型也比较直接，系统用例如图 6-11 所示。

（2）静态建模

静态建模的表现形式是类图，对于系统基本领域模型，可以用图 6-12 中的类图来表示，我们看到系统中最主要的几个实体类 Product、Order、Vendor、User 都已经被识别。

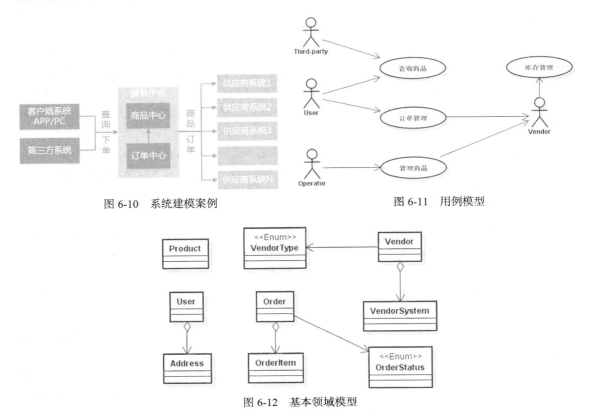

图 6-10　系统建模案例　　　　　　　　　　　图 6-11　用例模型

图 6-12　基本领域模型

系统集成组件完成与各个供应商之间的数据交互。这些数据交互显然都需要在分布式环境下进行，所以对商品和订单同步等各种集成服务所使用的请求和响应我们都抽取独立的 Request/Response 类来进行封装，从而形成 Request/Response 类族，如图 6-13 所示。

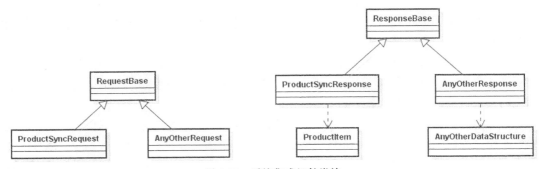

图 6-13　系统集成组件类族

由于分布式调用的成本较高，且供应商信息变动频率较小并不需要实时，所以我们可以通过缓存作为系统的基础设施提升数据访问效率。一个简单的自定义缓存处理框架涉及缓存策略的配置和读取、数据库访问及对外提供缓存刷新回调等机制，相关类图如图 6-14 所示，具体的实现可以参考代码。

（3）动态建模

动态建模中的时序图对表现各个组件之间的协作关系非常有效，尤其是案例中涉及内外部系统之间的集成，更需要通过时序图梳理各个服务之间的调用关系。系统集成组件中通过平台集成服务集成多个供应商服务的时序图如图 6-15 所示，而添加了供应商缓存的系统集成组件在行为模式上表现为图 6-16 中的时序图。

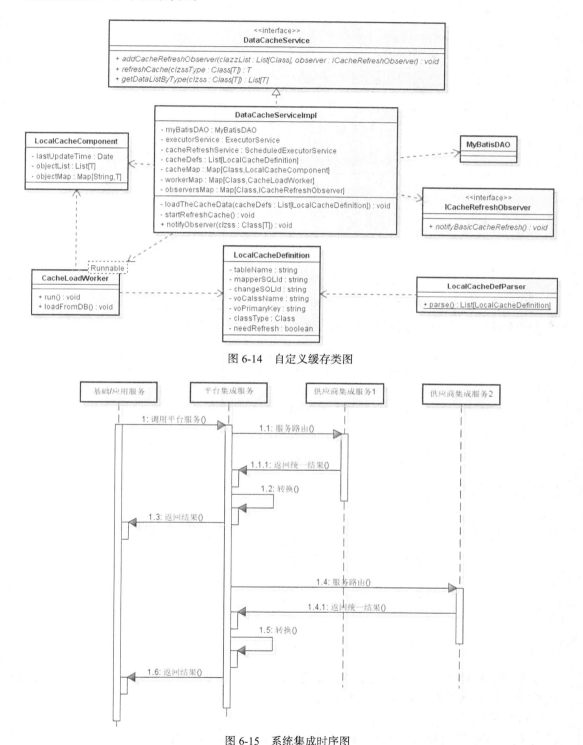

图 6-14　自定义缓存类图

图 6-15　系统集成时序图

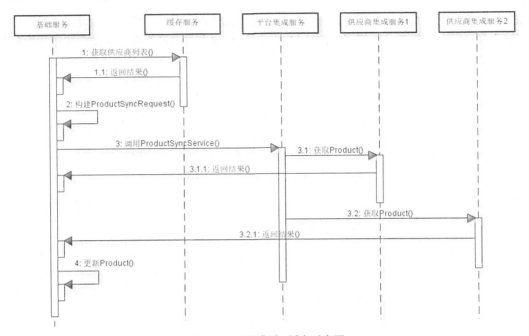

图 6-16 系统集成+缓存时序图

系统通过开放服务供第三方系统调用,而第三方系统首先需要入驻然后进行服务调用的申请,平台服务对这些第三方服务进行管理,相应交互流程如图 6-17 所示。

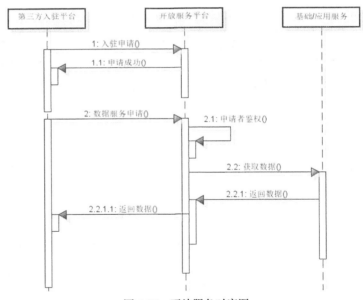

图 6-17 开放服务时序图

我们再来看看活动图,前面已经提到自定义缓存的类图结构,而缓存是一种有特定时机和流程的组件,图 6-18 中的活动图是缓存的一种工作方式。

（4）架构建模

案例中的架构建模首先是组件图,由于需要对平台基础服务和集成服务进行区分,以及系统内部分布式环境下的信息交换，所以系统组件图构成如图 6-19 所示。从客户端和第三方开放系统出发，调用链经过平台基础服务和集成服务到达各个供应商系统，并结合缓存组件、消息中间件组件和基础设施组件完成整个系统的搭建。

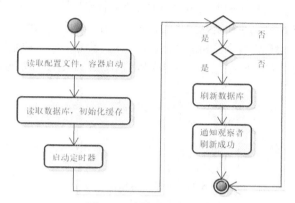

图 6-18　缓存应用活动图

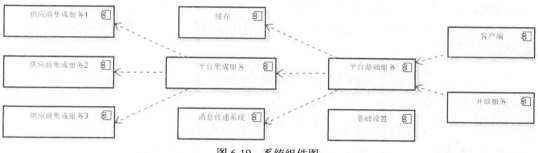

图 6-19　系统组件图

结合组件图，我们也可以得出系统的部署图。平台基础和应用服务、平台集成服务及各个供应商内部的集成服务都会单独部署，如图 6-20 所示。

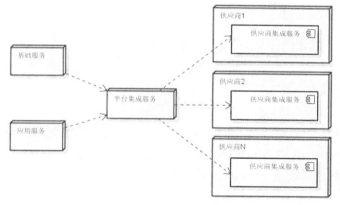

图 6-20　系统部署图

6.2.3　软件实现与架构师

软件实现是软件工程组成三段论中与架构师关系最为密切的一环。本书前面几章关于软件架构体系结构、领域驱动设计、分布式系统架构设计等内容都属于软件实现的范畴。而本节从需求工程和系统建模的角度出发,我们也会发现架构师在其中起到关键作用。

我们知道业务架构关注应用功能的划分、应用功能集成和部署,而技术架构关注技术的分层、描述及关键技术方案的制定,两者在关系上是业务架构驱动技术架构。业务架构考虑复杂的业务逻辑、多方面的数据来源、系统的独立性和集成性及数据的安全性。这些考虑点贯穿从需求到开发的各个环节,且应该在上游工程中得到提炼和分析。从图 6-21 中,我们可以看到业务架构包含需求定义和业务建模。在架构师的分类中有一种称之为业务架构师(Business Architect),专门从事业务架构的设计。

图 6-21　业务架构和技术架构

在需求的 3 个层次中,业务需求通常跟架构师关系不大,架构师能发挥作用的场合在于用户需求和系统需求。用户需求的提取依赖于系统架构师与客户方管理人员、系统终端用户之间的交互,而系统需求则需要架构师与内部技术人员的协作。从这个角度讲,架构师起到的就是桥梁作用,如图 6-22 所示。

图 6-22　架构师的桥梁作用

从更广义的角度讲,业务架构师与团队中的项目经理、开发/测试/运维人员、业务方及其他干系人都会有所交集,如图 6-23 所示,定义业务需求、规划需求方法、确定项目干系人和用户类别、获取/分析/记录需求、主导需求验证、帮忙推动需求优先级排序和管理需求是业务架构师的主要职责。

图 6-23　架构师的桥梁作用

现实中,绝大多数的软件开发是面向业务的,即使是面向技术的软件开发同样需要业务建模。因此,成为一名业务架构师也可以是向架构师发展的一个方向。业务架构师应具备自己的思路,善于倾听、访谈和提问,并能够引导和沟通,组织各方成员进行业务分析,并掌握本节中介绍的系统建模方法。

6.3　项目管理

项目管理是管理学的一个分支学科,是指在项目活动中运用专门的知识、技能、工具和方法,使项目能够在有限资源限定的条件下，实现或超过设定的需求和期望的过程。围绕项目管理，需要开展各种计划、组织、领导、控制等方面的活动。

6.3.1　项目管理体系

项目管理包含一整套知识体系，如业界具有代表性的 PMBOK（Project Management Body Of Knowledge，项目管理知识体系）就是对项目管理所需的知识、技能和工具进行的概括性描述[10]。PMBOK 中包含项目整合管理、范围管理、时间管理、成本管理、质量管理、人力资源管理、沟通管理、风险管理、采购管理和干系人管理等十大知识领域。

PMBOK 面向通用的、全行业的项目管理过程。对于软件开发而言，由于一般不涉及材料的消耗，不需要对成本和采购做专门的管理；人力资源和沟通管理涉及架构师软能力的提升，我们后续会有专门的章节做这方面的阐述；整合管理和干系人管理贯穿本书所有章节，系统的集成、需求的管理都是其具体体现。所以本节中的项目管理主要针对的是与软件开发和架构师日常工作密切相关的计划（包含范围和时间）、质量和风险管理。

1. 计划管理

软件项目的计划管理起点在于系统需求，终点在于进度计划。识别开发活动→排列活动顺序→估算活动资源和时间→制定进度计划构成了项目计划的完整开发框架。

（1）识别开发活动

WBS（Work Breakdown Structure，工作分解结构）是面向可交付成果的对项目工作的层次化分解，WBS 有机地组织和定义了项目的整个范围，将项目工作分解成较小的、更易于管理的多项工作，而每下降一层代表对项目工作更详细的定义。WBS 的各个组成部分有助于干系人理解项目可交付成果。许多组织有标准的 WBS 分解模版用于对包括业务需求和管理工作在内的所有交付物进行分解并得到开发活动。

显然，分解的思想很简单，但分解的层次和粒度却并不容易把控。在 WBS 中有工作包（Work Package）的概念，代表 WBS 最底层的可交付成果或项目工作成分。所有的进度安排和监控都是围绕工作包展开。图 6-24 是 WBS 与工作包的一个示例，我们可以看到在项目管理的角度，活动不仅仅指系统的设计和实现，所有围绕最终交付的项目管理、需求等工作都属于需要识别的范围之内。

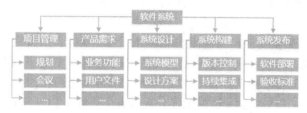

图 6-24　WBS 与工作包示例

活动通过对工作包的识别与分解而得出，是估算、进度制定、执行和监控项目的基础，活动具备活动标志符、活动编码、前导活动、后续活动、逻辑关系、提前与滞后、资源要求、强加的日期、约束和假设等多个属性。这些属性为后续的活动排序、资源和时间估算提供依据。

（2）排列活动顺序

活动排序方法常见的包括按照工作的客观规律排序、按照项目目标的要求排序、按照轻重缓急排序、根据项目本身的内在关系来排序。活动之间本身存在完成到开始、开始到开始、完成到完成、开始到完成等依赖关系。也可以在各种关系中添加提前量或滞后量约束。这些都属于强制性依赖关系，一般无法改变，如图 6-25 所示。

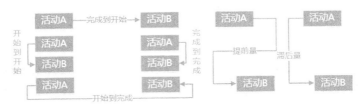

图 6-25　活动依赖关系

在具体应用领域可能存在一些最佳惯例，对某些特殊方面，即使存在其他可接受的活动排序方案，也期望采用特定的专门顺序。这些属于非强制性的软逻辑。而类似软件发布与硬件到货这种依赖于其他因素的外部关系通常也是活动排序中的不可控因素，需要特别注意并提前介入。

（3）估算活动资源和时间

资源估算考虑需要什么资源、什么时候需要、需要多少、获得所需资源由谁拍板等问题。对于软件开发而言，资源主要就是人本身，比较简单。

时间的估算永远都是不准确的，对于软件开发而言，变化所导致的不确定性因素对于估算的影响尤为明显。业界有一些通用的方法可以应用到软件开发的估算中，而软件行业本身也有专门的工作量估算技术。

类比估算法（Analogous Estimating）是一种通用估算方法，也称为"自上而下的估算"，是指把以往类似活动的实际时间作为基本依据估算未来活动的时间。类比估算经常在项目早期等项目详细信息有限的情况下使用，使用的成本通常低于其他方法，但精度也较低。有些项目与以往项目在本质上而不是表面上相似。估算者如果掌握必要的专门技术，则类比估算法非常可靠，因为类比估算本质上属于专家判断的一种形式。

参数估算法（Parametric Estimating）也是一种通用估算方法，应用了生产率概念。所谓生产率是指生产单位成果在单位资源下所需要花费的时间，而活动时间=活动数量*生产率/可用资源数量。参数估算法相较类比估算法能提供更为可靠的估算结果，但依赖的条件也更多，在建模的历史资料准确、模型中的参数容易量化、模型具有对大小项目都适用的可缩放性时比较可靠，其准确性取决于模型的复杂性及作为模型一部分的资源数量和成本数据。

功能点（Function Point，FP）估算是一种软件行业专用的估算方法，适合以数据和交互处理为中心、以功能多少为主要造价制约因素的软件项目。从使用者的角度度量、而非构建者角度出发，关注于系统如何存储及处理数据信息。使用功能点估算需要识别系统边界和应用类型，区分新开发的系统和增强型遗留系统。然后识别系统的功能点计数项，包括内部逻辑文件（Internal Logic File，ILF）、外部接口文件（External Interface File，ELF）、外部输入（External Input，EI）、通过计算复杂结果的外部输出（External Output，EO），包括排序和聚集在内的直接输出信息的外部查询（External Query，EQ）等五大计数项。通过识别各个功能点计数项并确定各项指标的系数，加权求和即得到最终的估算结果。

（4）制定进度计划

关键路径法（Critical Path Method，CPM）是制定进度计划中常用的技术方法，图 6-26 是关键路径法的一个示例。通过梳理各个活动之间的依赖关系可以确定完成这些活动的最短时间及活动之间可以并行操作的程度。通过关键路径法得到的进度计划的最终表现形式通常是甘特图。

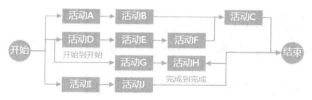

图 6-26　关键路径法和甘特图示例

2. 质量管理

质量管理的目的在于提高客户满意度，但传统质量管理观点和现代质量管理观点存在一些差异，如表 6-3 所示。从这些差异中，我们不难看出软件行业常见的软件测试只是质量管理的一部分而不是全部。

表 6-3　　　　　　　　　　　　　　　　　　　　　质量观点对比

传统质量观点	现代质量管理观点
质量是检查出来的	质量是规划出来的，而非检查出来的
质量就是指产品的质量	质量不只是产品还包括过程
缺陷是不可避免的	事情一次作对成本最低-零缺陷
质量管理是质量部门人员的事情	质量管理，人人有责
对于质量事故，基层人员负主要责任	质量责任高层管理者承担 85%
质量越高越好	质量就是符合要求、适用、客户满意，需要考虑成本与收益
改进质量主要靠检查和返工	改进质量考预防和评估

关于软件开发过程中的质量问题我们首先要明确几个概念。项目中的质量管理由 3 部分组成，分别是质量规划、质量保证和质量控制。质量规划（Quality Planning，QP）识别哪些质量标准适用于本项目，并确定如何满足这些标准的要求。质量保证（Quality Assurance，QA）开展经过计划的、具有系统性的质量活动，确保项目实施满足所需要的所有过程。质量控制（Quality Control，QC）监测项目的具体结果，判断它们是否符合相关质量标准，并找出如何消除不合格场景的方法。

（1）质量规划

质量管理工作的实施与软件开发一样也需要进行计划。质量管理计划说明项目管理团队将如何把组织的质量方针付诸实践，考虑项目质量控制、质量保证和过程持续改进问题。在质量规划的过程中，质量成本（Quality Cost）是考虑的关键因素。质量成本包括一致性成本（如预防成本和评价成本）和非一致性成本（如外部失败成本和内部失败成本）。软件测试就属于图 6-27 中评价成本的一种。质量管理提倡的是尽量降低非一致性成本。

质量规划的另一个重要话题是确定过程改进计划。过程改进计划详细地说明了过程分析的具体步骤，以便于确定浪费和非增值活动，进而提高客户价值，通常包括确定过程边界、过程测量指标和绩效改进目标。过程改进的基本手段是使用 PDCA 环，即通过设定为了达到目标所必须的方法或标准（Plan）→按计划逐步实施具体工作（Do）→确认并检查实施的效果（Check）→确认实际效果与计划差异并根据需要采取措施（Act）等步骤形成过程改进的闭环，如图 6-28 所示。

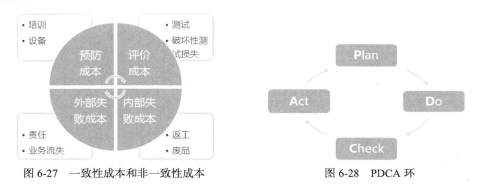

图 6-27　一致性成本和非一致性成本　　　图 6-28　PDCA 环

（2）质量保证和控制

计划的制定是为了实施。质量管理的实施过程包括质量保证和质量控制两种类型，其中，质量保证的对象是过程本身，而质量控制的对象是软件系统。这是两者的本质区别。

质量保证贯穿项目始终，往往由专门部门或组织提供，项目团队、实施组织的管理层、客户/发起人、未积极参与项目工作的其他项目干系人都可以是质量保证的参与者。因为质量保证关注过程，所以也可以为过程持续改进提供支持。

质量控制通过一系列工具和手段来保证软件系统的正确性，比如，鱼骨图（又称因果图）直观地显示潜在问题或结果与各种因素之间的联系，描述相关的各种原因及子原因如何对质量产生潜在的影响；控制图判断如果过程处于正常范围内，就不应对其进行调整，而过程一旦失控，则必须对其调整；直方图也是常见的一种统计报告，可以显示在某个最小值和最大值之间的值的等级或范围内值出现的频率；帕累托图就是 80/20 法则的具体体现；而流程图作为最常见的工具之一，有助于项目团队预测可能发生的质量问题，认识到潜在问题，就可以建立测试程序或处理方法。这些图同样可用于质量保证，关于它们的描述和使用方法可参考 PMBOK[10]。对于不同的场景，我们可以选择不同的质量控制工具，可参考表 6-4 中的场景分析做出相应的选择。

表 6-4　　　　　　　　　　　　　质量工具与使用场景

场景	使用工具	特点
需要找出引发问题的原因	因果图、流程图	发散思维
需要判断过程是否在控制内、是否出现了典型偏差	过程控制图	按时间定义测量数据
需要找出影响问题的关键原因，指导采取纠正行动	帕累托图	20/80 原理
需要看产品是否符合要求，可时间有限、费用有限	统计抽样	节约成本

3.　风险管理

风险（Risk）是指一种不确定的事件或状况。在项目中，时间、费用、范围、质量等因素都可能成为风险，因为任何项目中都会存在不确定性。风险一旦发生，会产生一项或多项影响，但所产生的影响会随项目生命周期而变化。业界也总结出了应对风险的通用做法，表现为图 6-29 中的风险管理过程框架。

图 6-29　风险管理过程框架

（1）风险管理计划

风险管理是一项复杂度和专业性比较高的工作，建议设立相应的角色与职责进行专门负责。这些角色和职责在风险管理计划中得到明确和授权。同样，风险管理也需要成本投入，预算和时间安排是对管理工作的规划。在软件行业，风险类别体现在技术、人员、组织、工具、需求等多个方面。风险管理计划中通常需要根据各个团队的特点对这些风险类型的划分和主要应对方法做出阐述，并给出风险概率和影响的定义，即提供风险大小的判断依据。

（2）风险识别

SWOT 分析是识别风险的一种有效手段。SWOT 是竞争优势（Strength）、竞争劣势（Weakness）、机会（Opportunity）和威胁（Threat）的首字母简称，其通过内部资源、外部环境有机结合来清晰地确定被分析对象的资源优势和缺陷，了解所面临的机会和挑战，从而识别潜在的风险。SWOT 分析是一种态势分析方法，通常用于对团队战略与战术等高层面风险的识别。

更常见的风险识别则来自于风险类型，如表 6-5 中列举了软件开发过程中具有代表性的一些风险。这些风险一旦被识别，就需要记录到专门的风险登记册（Risk Register）。风险登记册对每项风险做唯一标识，并添加识别人、潜在原因、潜在对策、可能后果等元数据。

表 6-5　　　　　　　　　　　　　　　　　　风险类型示例

风险	风险类型	描述
开发人员流失	项目	有经验的开发人员会在项目进行过程中选择跳槽
组织架构调整	项目	项目管理层发生变化，不同的管理人员思维方式有所不同
硬件缺失	项目	项目所需的基础硬件没有按时到位
需求变更	项目和产品	软件需求与原定计划相比有明显变化
系统集成延迟	项目和产品	第三方接口的开发未按时完成
估算不准	项目和产品	低估系统的开发规模
技术变更	技术	系统的基础技术被新技术取代
产品竞争	业务	系统还未完成，其他有竞争力的产品已上市

（3）风险分析

风险分析的过程就是对风险概率与影响进行评估的过程。风险概率是指每项具体风险发生的可能性，而风险影响表明风险一旦发生时对项目目标（时间、费用、范围、质量等）的潜在影响。风险概率与风险影响可以用极高、高、中、低、极低等定性术语加以描述。

风险影响级别判定方法属于团队的过程资产，每个团队可以根据需要确立对各个项目目标的风险影响级别。表 6-6 是风险影响级别判定的示例，可以看到对于该团队而言，成本增加 20%或进度拖延 20%就已经是非常严重的风险，而对于范围和质量的判定则没有像成本和进度那样量化。

表 6-6　　　　　　　　　　　　　　风险影响级别判定示例

项目目标	非常低	低	中	高	非常高
线性度量	0.1	0.3	0.5	0.7	0.9
成本	不明显的成本增加	成本增加小于 5%	成本增加介于 5%～10%	成本增加介于 10%～20%	成本增加大于 20%
进度	不明显的进度拖延	进度拖延小于 5%	进度拖延介于 5%～10%	进度拖延介于 10%～20%	进度拖延大于 20%

续表

项目目标	非常低	低	中	高	非常高
范围	范围减少几乎察觉不到	范围的次要部分受到影响	范围的主要部分受到影响	范围的缩小不被客户接受	项目最终产品不能有效使用
质量	质量等级降低几乎察觉不到	只有某些要求严格的工作受影响	质量降低需要得到客户批准	质量降低不被客户接受	项目最终产品实际不能使用

当我们把风险概率和影响的标度结合起来，并建立一个对风险或风险情况的评定等级就得到了概率影响矩阵（Probability Impact Matrix）这一风险管理领域非常重要的工具。表 6-7 就是概率影响矩阵的一种表现形式，其中，处于该矩阵左下角部分的是安全线之内的风险，而右上角部分则是重点需要关注的风险。

表 6-7 概率影响矩阵示例

风险值=概率（P）*影响（I）	对某一项目目标（如成本、时间或范围）的影响比值				
概率	0.05	0.10	0.20	0.40	0.80
0.9	0.05	0.09	0.18	0.36	0.72
0.7	0.04	0.07	0.14	0.28	0.56
0.5	0.03	0.05	0.10	0.20	0.40
0.3	0.02	0.03	0.06	0.12	0.24
0.1	0.01	0.01	0.02	0.04	0.08

风险分析的最后一步就是要量化风险。通过计算风险的风险预期货币值（Event Monetary Value，EMV）可以量化风险。EMV 通过货币综合表示风险对项目的影响。对于特定风险事件，用 P 表示该事件发生的概率，用 V 表示其导致的结果，则 EMV=P*V。

（4）风险应对

通过识别得到的风险既包括消极影响或威胁，也包括积极影响或机会。消极风险或威胁的应对策略包括回避、转嫁、外包、减轻等措施，其目的就是消除风险的影响。如果不能消除，则尽量减弱或通过财务手段把风险转嫁给第三方。表 6-8 是软件行业常见的消极风险应对示例。而开拓、分享、提高等则是积极风险或机会的应对策略，尽量提高风险发生的概率或使风险的正面影响因素最大化。

表 6-8 风险应对示例

风险	应对策略
开发人员招聘问题	加大招聘力度，鼓励内部员工推荐
核心人员生病问题	重新对团队进行组织，使更多工作有重叠，相互做 backup
第三方组件有问题	重新选择或买进可靠性稳定的组件来更换有潜在缺陷的组件
需求变更	导出可追溯信息来评估需求变更带来的影响，把隐藏在设计中的信息扩大
组织架构调整	拟一份报告提交高级管理层，说明项目的愿景和重要性
开发估算问题	用更科学的系统工程方法和相关自动化工具进行检查和确认

（5）风险监控

风险监控工作包括识别、分析和计划新生风险，并追踪已识别风险，如图 6-30 所示。对于现有风险，重新分析并监测应急计划的触发条件。对于已识别和新生成的风险，采取对应的应对流程。同时，审查风险应对计划的实施并评估其效力。

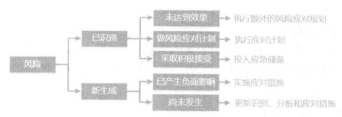

图 6-30　风险监控流程

6.3.2　项目研发过程的透明化管理

软件项目研发是一个跨职能团队协作的过程，通常涉及项目线、产品线、技术线、质量保证线等各个职能部门或小组之间的协调和交互。随着团队成员的增及业务系统复杂性的提升，跨职能团队的协作和交互过程中信息的有效传递和维护，或者说"信息的透明性"日益成为研发过程中的一个瓶颈，信息透明化是否完善很大程度上影响着研发过程的结果。本节从项目的范围和时间出发，介绍这两个特定领域在 Redmine 这一特定平台下的表现形式和透明化管理的操作方式，并探讨基于该平台的团队协作和流程。

1．范围和时间基本概念

在经典项目管理知识领域中，项目管理通常追求范围、时间和成本这 3 个方面的平衡，即所谓的项目管理三角形。软件行业中，成本这个概念普遍没有像传统行业那么直观，所以我们重点关注的是范围和时间。范围和时间涉及多方面内容，我们从"信息的透明性"角度出发，关注如何剖析信息透明在这两个领域之中的表现形式及如何对这些表现形式进行抽象，以便能够将其映射到实际的工作流程中。

（1）范围的透明化

范围的信息透明通常采用的手段就是两个字：分解。上一节中介绍的 WBS 就是进行范围分解的有效手段，当然分解的方式和结果也是根据组织会有所不同。对于研发工作的展开，我们可以采用需求（Requirement）→模块（Module）→功能（Function）→活动（Activity）分 4 级对范围进行分解，如图 6-31 所示。注意，图 6-31 中功能与活动之间的对应关系，可以是 1 对 1，即功能不需要再分解就可以作为活动；也可以是 1 对多，即功能需要再次分解才能成为活动。

图 6-31　范围分解

按照分解的结果，范围的最底层表现形式是活动，范围最终由一系列的活动构成。这就需要我们对活动进行剖析，看看针对一个活动我们需要如何把控。活动有如下主要特性。

● 类型：活动的类别，如 Feature（面向交付的功能）、Task（面向开发的任务）、Bug（影响交付的缺陷）、Defect（不影响交付的缺陷）等。

● 主题：活动的主题，视具体活动而定。

● 状态：活动所处的状态，可以有新建、进行中、已解决、已关闭等。

● 优先级：活动的优先级，根据项目线/产品线需求而定，通常包含低、普通、高、紧急等。

● 责任人：活动的指派者，即需要完成该活动的人。

● 完成时间：完成活动所需要的时间。

（2）时间的透明化

时间的透明化相对没有统一的模式，通常"分版本"是时间透明化的有效手段。通过项目的阶段（Phase）和对应的计划（Schedule）结合工作的开展顺序（Order）确定工作版本（Version）。这样就把整个研发过程从时间上分成了一系列版本的组合。那版本从何而来？版本从以下版本等式而来：一定时间+一定活动=版本。

2. Redmine 上的范围和时间

Redmine 是一个支持多平台的面向 Web 的开源项目管理平台，作为研发管理平台，其功能比较强大，本节只介绍其中跟范围和时间相关的部分功能。

Redmine 上基本工作单元称之为"Issue"，一个 Issue 的实例如图 6-32 所示。把 Issue 与活动做对应，我们可以看到一个活动的主要属性都能在 Issue 中找到对应的元素。

图 6-32　Redmine Issue 示例

● 主题：对应活动中的主题。
● 跟踪：英文为 Tracker，对应活动中的类型。
● 状态：对应活动中的状态。
● 优先级：对应活动中的优先级。
● 指派给：对应活动中的责任人。
● 完成时间：对应活动中的完成时间。

有了 Issue，我们再分别从范围和时间上对 Redmine 的特性进行进一步描述。

（1）Redmine 上的范围要素

Redmine 上有两个要素与范围透明化有关，分别如下。

● 类别（Category）：类别一方面可以对应范围分解中的模块，另一方面也可以对某些有关联系性的活动进行分类管理。这在信息查询和统计非常有用。

● Issue：上文讲到功能可以分解成若干个活动，也可以直接映射成一个活动。这取决于该功能的特性与大小。无论哪种情况，Issue 代表的就是一个可以让研发人员直接开展工作的活动。Issue 通过跟踪（Tracker）属性来区分这种活动的类型。

关于跟踪，我们根据范围分解结合与测试部门的协作抽象成以下 4 种类型。

● Feature：直接面向测试和交付的活动，如 UED（User Experience Design，用户体验设计）、表现端开发等都是从用户角度出发进行验证和确定的工作。

● Task：面向开发的活动，如数据库设计、服务层接口提供等从技术角度出发的工作，测试通常不介入也无法介入。

● Bug：直接影响交付的系统缺陷，如果版本中存在 Bug，则该版本就不可以发布。

● Defect：是缺陷但不影响交付的系统缺陷，其存在与否不影响版本的发布性。

（2）Redmine 上的时间要素

Redmine 上有 3 个要素与时间透明化有关，分别如下。

- 目标版本：目标版本对应时间分解中的版本。如果我们项目把阶段和计划看做一个大版本的话，也可以用目标版本进行映射，如图 6-33（a）所示。
- 问题的优先级：通过优先级把握时间分解中的顺序，如图 6-33（b）所示。
- 问题的开始完成时间：具体时间点的管理。

（a）目标版本　　　　　　　　　　　　（b）优先级

图 6-33　Redmine 目标版本和优先级

3. Redmine 操作

对大多中研发人员而言，Redmine 上范围和时间相关最重要的操作只有两类，即新建/更新 Issue 和查询。

新建/更新 Issue 使用的是同一操作界面，确保以下属性进行正确设置。

- 跟踪：必填项，不同角色根据问题类型确定。
- 主题：必填项，清晰简洁。
- 描述：图文并茂并合理使用附件。
- 优先级：视问题紧急程度情况而定，默认为普通。
- 指派给：必填项，不能确定则分配给自己。
- 类别：多数情况需设置，不能确认设置为空。
- 目标版本：多数情况需设置，不能确定设置为 None。
- 完成时间：多数情况下需要设置，不能确认设置为空。

Redmine 的查询功能勘称强大，通过组合"过滤器""选项"和"分组"等多种条件能够形成多维度的查询结果，查询效果如图 6-34 所示。常用的查询视图包括看按类别查询、按版本查询、按指派人分组等，可根据需要灵活设置查询条件。这些视图在协作交流和过程控制中充当团队的信息辐射器，对信息透明化起到推动作用。

图 6-34　Redmine 查询条件组合

对架构师而言，新建类别、新建问题和新建/更新版本等操作也是日程工作中的一部分，相关操作方式非常简单。

4．协作

研发范围和时间的透明来自于团队的相互协作。这些协作需要以一定的流程和模式作为基础。

（1）角色和数据流

要想做到信息透明，首当其冲的是要明确团队角色和职责。研发团队通常包含的核心角色如下。

- PM（Project Manager）：项目经理，负责用户沟通、需求收集。
- PO（Product Owner）：产品经理，负责产品规划、方案设计。
- DEV（Development Team）：研发人员，负责功能实现、进度控制。
- QA（Quality Assurancer）：测试人员，负责产品质量控制、服务发布。

PM 和 PO 角色所担负的需求开发和管理部分工作有时候比较难划分界限，而且可能在一定场景下两者就是同一个人，但即便是同一个人，其工作范围也是需要明确区分的。PM 的需求面向用户（用户需求），而 PO 的需求面向产品（业务需求），也即 DEV 通常是跟 PO 进行需求方面的沟通，而不是和 PM，PO 作为项目线和产品线的接口人最终把控产品的方向。团队协作的流程图如图 6-35 所示，大家可以看到 PM 和 DEV 之间没有直接交互。

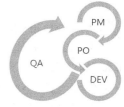

图 6-35　角色与交互

（2）Issue 状态

团队成员和角色都已明确，PO 手上也已经有了研发的需求说明，也就是范围，PO 和 DEV 就可以使用分解技术将这个范围分解成 Issue（包括 Feature 和 Task）；后续随着测试工作的展开，QA 也需要对 Bug 和 Defect 在 Redmine 上进行统一维护。每个 Issue 的状态及状态之间的转换过程为：新建→进行中→已解决→测试中→已关闭。以上状态可能各个团队会有所不同，可以灵活添加、删除或修改名称，但需确保状态从"新建"到"已关闭"形成一个闭环。

（3）Issue 与角色

Issue 的状态转换和角色是一种强映射，即 Issue 的每个状态的转变都需要由明确的角色执行。状态转换是一个端到端的过程，Issue 的创建和关闭只能由特定的角色进行。我们建议的角色映射方案如图 6-36 所示。

图 6-36 中，角色映射的一个基本原则在于 PO 是面向用户功能的负责人，而 DEV 是系统内部服务的提供者。这两个角色分别负责 Feature（面向用户功能）和 Task（面向内部服务）的创建。因为面向用户功能最终需要由 QA 进行测试，所以 Feature 将由 QA 关闭。而 Task 用来在 DEV 之间进行开发信息的传递，对 PO 和 QA 是透明的，故由 DEV 自身关闭即可。

（4）范围和时间的组合

图 6-37 是范围和时间组合的四象限图，如何选择？选项中，A 和 D 首先排除，范围和时间都固定不现实，而范围和时间都可变也就无所谓信息透明。关键是 B 和 C 都是合理的，需要根据具体场景具体分析。在这里，我们结合前文中时间要素中的版本概念，认为 C 是进行研发范围和时间透明化时的最佳组合。

（5）版本

有了"范围可变、时间固定"的组合，我们就可以确定版本。"一定时间"加上"一定活动"就等于版本，现在时间固定，所以"一定时间"有了，"一定活动"通常需要团队进行协商和讨论以达成最终在范围和时间上的统一认识。

图 6-36　角色与交互

图 6-37　范围与时间的奥秘

5. 工作流

一个完备的工作流程运转需要 3 方面：步骤内容、责任人和时机。围绕 Redmine 平台进行研发范围和时间管理的主工作流如图 6-38 所示，该工作流程围绕一个目标版本内容进行展开，通过控制 Redmine 上 Issue 状态转换推动流程的运转。下面我们对该主工作流进行拆分，从 PO、DEV 和 QA 这 3 个核心角色的视角出发围绕日常开发工作进行工作流梳理。

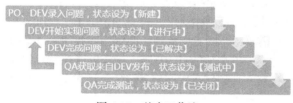

图 6-38　基本工作流

（1）PO 工作流

PO 是业务需求的负责人，日常工作流程包括以下几个方面。

● 与 UED 确认方案，召开需求会议：业务需求是 PO 的武器，通常包括系统原型、功能描述、数据模型和约束条件等。在召开需求会议之前，PO 和 UED 进行需求确定是一项最佳实践，因为很多用户需求和体验上的 "look and feel" 的内容通过 PO 和 UED 的联合过滤会比直接抛给开发之后导致需求反复更加有效。这也是非正式技术评审的一种体现。通过这一轮非正式技术评审，PO 组织需求会议，与团队成员在需求上达成一致。

● 将 Feature 记录在 Redmine 上：PO 根据需求会议最终确定的业务需求，在范围上进行分解以形成面向表现端和面向 UED 的两部分 Feature 并把它们录入 Redmine 系统。这一步需要把控的是 Feature 的数量和粒度。

● 定期检查或者通过邮件通知：随着产品研发的演进，PO 需要定期检查 Redmine 上 Feature 的完成状况，并在有需求更新和变更时通过 Issue 更新和正式的邮件通知确保团队对范围的理解始终保持一致。

● 如有不明确，与 PM/DEV 沟通：如果团队对产品需求和范围有任何异议，PO 负责与 PM 和 DEV 进行沟通和协调，其中从产品角度出发与 PM 达成在用户需求和业务需求之间的一致是 PO 所面临的挑战，对任何沟通和协商结果需要通过 Redmine 平台进行统一更新确保信息透明。

● 与 DEV 协商范围和开发计划：开发计划由 DEV 负责制定，但需要满足产品整体战略计划，PO 与 DEV 进行协商并最终形成开发计划。

需求会议是 PO 需要主持的主要流程性会议。需求会议召开流程通常包括 PO 介绍方案→与会人员提出疑问或疑异、质疑，PO 进行解释、回复→对存在的问题或漏洞，讨论解决方案→讨论初步开发计划（开发顺序、大致的开发安排、风险点等）等步骤，最终产出是一份研发团队成员都认可的业务需求。

（2）DEV 工作流

DEV 泛指项目的开发团队，日常工作流程包括以下几个方面。

● 与 PO 就需求和方案进行沟通：需求会议的主要议程就是 DEV 与 PO 进行产品需求的讨论和确认。

● 召开设计/计划会议确定开发 Task：获取产品需求之后，DEV 负责召开设计/计划会议以确定开发的任务和计划。DEV 需要根据系统的设计方案确定面向内部服务的开发范围，分解成 Task 并维护在 Redmine 上，确保产品中面向业务需求和面向内部服务的开发范围都能在 Redmine 上得到体现。

● 根据 Redmine 上计划进行开发：DEV 根据 Redmine 上计划进行开发。

● 如有不明确，与 PO/QA 沟通：开发过程中对需求、范围和时间上的任何异议，DEV 需要和 PO/QA 进行协调和沟通，确保在最新的认知水平上团队达成新的一致。

● 确认功能完成：无论是业务需求还是系统缺陷，DEV 都应该定期/不定期关注功能的完成情况以便形成研发过程的可视化动态视图。

设计/计划会议是 DEV 需要主持的主要流程性会议。设计/计划会议经过根据解决方案分解功能点→讨论和设计功能实现方案→拆分功能点为任务、指派人员并录入到 Redmine 上→根据 Redmine 上问题确定开发顺序和迭代版本计划等步骤产出系统的设计方案，并根据该方案开展开发计划。

（3）QA 工作流

QA 是产品质量的负责人，日常工作流程主要包括与 DEV 之间的互动以形成一次完整提测流程。QA 通过以下两个方面进行信息的透明化管理。

● Redmine 上 Issue 状态管理：Feature 最终由 QA 进行关闭，同时 QA 需要维护 Feature 和 Bug/Defect 之间的映射关系，确保团队进行研发范围的跟踪和管理。

● 测试流程管理：QA 作为测试流程的执行者，通过邮件等工具监督和记录流程每一步的结果和状态，确保团队对开发进展的统一认识。

随时进行问题的提炼、及时的分发问题、关注时间点和优先级、不要把事情或者问题堆起来解决、版本计划有变动第一时间通知 Team、随时就某问题召开小会、具体信息都同步在 Redmine 上、定期/不定期的回顾和总结是信息透明化管理的最佳实践。本节中介绍的思路和理念是通用的，但具体的工具平台、工程实践等可根据具体的团队现状和研发管理水平做调整，以找到研发团队的最合适工作流程。

6.3.3　项目管理与架构师

一般意义上的架构师主要职责在于跟客户或需求分析人员进行沟通后获取客户需求，将面向客户的需求文档变成面向开发人员的开发文档，同时要从功能实现的角度出发来实现系统的总体规划。然而现实中，架构师可能担当着需求分析和系统建模工作，成为一名业务架构师。同时，架构师作为研发团队的负责人，也需要把控团队的资源、成本、进度、质量等项目管理因素，成为半个项目经理。

对于研发团队而言，理想情况下，项目经理负责对外接口，而技术团队负责项目开发工作量的估算，双方协作共同完成开发计划这一项目管理中最重要的中间产物。项目的计划管理与上一节介绍的应用于研发团队内部的过程透明化管理恰恰相反，其核心原则是"信息不对称"，即在客户和研发团队之间形成信息传递的过滤和筛选机制，确保两者之间的信息不对称，从而为项目经理和研发团队把握项目进程提供缓冲并降低风险。研发团队所产出的项目研发计划与面向客户的项目实施计划之间通过项目管理的信息传递与过滤达到信息不对称的效果，如图 6-39 所示。

图 6-39　项目管理与信息不对称

对于图 6-39 而言，项目计划缺乏两维度分离理念或者项目实施计划和研发计划混淆是典型的问题，架构师在与项目经理的协作过程中，需要明确信息不对称对于项目管理的意义及价值，推动项目经理建立这一机制。

另一方面，研发团队根据项目实施计划中的研发阶段进行细化分解，按照研发团队中的采用的如瀑布、敏捷等研发过程模型进行时间和人力资源分配。通常按照功能模块和功能点进行研发任务组织，结合系统开发、集成、测试等步骤进行进度安排并形成项目研发计划。项目研发计划的一个重点是系统集成，需要对第三方供应商的研发任务安排有细粒度的计划，以确保项目实施的顺利执行。架构师在上述项目管理工作中往往起主导作用。

6.4　过程改进

基本软件过程活动包括规定软件的功能及其运行环境、产生满足规格说明的软件、确认软件能够完成客户提出的要求。同时，为满足客户的变更要求，软件必须在使用过程中不断演进。构成软件过程活动的基本要素在于顺序、角色、前置条件和后置条件及阶段性产品化成果。这些元素对于任何的软件开发过程都适用，但不同的软件开发过程所产生的结果显然是不一样的，那如何组织软件过程活动就成为必须解决的问题。

6.4.1　软件过程模型

软件过程模型（Software Process Model）是软件开发全部过程、活动和任务的结构框架。它能直观地表达软件开发全过程，明确规定要完成的主要活动、任务和开发策略，有时候也被称为软件开发模型或软件生存周期模型。我们对软件过程模型进行抽象，会发现所有的软件过程模型都可以归为计划驱动型过程、敏捷型过程及追求平衡的计划-敏捷性过程这 3 种类型。

瀑布模型（Waterfall）中，理想状态下，软件开发活动可以按照图 6-40（a）中的流程顺利开展，但现实情况下结果可能如图 6-40（b）所示。

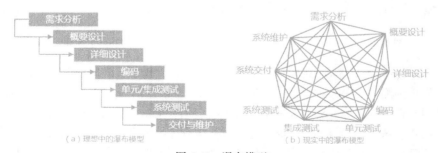

（a）理想中的瀑布模型　　　　　（b）现实中的瀑布模型

图 6-40　瀑布模型

瀑布模型的最大问题在于其忽略了各个开发活动之间的反馈（Feedback），而 V 模型可以认为是对瀑布模型的一种改进。V 模型也是一个全过程模型，强调测试与开发并行，通过对每个开发过程进行确认防止出现过程偏差，如图 6-41 所示。

图 6-41 V 模型

原型模型（Prototype）则是另一种思路，认为在项目开始前项目的需求很可能并不明确，对于如何减少项目需求的不确定性，可以先开发一个原型，然后逐步细化最终形成可交付成果，如图 6-42 所示。原型模型对于确定显示界面或在第一次开发产品时验证可行性等场景非常有用。

图 6-42 原型模型

迭代模型（Iterative）适合于以下场景，项目开始明确了部分需求，但是需求可能会经常发生变化；对于市场和用户把握不是很准，需要逐步了解；对于有庞大和复杂功能的系统进行功能演进，需要一步一步实施。采用迭代模型的开发过程可能表现如图 6-43 所示。

以上模型中，瀑布模型是计划驱动型过程的典型代表，而原型模型和迭代模型属于敏捷性过程，为了利用这两种类型的各自特点，有时候倾向于两者之间的结合。计划与敏捷的结合点包括瀑布中添加原型、瀑布中添加增量、迭代内部使用瀑布等。图 6-44 所示为瀑布+原型的一种实施方式。

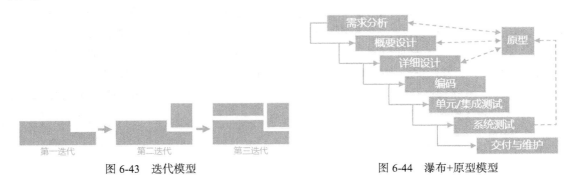

图 6-43 迭代模型　　　　　　图 6-44 瀑布+原型模型

螺旋模型（Spiral）是瀑布+迭代并考虑风险的一种混合模型。螺旋模型在整体流程上仍然是从需求到开发再到测试的瀑布过程，但在整个过程中使用迭代理念进行过程自身的演进。比如，第一次迭代明确系统的目标、约束和愿景，第二次迭代确定系统需求，第三次迭代中系统进行设计和开发，第四次迭代则确保系统能够进行测试。螺旋模型特别适合不确定因素和风险是主要制约因素的产品开发，如项目规模很大、采用了新技术、可能发生一些重大的变更，同时用户对自己的需求也不是很明确，需要对一些基本的概念进行验证等场景。

Water-Scrum-Fall 模型是迭代与瀑布的一种结合，其中 Scrum 是目前非常流行的基于迭代思想的管理框架。这方面的内容将在下一章中具体展开。Water-Scrum-Fall 实际上体现为一种实用主义，其中，Water 定义了前期项目计划过程，通常发生在 IT 和业务部门之间；Scrum 是一种迭代的、自适应的方法，用以实现在 Water 阶段事先敲定的总体计划；而 Fall 代表一个可控的非频繁交付的产品周期，通过组织级策略来监管，也受限于企业基础架构。图 6-45 是这种模型的简单而又形象的表述。

图 6-45　Water-Scrum-Fall 模型

6.4.2　软件过程改进

上一节我们的思路是通过软件过程模型来组织软件开发过程，可以看出软件过程模型偏重于开发流程管理。这一节我们通过过程要素的另一个视图来剖析软件开发过程。任何形式的软件开发过程都可以从流程、人员和技术 3 个方面来切入，如图 6-46 所示，流程定义一系列开发的步骤和操作方法，人员需要通过培训和管理提升技能，而广义上的技术包括应用领域、工具、语言、信息和环境。

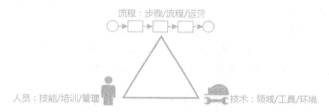

图 6-46　过程要素的另一个视图

在项目管理和软件开发过程中，软件过程的各个方面都可以且需要进行持续改进，在本章 6.3.2 小节中提到的 PDCA 环就是一种过程改进闭环管理的方法。从更通用的角度讲，过程改进闭环包括度量（Measurement）、分析（Analysis）和变更（Change）3 个主要环节。过程的度量就是收集过程数据，如完成某一特定过程的时间、某个特定过程所需要的资源、某个特定事件发生的次数等都是有效的过程数据。过程分析的目标在于理解过程中活动及这些活动之间的关系、理解活动属性与度量之间的关系。常见的过程分析技术包括调查问卷与会谈、异常活动触发和深入过程体系内部的实地调查研究。过程变更的过程如图 6-47 所示，在整个变更过程中涉及对过程模型的裁剪和修正、人员的培训及工具技术手段的潜在应用。

图 6-47　过程变更过程

业界对如何进行过程改进也存在一些方法论和框架，最具代表性的就是 CMMI（Capability Maturity Model Integration，软件能力成熟度模型集成）。CMMI 由一组过程域（Process Area）、一些目标（Goal）和一些工程实践（Practice）组成，如图 6-48 所示。通过这些要素的组合形成了 5 个级别，由低到高分别称为初始级（Initial）、可重复级（Repeatable）、已定义级（Defined）、量化管理级（Managed）和持续优化级（Optimizing）。

初始级中，过程没有制度化，是无序的甚至是混乱的，几乎没有什么过程经过妥善定义，执行情况难以预测。处于初始级的组织一般不具备稳定的开发环境，项目成功取决于个人或小组的努力，取决于精英和个人的经验，如图 6-49（a）所示。在项目中建立基本的项目管理过程来跟踪成本、进度和功能特性，制定必要的过程纪律，能重复早先类似项目取得的成

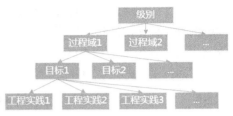

图 6-48　CMMI 模型组成要素

功，具备这些特征的就是可重复级，如图 6-49（b）所示。已定义级中，在已将管理和工程两方面的过程文档化和标准化，并形成了组织级的过程资产。所有项目都使用经批准和剪裁的标准过程来开发和维护，需要收集数据，也要使用数据，如图 6-49（c）所示。而量化管理级则使用统计和其他量化技术对项目过程进行控制，建立了质量和过程性能的定量目标，作为过程管理的准则，质量和过程性能度量数据能用于支持决策，如图 6-49（d）所示。最终的持续优化级基于对过程中性能偏差的原因的定量分析，通过渐进的和革新的技术改进，持续地进行过程性能改进。最后，组织过程改进得到识别、评估和实施，并且全体员工参与过程优化，如图 6-49（e）所示。

CMMI 关注人、工具和方法，从无序的初始级开始，建立项目记录、建立稳定一致的过程、以事实为依据达到能够不断创新和改进的持续优化级，其将企业过程成熟能力分为 5 个等级。我们在实施 CMMI 过程改进的关键在于将标准开发过程制度化。

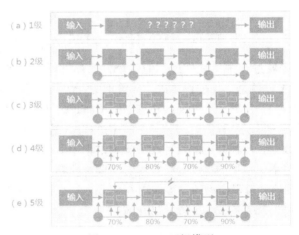

图 6-49　CMMI 五级模型

6.4.3　过程改进与架构师

过程改进主要围绕研发团队展开工作，但可能也包括一些配合型的、非研发团队的角色。正规且规模较大的团队中一般会成立专门的过程改进小组，根据团队的现状分析、计划和裁剪过程改进模型，并负责在团队中推广、实施具体的过程改进措施。过程改进小组类似 CMMI 中的 SEPG（Software Engineering Process Group，软件工程过程小组），架构师可以作为过程改进小组的重要一员参与组织级别的过程改进体系的建立。

中小型团队中普遍缺少专业的过程改进团队，项目经理通常是项目管理过程改进域的主要负责人。但正如本章所述，软件系统工程不仅仅包括项目管理，架构师可以从软件实现角度上为研

发团队引入变化从而推进过程改进。关于如何引入变化存在一些方法论和工作模式，详见本书9.3.2 小节内容。

　　过程改进的目标是改进研发团队的整体绩效，过程改进是一项重要和长远的工作，应该根据组织的发展战略、研发实力等实际情况来梳理过程域和改进方案，并要充分考虑过程改进的成本和效益。对于快速发展的研发团队而言，过程改进的宗旨是提供轻量级的实施方法，针对没有专设过程改进部门的团队现状，可以通过比较低的代价建立合理的开发流程体系，目标是能达到适合当前团队发展的过程能力。架构师如果希望成为过程改进的推行者，应当具备本章中介绍的软件工程和项目管理知识，再掌握主流的软件开发管理模型和过程改进模型，并进行裁剪和扩充。

6.5　本章小结

　　软件工程学首先体现为一种系统工程，包含软件实现、项目管理和过程改进这 3 个主要方面。本章分别介绍了这 3 个方面的基本概念和原理，并阐述了架构师在其中的角色和发展方向。

　　软件开发的本质还是为了满足客户需求，客户需求的满意度来源于软件系统本身提供的业务功能，也来源于软件开发过程本身所应具备的各项约束。为了能够更好地实现软件系统，架构师需要深入了解业务需求并建立系统模型。同时，架构师作为研发团队的负责人，通常也需要主导项目计划的制定、人员的安排及系统质量和风险的把控。这就需要架构师具备项目管理的相关理念和方法论。而系统实现、项目管理中的过程都不可能一步到位，需要根据团队和研发项目的特点和需求找到合适的切入点进行持续改进，确保过程体系的建立和发展。这就是从软件工程学角度对架构师而言提出的要求。

　　随着互联网产业的兴起，软件开发更加趋向于快速化，更加需要应对变化。软件工程学为我们提供了完整而又严谨的系统工程方法论，而新兴的敏捷开发方法论则帮助我们快速响应变化。下一章我们将围绕敏捷这一概念展开讨论，包括相关的研发工程实践及过程管理框架。

第7章
敏捷方法与实践

我们处在一个快速变化的时代，软件开发尤其是互联网文化下的软件开发最基本的现状就是计划永远赶不上变化，唯一不变的就是变化本身。在软件开发模型上，我们认为时间问题和质量问题是两大最核心问题，即我们需要考虑以下问题。

- 如何确保能够按时交付？
- 如何确保能够按需求交付？

显然，按时交付和按需求交付通常是矛盾的。围绕这对矛盾，以架构师为代表的技术团队还需要考虑功能范围、人员资源等多方面因素。业界也有很多软件开发模型帮助我们去如何把握这些因素，第6章中我们已经讨论了这些模型，但对于快速变化的场景下的这些模型并不一定适用，需要进行裁剪和把握平衡性。对此，本章要介绍的敏捷开发模型提出了新的方法论和工程实践。

所谓方法，就是做事的手段、方式、流程，而方法论即是一组方法的集合，也就是一组用于确保成功的规则的集合，使用方法论可以最大限度地提升做事的成功率。敏捷方法论采用迭代增量式开发的过程模型，是一种轻量级的过程方法论，强调拥抱变化，通过有效的沟通发挥团队的智慧。

7.1　敏捷方法论概述

普遍认为 2001 年敏捷宣言[11]的提出宣告了敏捷方法论的正式确立。敏捷宣言中强调的敏捷软件开发 4 个核心价值是：个体和互动高于流程和工具、工作的软件高于详尽的文档、客户合作高于合同谈判、响应变化高于遵循计。这些核心价值背后还包括一系列的指导性原则。敏捷方法论的本质是迭代思想，相对于传统的瀑布式开发，迭代开发把软件生命周期分成很多个小周期，每一次迭代都可以生成一个可运行、可验证的版本，并确保软件不断地增加新的价值。敏捷强调软件的需求、设计、计划都是复杂的，变化是永远存在的，以至于不可能一次就精确地完成，所以要通过快速反馈对需求、设计、计划进行修正，而迭代就是敏捷建立持续的快速反馈机制的技术手段。我们从时间和质量两个方面对迭代思想进行阐述。

在时间维度上，迭代思想的关注点在于优先级和快速交付。假设我们有 A、B、C 3 个功能需要开发时，计划完成时间如图 7-1（a）所示。瀑布流程会偏向对所有功能进行分解、设计和规划，而迭代思想则是从最优先级最高的功能 B 出发，先完成对 B 的发布再按优先级开发 A 和 C 功能。一旦计划赶不上变化，传统模式下的延迟方式将会如图 7-1（b）所示，即所有的 3 个功能都发生延期，而迭代模式下的延迟方式则不同，假设在计划时间内我们完成了 B 和 A 两个功能，则意味着这两个功能已经发布，发生延期的只是 C 功能, 如图 7-1 (c) 所示。显然, 迭代模式能够更好地应对时间上的变化。

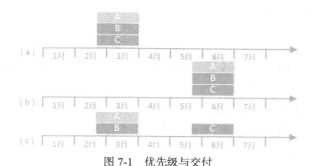

图 7-1 优先级与交付

在质量维度中, 每一次迭代结束, 团队成员坐在一起对迭代进行回顾: 我们的成功经验是什么? 有什么能改进? 针对团队当前的问题, 自主决策改进方案, 并在下一个迭代中实施, 即使改进方案无效, 也可以在下一个迭代回顾时发现, 最多浪费一个迭代周期。自我决策改进方案, 以适应复杂的需求、人员状况, 是基于迭代思想下敏捷团队的最大特点。

通过上述分析, 我们看到敏捷方法论中, 最优先要做的事情是通过尽早地、持续地交付有价值的软件来使客户满意。即使到了开发的后期, 也欢迎改变需求, 敏捷过程恰恰利用变化来为客户创造竞争优势。同时, 经常性地交付可以工作的软件, 交付的间隔可以从几个星期到几个月, 交付的时间间隔越短越好。工作的软件是首要的进度度量标准。

但我们也要认识到, 敏捷方法论并不能取代生产力, 不同技术水平的开发人员所开发的软件本身肯定是不一样的, 没有什么办法能让开发人员做他能力范围之外的事情。敏捷开发不解决技术问题, 就不能帮助团队做出原来做不出的产品, 但可以帮助团队降低开发成本、提高开发效率并提升产品质量。敏捷不能解决问题, 只能让问题暴露的更早, 这是敏捷方法论的本质。

在敏捷开发和传统型开发模式下, 存在一些争论。典型的一个讨论点就是敏捷到底写不写文档, 我们认为敏捷只写结果导向性的文档, 提倡代码即是最好的设计文档。关于文档, 对不同的项目采取的策略也是不同的, 相较纯技术性项目, 系统集成性项目的文档应该丰满一点, 因为系统集成通常涉及与外部团队之间的交互和协作, 需要明确界限和对接方式。另一点争论来自敏捷与主流过程方法论的对立性, 敏捷除了关注 CMMI 所关注的流程之外, 更多地关注团体智慧、发挥个人能力, 而敏捷和 IPD (Integrated Product Development, 集成产品开发) 是截然相反的, 一个基于瀑布模型, 另一个基于迭代模型。

各种方法论和过程模型对人员个体的依赖及对人员个体的理解和要求因东西方文化的差异而有较大的不同, 但开发者的经验和技术仍旧是影响开发结果的最主要因素。敏捷强调团体的智慧, 团队共同决策, 一定程度上减少了人员的依赖。但从另一个角度来讲, 敏捷方法论中开发人员在保障技术水平的同时还要有团队协作意识, 相较其他方法论对人员个体提出了更高的要求。

敏捷方法论是一种理念, 在理念背后有很多实现模型, 最具代表性的有两大派系: 一种是面向工程实践, 另一种面向过程管理。前者代表性的有极限编程 (eXtreme Programing, XP)、特征驱动开发 (Feature Driven Development, FDD) 等; 后者则包括 Scrum、精益 (Lean) 思想等。这两个派系分别从开发方法和管理方法给出了各自关于敏捷方法论的阐释, 但两种之间也存在一定的共性, 如图 7-2 所示。

图 7-2 敏捷方法两大派系

本章中，我们的思路围绕这两个派系，尝试掌握极限编程常用工程实践，理解和采用 Scrum 框架，并提供典型的场景案例分析。

7.2　极限编程与工程实践

极限编程方法论模型由 3 部分组成，分别是价值观、原则和工程实践，其中，价值观通过原则来指导工程实践。对于架构师而言，我们重点关注工程实践。

7.2.1　极限编程方法

极限编程方法试图解决的问题包括软件不能适应需求变化、软件缺陷多、代码质量低、设计不良、项目中浪费大、开发效率低等各个方面。对于如何解决这些问题，极限编程认为可以提炼出一批工程实践用于指导软件开发工作。

回到迭代模型，极限编程是迭代思想的一种表现形式，包括多种迭代形式，分别为分钟级迭代、小时级迭代、每日迭代、数日迭代、一周迭代和季度迭代。每一种迭代形式都有对应的工程实践，如图 7-3 所示。除此之外的一系列工程实践也确保每种迭代形式能够正确有效地执行。

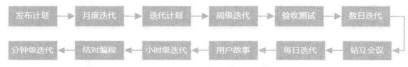

图 7-3　极限编程中的迭代

并不是每个团队都适合使用极限编程。极限编程适合于小规模（10 人之内）团队，且需要现场客户/业务方、产品经理、领域专家和技术人员共同参与其中。在引入极限编程过程中，我们也发现不能完全套用流程，可以从工程实践出发，先引入面向技术的简单的工程实践，再扩展到交互和流程性工程实践。很多时候也推荐与 Scrum 等管理框架进行整合。

7.2.2　极限编程工程实践

工程实践的分类可能有不同的标准，通常在敏捷开发中，团队级别的思考和协作意识是一个重要话题，可以构成一个分类；基于迭代模型的计划和发布方法在开发过程中的应用是敏捷区分其他方法论的关键，可以构成一个分类；极限编程从派系上是一种开发方法，开发也可以构成一个分类。这样，我们可以从协作、计划发布和开发 3 个角度对极限编程中的工程实践展开讨论。

1. 协作与工程实践

（1）结对编程

结对编程（Pair Programming）的特点在于所有设计决策都牵涉至少两个人，至少有两个人熟悉系统的每一部分，所以几乎不可能出现两个人同时疏忽测试或其他任务。通过结对编程，改变各对的组合可以在团队范围内传播知识。这时，代码总是由至少一人复查。因此，结对编程比单独编程更有效。另一方面，结对编程被认为是 XP 中最具争议的实践之一，国内环境下，明推结对编程通常不是一个好的选择，可以把结对编程看成是 Code Review 的一种表现方式，部分高难度、高风险、高 bug 率的代码模块可以推荐使用。

（2）信息化工作场地

信息化工作场地实施上比较简单，就是要有可见的媒介，包括进度信息、警告性信息、过程改进信息等能够反映团队状态的数据。这些都是属于需要信息化、透明化的内容。实施过程中，最常见的表现形式就是白板和贴纸。为了打破沟通壁垒，除了使用信息化工作场地，团队成员坐在一起形成专项小组也被认为是一项最佳实践。

（3）真实用户参与

软件开发可以分为团队私有开发、内部客户开发、外包客户开发等多种形式。对于团队私有和内部客户开发而言，真实用户参与不是问题，因为真实用户通常都是部门内部或者跨部门的同事。这时候最好限制一下这些真实用户对软件的控制权。而对于外包类项目，真实用户参与的时机非常重要。在项目开始时和每次迭代演示，务必让真实用户能够参与到这些阶段性过程中来，确保项目不至于偏离方向。

（4）统一协作语言

我们已经在第 3 章的领域驱动设计中讨论过统一协作语言（Ubiquitous Language）。团队所有人怎么样讲同一种语言？答案就是面向领域。实施方法上，需要掌握领域驱动设计方法，在需求评审会议上统一团队成员对领域知识的一致认识，并在代码中的命名等场合上使用领域词汇而不是技术词汇。

（5）站立会议

如果我们需要知道整个团队的进展，最简单的方法就是把人叫过去问一下，更好的办法则是通过一定的流程和规范形成一种工作模式。站立会议（Stand-Up Meeting）就是这样一种工作模式。站立会议采用固定时间和固定人员，一般每天举行，用于同步开发信息并做相应调整。站立会议要求大家站在一起开会，其目的在于防止大家坐在一起侃侃而谈导致信息同步的成本过高。

（6）编码规范

所有开发人员在编码时遵循共同的准则，实施方法上创建能够工作的最简单标准，然后逐步发展；关注一致性与共识，而不是追求完美；使用自动化工具降低执行成本。IDE（Integrated Development Environment，集成开发环境）使用方法、文件和目录的组织方式、错误处理与日志、自动化构建约定等是常见的切入点。

（7）迭代演示

敏捷强调每一个迭代团队都产出可交付物。如何确保迭代产物符合业务需求？迭代演示可以认为是一种阶段性的非正式的验收过程。实施方法上召集业务方在内的干系人，演示迭代中完成的所有功能并回答演示相关问题。

（8）上级汇报

敏捷团队同样需要向上级汇报，因为上级还要向更上级汇报。但敏捷中的汇报更多偏向于进度汇报而不是管理汇报。迭代演示结果、迭代与发布计划、可视化进度视图等都是非常好的进度汇报资料。

2. 计划发布与工程实践

（1）用户故事

用户故事（User Story）是极限编程中表述需求的一种方法，以业务为中心、最好由用户梳理，避免出现技术性描述，并提供测试性作为完成标准。在表现形式上，故事卡片是其物理媒介，可以结合信息化工作场所进行需求的透明化管理。在敏捷领域，关于用户故事有一个 3C 原则。3C 分别代表卡片（Card）、交谈（Conversation）和确认（Confirmation）3 个单词首字符。用户故事一般写在小的记事卡片上，包括故事的简短描述，工作量估算等。用户故事背后的细节来源于和客户或者产品负责人的交流沟通，并通过验收测试确认用户故事被正确完成。

在 6.3.1 小节的项目计划管理中提到，对于需求管理关键一点在于分解，敏捷领域同样如此。分解方法上，用户故事可以采用沿着故事所支持数据的边界来拆分大的故事、基于故事内部所执行的操作来拆分大的故事、考虑把面向切面/非功能性需求创建一个单独的故事、根据优先级来拆分故事等方法。在表述上，用户故事也有一定的既定规范，通常可以使用以下模板。

As a <Role>, I want to <Activity>, so that <Business Value>.

作为一个<角色>，我想要<活动>，以便于<商业价值>。

比如，作为一个"网站管理员"，我想要"统计每天有多少人访问了我的网站"，以便于"我的赞助商了解我的网站会给他们带来收益"。

（2）发布计划

发布计划最核心的原则就一条，即尽早发布、经常发布[12]。发布与价值的关系体现在图 7-4 中，可以看到尽早发布能为项目和产品带来更高的收益。在图 7-4（a）中的传统方式下 6 月份发布的所有功能在交付后的一段时间内可以产生 100 万的收益，而图 7-4（b）分两次发布，在 3 月份尽早发布的这部分功能可以额外带来更多的收益。

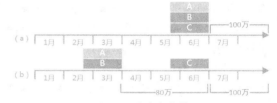

图 7-4　发布与价值

实施方法上，使用用户故事组织需求可以确保功能的独立性，在每次发布中包含少量功能可以实现频繁发布。充分考虑发布功能的投资回报率（Return Of Investment，ROI）和优先级导向有助于确定发布计划。

（3）迭代计划

发布计划由一系列的迭代计划组成。迭代计划的制定首先需要确定一个迭代时限，对于初次尝试敏捷开发的团队而言，一周通常是一个不错的开始。迭代中的工作需要进行任务拆分和时间估计，任务的完成情况通过 Task Board 和站立会议进行监控和同步，而估算过程可以使用下面介绍的计划游戏。

（4）计划游戏

计划游戏类似于打扑克牌，流程上创建或选择一个未纳入计划的故事，开发人员估算故事，然后产品经理根据相对优先级将故事纳入计划，重复上述步骤直到所有需求都被估算并纳入计划。

这里最重要的一环就是开发人员如何进行有效的故事估算。参加游戏的开发人员每人各拿一叠扑克牌，牌上有不同的数字。产品经理根据优先级为大家挑选 1 个用户故事，并简单解释其功能以供大家讨论。每个游戏参加者按自己的理解来估计完成这个用户故事所需的时间，从自己手中的牌里选 1 张合适数字的牌，并展示给大家。游戏参加者各自解释选择这个数字的原因，尤其是数字最大和最小的人，根据每个游戏参加者的解释，重新估计时间并再次出牌，直到大家的估计值比较平均为止。可以认为计划游戏是一个博弈的过程，通过团队智慧能在很大程度上获取一个比较合理的博弈结果。

（5）持续集成

持续集成（Continuous Integration，CI）指持续地把完成的功能模块整合在一起，目的在于不断获得客户反馈及尽早发现问题。原则上，应尽量确保集成及测试过程的自动化。关于这个话题我们放在下一章具体展开。

3. 开发与工程实践

（1）TDD

测试驱动开发（Test Driven Development，TDD）可以理解为一种开发模式。这种开发模式由图 7-5 中的流程所驱动。思考并设计测试用例是 TDD 中最难部分，也就是要想出一个促使你增加几行新的代码的测试用例。显然，没有实现代码的测试用例不可能通过测试，看着测试用例失败，我们就需要编写足够的代码让测试通过。等到测试通过，重新审视你的代码并寻找可以改进的地方，这就是重构。

图 7-5　TDD 流程

可以使用 JUnit 等测试工具执行测试，在测试类型上主要采用单元测试和集成测试，测试用例最好是单元测试为主，集成测试为辅。如果是集成测试，使用模拟对象（Mock Object）可以隔离不同职责的类以方便单元测试。

（2）客户测试

TDD 面向开发，而客户测试面向系统的直接使用者，以确保系统正确且完备地实现了复杂的领域概念和领域规则。客户测试有时候也可以归为 UAT（User Acceptance Test，用户验证测试）的一种表现形式，客户测试有助于客户传递领域知识。

（3）重构

重构是在不改变软件外部行为的前提下改善其内部结构，也就是说重构是在代码写好后改进它的设计和实现。通过重构，可以提升代码的正确性、可读性和可维护性，确保代码质量的稳定，如图 7-6 所示。

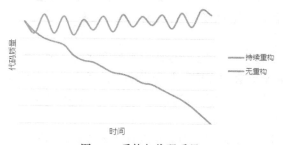

图 7-6　重构与代码质量

重构在流程上，首先发现代码中不符合设计原则的部分，即所谓的代码坏味（Bad Smell），然后使用重构手法消除代码坏味，通过自动化测试保证重构没有改变代码外部行为。通常重构也是一个工程，需要不断重复以上三步。任何修改代码的时候都需要重构，如添加新功能之前、解决 bug 之后，通常也可以抽专门的时间来重构。关于代码的坏味道及对应的重构方法可参考重构领域经典专著[13]。重构的前提是有一定的自动化测试支持并能够整合持续集成。重构的目标是促使软件设计符合设计原则，包括领域驱动设计、软件体系结构和设计模式等通用设计原则在本书第 2、第 3 两章中都已有详细介绍。

（4）简单设计

简单设计的最基本表现就是不要重复（Don't Repeat Yourself，DRY），其次提倡使用模式和惯用法编写自解释的代码。隔离第三方组件、限制公开接口、快速失败都是简单设计的相关实践。

（5）试验方案

当需要更多信息时，可以进行一些小的、孤立性的实验。这些实验在敏捷领域被称为试验方案（Spike Solution）。试验方案其实就是一种技术原型，其目的是让不明确的评估成为明确的评估，只有评估准确了，计划才能够准确，因此它是计划和迭代的输入项。

4. 工程实践小结

（1）不容易做到的实践

首先，在国内很多实践可以尝试做，但要做到像国外那么彻底、那么直接是不现实的，典型代表就是结对编程。在敏捷领域，大家都认为结对编程是个好东西，我们可能也模模糊糊觉得应该也不错，但要做起来可能会比较困难，无论环境、资源和管理理念上都显得格格不入。更多时候，建立 Mentor 机制，老师傅手把手来教新人，也会表现为两个人一起写点代码或做些设计。这可能算是"结对"这种思想在日常开发过程中的变种应用。

另一个不大容易做到的实践是 TDD，TDD 是个好东西，我们可能也曾经尝试通过 TDD 来写点代码，但写起来实在有点累。TDD 对个人素质要求之高是很明显的，做起来不会像一些书上举得例子那样顺利。国内很多公司，面对项目线、产品线的要求，代码自测的手段还是主要体现在能够做到核心业务层代码都能覆盖单元测试。如果团队整体水平没有达到很高的层次，使用 TDD 可能只会降低开发效率。

（2）容易做到的实践

幸好在极限编程中还是有几个工程实践是比较容易实现的，如信息化工作场地，就算现在没有，跟老板说一声，要想有一般也不是什么难事情，关键是如何设计信息化的表现形式。坐在一起，通常比较简单，尤其在互联网文化下的内部团队。站立会议，由于形式比较简单，现在很多公司都在做。版本控制，SVN、Git 我们都可以使用。关于版本控制与配置管理我们在下一章中还会具体展开。重构，只要有思路，重构还是有很多模式和套路可以直接拿来用的，一般也不会太难，真的很难估计也就不去重构而是重写。试验方案，做之前先试试行不行。这个是好主意，开发和管理人员一般都会喜欢。

（3）灵活做到的实践

极限编程中的有些内容已经超越了纯粹研发工程实践的范畴，类如真实客户参与确实非常之重要，但不是每个项目都会有客户和你一起来做事情，客户或者干系人管理更多的是项目管理过程上应该考虑的问题而不是研发过程。这类实践通常需要视项目和团队情况灵活进行应用。

（4）需要做到的实践

关于工程实践，这部分才是重点，即那些没有那么容易做到但是需要我们去做的实践。

统一协作语言，这一实践与沟通管理有直接关系，通常研发、产品和项目线会有自己的一些特定沟通风格。如果不做事先引导，大家坐在一起开会的时候会明显感觉到风格的不同。关于大家怎么样讲同一种语言，敏捷的基本思路是关注领域而非技术。要做到统一协作语言，过程资产的建设也是基础，常用的领域知识需要按照产品、模块、功能线、功能点等进行组织并形成文档，确保大家的认识在同一水平线上。

编码规范，貌似所有开发团队或多或少都会有称之为编码规范的东西。我们的思路是从开发实践、工具、构建约定等方面制定最小标准合集，并关注一致性。关于如何遵循规范，团队的过程资产建设是第一步，各种同级评审（Peer Review）等没有在极限编程中提到的实践也需要推广执行。

持续集成，关于持续集成的问题，归根结底还是团队协作的问题。在类似 Jenkins 这样的服务器上去构建是简单的，但如果涉及多人一起提交代码，如何把握代码提交的时机、如何确保你提交的代码不会破坏构建等问题需要团队对代码开发的分工等有明确的约定，对提交者个人能力也是一种考验。至于多步集成构建、频繁构建等是另一个层面可以考虑的问题。

发布计划和迭代计划，在发布计划这个实践中，有几个重要概念和理念，即一次一项目（理想状态）、尽早发布尽快发布（往往不是研发团队能够单方面决定）、面向功能发布、最后责任时刻计划（精益用语，类似计划的演进过程）及计划的两种类型（范围限定和时间限定）。这里特别强调一下面向功能发布。这是研发过程中需要管理的接口，即面向发布的应该是功能，而面向研发人员的是任务，通常功能和任务需要进行映射管理。另外，如果我们希望能够频繁发布，则需要控制发布单元的粒度；至于如何制定发布计划，敏捷领域一般都是推崇时间限定的发布。有了固定的时间限定，迭代计划也就提上日程。迭代计划中通常会使用 Task Board 进行迭代跟踪，并处理好完成定义（Definition of Done，DoD）这一敏捷里面的重要概念，。

故事和估算，如何做估算或者说评估工作量恐怕是软件行业一个永恒的话题。软件开发要做到量化确实是很不容易。估算的前提是要进行开发范围的分解，至于分解出来的中间产物可以有多种表现形式，故事只是敏捷领域的一种叫法，我们可以使用工程天数、速度、故事卡片等工具和媒介进行估算以达成团队的统一认识。

客户测试，如果做不到自动化验收测试，那么客户参与测试这一步骤通常是必须要有的，不管其手段和表现方式是什么。客户测试是管理客户期望，确保项目顺利验收的重要方面，通常在系统试运行阶段会有正式的流程，但阶段性获取客户反馈也有助于把握开发的方向。

简单设计，关于简单设计强调的还是代码修改和维护的易操作性，诸如避免猜测性代码、避免重复代码，使用自解释的代码、隔离组件和限制公开接口、多用断言进行快速失败等都是设计领域当下普遍的准则和做法。

当你的团队规模逐步变大，就需要考虑团队成员之间的有效沟通和协作问题。有效的沟通和协作通常已经很难通过面对面交流来实现，而必须要有相对完备的文档和过程资产。这时候，敏捷尤其是极限编程中的部分工程实践是可以也是应该作为一种过程集成化的手段嵌入到团队运作中去，例如把大团队分组成小团队，大团队有自己完整的工作流程，而在小团队内部可以实行坐在一起、站立会议等实践。这种敏捷实践的嵌入式推行方式相对比较容易，效果也不错。

7.3　Scrum 与过程管理

相较极限编程，Scrum 并不关注具体的工程实践，而是偏重于轻量级的过程管理。极限编程中的迭代计划、迭代演示等工程实践在 Scrum 中同样也有体现，但 Scrum 对这些工程实践的处理方式是把它们整合成一个工作流程闭环。

7.3.1　Scrum 简介

Scrum 提供的是一种过程方法论和一个框架。这个框架只规定了要作出什么样，没有告诉我们该怎么做，只告诉我们做到什么程度就是敏捷，但具体的工程实践并不包含在框架之内，也就是说我们可以使用适合自身团队的任何工程实践来丰满 Scrum 框架。目前，主流的做法就是把极限编程与 Scrum 整合起来一起应用，通过 Scrum 先确定软件开发的基本流程和步骤，再通过极限编程中的各项工程实践来具体实现这些流程和步骤。

Scrum 基本组成结构如图 7-7 所示，以一组称之为 Sprint 的迭代周期组成，可以和极限编程的迭代周期类比，典型的迭代周期为 1~2 周或者最多一个自然月，产品的设计、开发、测试全部都在一个迭代内完成。

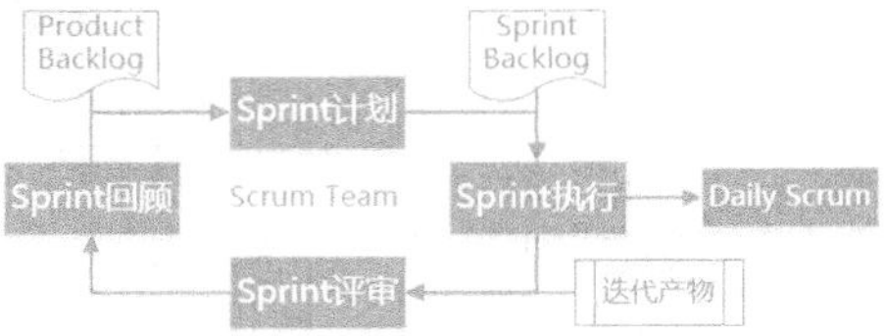

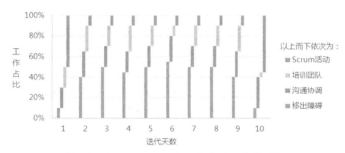

图 7-7　Scrum 框架

7.3.2　Scrum 框架

对于任何一个过程管理框架，我们都可以从 3 个方面对其进行分析，即角色、活动和产物。

1．Scrum 角色

Scrum 中角色只有 3 种，分别为 Product Owner（PO，产品经理）、Scrum Master（SM，敏捷专家）和 Development Team（DEV，研发人员）。

（1）Product Owner

Product Owner 的交集比较广泛，对内需要与 SM 和 DEV 有效协作，对外对接客户、用户以及各种内部干系人，所以 Product Owner 在具备领域知识的同时，还需要有较高的交际能力、决策能力和责任感。

Product Owner 日常工作的一大重点在于梳理 Product Backlog（产品待办列表），通过收集、分析各项业务需求的优先级并确保 Product Backlog 中的 PBI（Product Backlog Item，产品待办项）按照发布计划的时间安排由远到近进行从粗粒度到细粒度的演进。另一方面，PO 需要全程参与每一个 Sprint，在 Sprint 计划时参与需求讨论，在站立会议中根据需要回答团队提出的业务相关问题，在 Sprint 评审和回顾过程中给出自身关于业务方面的判断和建议。

（2）Scrum Master

Scrum Master 的责任包括团队教练、过程执行者、外部影响的屏障、团队障碍的移除者和引入变化的主导者。每一项责任都需要 SM 具备专业的技能、善于发现问题、耐心并善于协作。同时，SM 作为团队主要的协调者（Facilitator），合理把握职责的边界，很多时候需要对团队透明。

Scrum Master 的主要工作是确保每一个 Sprint 顺利开始和结束，具体工作展开方式和时间分配如图 7-8 所示。

图 7-8　Scrum Master 在一个 Sprint 中的工作

（3）Development Team

Scrum 中对开发团队要求较高，首先在团队成员构成上应确保跨职能，即团队包含交付一个产品所应具有的各种角色。团队内部成员之间能够进行透明化沟通，在具备对某一领域深度了解的同时还应有一定广度。同时，团队最好维持在 10 人以内的合适规模并专注于特定的一到两个项目，当团队从事的并行项目数量过多时，反而会降低工作效率，如图 7-9 所示。

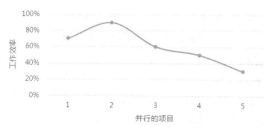

图 7-9　并行项目数量与工作效率之间的关系

在本书第 6 章中，我们提到项目管理中的范围、时间、质量、风险等因素。传统意义上，项目经理是这些项目因素的直接责任人。Scrum 同样作为一种流程性管理框架，并没有设立项目经理这一角色，但这些项目因素同样渗透在各个角色和活动中，表 7-1 对此做了总结。我们可以看到，一个迭代的时间是固定的，而范围则由团队在每个迭代计划会议上共同决定，开发成本问题也是一样。至于质量和风险，都是 3 种角色共同分析和承担责任，通过一系列活动确保这些项目因素可控。

表 7-1　　　　　　　　　　　　Scrum 团队中的项目管理工作与角色映射关系

项目管理领域	Product Owner	Scrum Master	Development Team	说明
范围			√	通过迭代计划会议共同决定
时间			√	固定
成本			√	时间固定则范围决定成本
质量	√	√	√	共同承担
风险	√	√	√	共同承担

2. Scrum 活动和产物

Scrum 活动构成了整个 Sprint 的工作流程，从图 7-7 中，我们看到 Scrum 框架中一个 Sprint 包括计划、执行、评审和回顾四大活动。

（1）Sprint 计划

Sprint 采用两阶段会议方法确定开发计划，可以分别用 What 和 How 来概括这两个阶段的目的。阶段一根据优先级及本次迭代能完成的团队工作量填充相应的 PBI。该阶段由 Product Owner 主导。阶段二根据 PBI 展开讨论，确定实现方案。该阶段由整个开发团队主导，Product Owner 负责解释领域问题。Sprint 计划的产出就是 Sprint Backlog，如图 7-10 所示，通过计划会议，面向业务的 PBI 转变为面向开发的 Task。

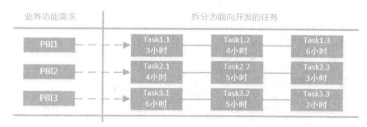

图 7-10　Sprint Backlog 表现形式

（2）Sprint 执行

Sprint 执行过程中，输入的是 Sprint Backlog，而输出就是可以运行的交付产物，整个 Scrum 团队都会参与其中，可以结合极限编程中开发相关的工程实践加强技术执行力。在 Sprint 执行过程中，需要重点关注的就是避免将一个 Scrum 迭代演变成 Water-Scrum-Fall 式迭代。所谓 Water-Scrum-Fall，指的就是在一个 Sprint 中依然采用类似分析、设计、编码、集成、测试的传统瀑布流程，导致在 Sprint 结束时，可能都还没有任何可以交付的产物，如图 7-11 所示。

图 7-11　Water-Scrum-Fall 示意图

避免 Water-Scrum-Fall 现象的产生，一方面就需要不断同步开发信息并做相应调整，Daily Scrum 通过经典的 3 个问题对每个人开展信息同步：我昨天做了什么？我今天将要做什么？有什么问题妨碍我取得进展？在回答这些问题时，一定要简洁，避免陷入细节讨论，所以 Daily Scrum 一般都会控制在较短时间内（一般 15 分钟），对于长时间的个人发言要及时调整以控制会议节奏。

另一方面，Scrum 提供了专门的工具对 Sprint 执行过程进行监控，典型的有燃尽图（Burndown Chart）和燃烧图（Burnup Chart）。Burndown Chart 关注于剩余功能，而 Burnup Chart 关注已完成功能，分别如图 7-12（a）和图 7-12（b）所示。图中我们在 Burnup Chart 中添加了一条异常情况下的曲线（图 7-12（b）中位于下方的曲线），可以看到这种异常很大程度上源于使用了 Water-Scrum-Fall 模式，在 Sprint 的前一半时间内，团队并没有产出任何可交付成果导致后半程发力不足。

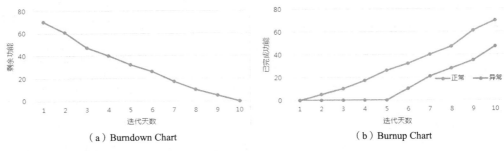

图 7-12　Burndown&Burnup Chart

（3）Sprint 评审

Sprint 评审流程上与极限编程中的迭代评审类似，对于演示的结果需要进行确认，通过迭代的功能是否满意、下一个 Sprint 是否可以继续这两个问题可以明确迭代的结果。

（4）Sprint 回顾

在 Scrum 中，回顾（Retrospective）是单独一个流程节点，意味着每个 Sprint 必须完成回顾才能结束。回顾通过回顾会议展开工作，其效果就在于把 Scrum 团队中的想法全部收集起来，然后通过分类发掘，明确可以引入的变化及丢弃当前不好的做法，如图 7-13 所示。我们认为回顾非常之重要，所以下面通过专门的案例分析来阐述关于回顾的一些方法和流程。

图 7-13　回顾的效果

7.3.3　如何进行敏捷回顾案例分析

本节讨论回顾，回顾这个词现在很多地方都能看到，从字面上看可能对它并不感冒，觉得回顾是一件很简单可做可不做的事情，但事实上做回顾很难也很重要，甚至有很多学者认为回顾是敏捷开发中最需要做的一件事情。尤其是在团队尚在成长期、面临研发过程中诸多问题的时候，回顾就是我们手中的武器。同时，因为回顾在敏捷领域受到地广泛关注，本节内容上也参考了敏捷领域的一些现有的相关著作和资料[14]中的思路和做法。

1. 为什么我们要做回顾？

在项目/产品研发过程中的某个时段，结合并不成熟的团队状况，或多或少会面临研发管理不合理的现状，比较典型的有多项目交叉、分布式和多部门协作、开发资源和任务并行、项目缺乏计划性、产品缺乏创新点等。这些现象导致的结果归根结底就是进度上的问题，无论是项目按计划验收还是产品根据市场快速做出反应，时间永远是软件企业最需要把控的一个核心要素，对互联网公司更是如此。但当因为研发过程中产生这种那种的问题导致进度不尽理想时，我们有想到要做些什么吗？

要做的事情有很多，但首当其冲的事情是停止并思考（Stop&Thinking），包括如下两个主要方面。

● 检视（Inspect）：检查和诊视。通过分析现状、收集数据、头脑风暴等方式总结和梳理团队目前存在的问题，包括梳理需要量化的过程记录性数据作为过程改进的输入及流程改进点本身存在的问题这两个主要方面。

● 调整（Adapt）：过程改进。有了量化的数据和流程改进的突破点，就可以确定调整策略和下一步的工作计划，并落实责任人。

"Stop&Thinking"体现的就是回顾思想。回顾是过程改进中诸多方法论和实践的一个集合体，也和质量管理领域中的主流思想保持一致。回顾本身也是图 7-14 中的PDCA 环的一种具体体现。

图 7-14　PDCA 环与回顾

2. 回顾会议的方法

怎么做回顾？答案是通过回顾会议。开会的目的在于分析数据、剖析流程并在团队级别形成统一认识。

（1）会议的流程

回顾会议的流程可以分为以下 5 个步骤，其中前两步需要在会议前完成。回顾会议的目的是对研发过程中的客观数据进行分析从而得出结论和行动计划，当然各个团队可以根据实际情况进行调整和裁剪，但会议的输入、输出和议程应该是一致的。

● 确定目标：确定本次回顾会议中需要改进的目标，一般一次回顾 1～2 个目标比较合理。

● 收集数据：为了对改进过程有量化的标准，需要进行数据收集。数据来自日常研发过程中与该改进目标相关的方方面面。

● 激发灵感：使用数据进行集思广益，通过各种激发灵感的工具和活动让团队成员提出自己的想法。

● 决定做什么：收集团队中的灵感并进行讨论和分析，最终确定下一步的目标。

● 总结收尾：总结本次回顾会议的过程和成果并落实行动计划和责任人。

（2）会议召开的时机

在 Scrum 中，回顾会议召开的时间是在一个迭代结束之后，前提是团队正在使用基于迭代的敏捷方法进行研发管理。如果团队没有采用敏捷方法，以一定的节奏定期开展回顾会议是一项最佳实践。如果是不定期开展回顾活动，过程的节奏感和持续性上会大打折扣，可能导致后续大家都对回顾失去兴趣。关于回顾和传统周会本节后续还会有进一步阐述。

（3）参与者和持续时间

回顾会议的参与者不要太多，主要包括以下两部分。

● 团队成员：执行过程改进的整个团队，确保需要参加的人员都到位。

● 顾问：顾问很多时候是需要的，顾问可以来自项目团队，也可是其他研发团队中有回顾和过程改进经验的同事。

回顾会议的持续时间会因为回顾目标和主题的不同而有所不同，但通常建议在半小时到1小时之间。

（4）背景和目标

回顾会议的背景和目标视具体的回顾主题而定，后续的场景分析中会提到几个具体的实例。

（5）活动和工具

回顾会议流程中的每一个环节都可以使用一些有效的活动和工具进行工作的展开，有些活动和工具来自传统质量管理领域，如鱼骨图；有些则在团队建设中被广泛使用，如头脑风暴。但无论使用那种活动或工具，都是围绕着具体目标的特点而定。通常使用比较多的活动和工具由用于确定目标的聚焦和不良事件响应，用于收集数据的时间表和每日例会，用于激发灵感的头脑风暴、5个为什么、鱼骨图及学习矩阵。在决定做什么这个问题上，我们通常关注流程，并充分应用SMART目标法，而总结收尾通常使用+/Δ方法。

（6）产出和行动

回顾会议的产出通常是团队对具体改进目标的统一认识和行动计划。这些行动计划有些面向具体一个工作点，那么改进的效果相对比较容易衡量；有些则面向工作流程，而流程的改变通常需要一段时间，故这类行动计划的有效性需要在后续的回顾会议中时常进行总结和讨论，以确定其在推进的方向上是否还具有时效性和可行性。

3. 场景分析

本节将根据上文中的回顾会议流程进行一些场景分析，帮助读者了解和掌握回顾会议中的具体做法和注意点。文中的实例可能并不适合所有的团队，仅供参考。

（1）确定目标

可以通过两个活动来确定目标，分别是"聚焦"和"不良事件响应"。聚焦是主动地去关注研发过程中的某一个潜在需要改进的点，而不良事件响应通常是因为发生某个事故导致我们不得不被动的去应对这些事故并探讨是否有可以避免该类事故再次发生的方法。从质量成本的角度讲，聚焦是一种一致性成本而不良事件响应是不一致性成本。日常研发过程中，如果有条件的话，应多采用聚焦的方法以降低质量成本。

举一个聚焦的例子，我们关注Jenkins使用情况，如果发现有若干次构建失败的场景，根据团队工作的规则，可能就需要触发我们去召开回顾会议看看是什么原因导致Jenkins构建工作会经常性的出现问题。通过回顾，我们通常会得出代码提交、系统集成流程上的不规范性，从而进一步制定相关规则。

关于不良事件响应的例子也很多，在开发过程中常见的配置问题就很典型。配置文件中配置项的缺失或错误会导致服务部署失败。从这种不良事件中，我们也可以看出服务发布的流程上缺乏相应针对服务器配置的校验工作，所以也可以在回顾会议上展开流程方面的讨论。

（2）收集数据

收集数据一个有效的活动就是"时间表"，如果团队维护着这么一份时间表，则每天发生的问题都会有一个明确的记录。这些记录就为我们的回顾活动提交了无可辩驳的回顾数据，通过对这些数据进行分析，我们就能进行灵感的触发，从而找出解决问题的思路。数据也可以在日常研发过程中各种非正式场合下进行收集，如每日例会和各种团队交流。

（3）触发灵感

头脑风暴（Brain Storming）是我们经常使用的一种触发灵感的活动。下面是需求和 UI 界面匹配问题团队成员之间一次简单的头脑风暴，通过讨论大家就工作流程做了一项改进。

> 表现端开发人员：需求文档中的界面和 UI 效果图中的界面不是很一致，处理起来要返工。
>
> 服务器端开发人员：我是参考需求文档中的界面设计的接口。
>
> 产品经理：嗯，两者应该尽量统一。
>
> 项目经理：那我们以后等 UI 效果图出来，产品经理和 UED 碰下头之后再发布给开发。

5 个为什么也是敏捷领域比较推崇的一个过程改进实践，原理很简单但确实很有效。图 7-15 是对某项目服务器部署失败而开展的"5 个为什么"的分析过程，通过分析最终明确开发人员在服务发布之前与发布人员进行沟通和确认是保证该流程正确执行的一项有效实践。

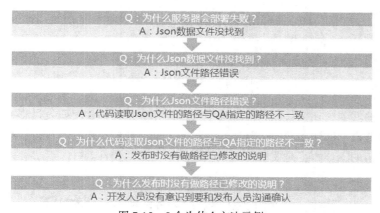

图 7-15　5 个为什么方法示例

鱼骨图又叫因果图、石川图，是质量控制领域最具代表性的分析工具之一，也被广泛使用到过程改进中。可以从研发团队的各个方面出发找出导致开发效率低的原因，从而为我们后续的行动计划指明方向。

学习矩阵相对比较少用，但在有些场景下也是我们可以用来进行灵感触发的有效工具。在图 7-16 中，针对分布式协作下的团队开发，我们首先总结做得好的和做得不好的方面，再看看有没有新的想法，如果

图 7-16　学习矩阵示例

实在不行我们也可以看看找谁帮忙。这些过程性成果都可以通过类似的学习矩阵进行细化和明确。

（4）决定做什么

关于决定做什么，虽然后续工作安排取决于具体的目标，但有如下两个方面我们需要注意。

● 关注流程：从点覆盖到面是我们梳理流程的一个目标。例如，从 Jenkins 打包失败这个点提出在流程上需要进行提交代码前先本地打包这一覆盖到面的改进；再如，从测试环境部署失败看流程问题的话就需要我们先搭建开发环境然后在发布前先部署开发环境。

● 使用 SMART 原则：SMART 原则是指具体（Specific）、可衡量（Measurable）、可实现

（Attainable）、相关性（Relevant）和有时间限制（Time-bound），是目标管理领域的一个核心原则。我们在制定行动计划时如何判断改进工作安排是否合理和可行很大程度上可以参考这一原则。

（5）总结收尾

当回顾会议接近尾声时，我们需要做会议总结，可以采用"+/Δ"方法。通过分析目前做的比较好的工作（+，代表需要进一步加强）和尚待改进的工作（Δ，代表需要进一步改进），团队成员在意识形态上达成一致有助于改进工作的顺利开展。比如，开发/测试环境分离、自动化打包和部署属于+，而需求再确认、Dao 层单元测试等属于Δ。

4. 关于周会

讲完回顾，再来看周会。传统型周会的议程和目的实际上就是进行团队信息同步，会议本身无可厚非，但通常大家都是把自己本周的工作像过流水账一样过一遍，往往流于形式而不能真正解决存在的问题。如果团队已经采用了类似站立会议这样的工程实践，也使用 Jenkins、Redmine 这样的团队协作工具，又有规范的内部开发流程，通过这些流程和工具，团队信息同步的目的实际已经达到，所以传统型周会意义不大。周会如果要开，使用回顾会议的方式通常是更加高效的做法。回顾型周会的召开方式如图 7-17 所示。

图 7-17　回顾型周会流程

回顾是我们的武器，在推行回顾的过程中一方面作为架构师要对研发过程中的潜在问题有充分的敏感性，能够推动回顾活动的正常运转；另一方面，我们也需要一种持续性的节奏，回顾是一项需要长期坚持的工作，也是要取得过程改进成果的必要条件。

7.4　敏捷方法论与架构师

在敏捷领域，存在以下鸡和猪的故事。

> 一天，一头猪和一只鸡在路上散步，鸡看了一下猪说："嗨，我们合伙开一家餐馆怎么样？"
>
> 猪回头看了一下鸡说："好主意，那你准备在餐馆卖什么呢？"
>
> 鸡想了想说："餐馆卖火腿和鸡蛋怎么样？"
>
> 猪说："不开了，我全身投入（火腿是一次性资源），而你（鸡蛋是可再生资源）只是参与而已"。

这个故事告诉我们需要区分团队中的"鸡"和"猪"并合理控制参与度。"猪"角色被认为是团队中的核心成员，Scrum 团队中的 3 种角色都属于"猪"角色。"鸡"角色不是 Scrum 的一部分，但必须要考虑他们，用户、客户、职能经理等扮演着"鸡"角色。

7.4.1　敏捷开发中架构师的角色

那么对于架构师而言，到底扮演哪种角色呢？都有可能。有些时候，架构师需要兼顾多个项目，不大可能成为一名全职的 Scrum Master，那就可以扮演"鸡"的角色，成为 Reviewer。在一个 Sprint 开始之前，架构师可以与 Product Owner 就 Product Backlog 进行梳理，从技术角度给出 PBI 优先级的参考；在 Sprint 计划阶段，架构师充分利用自身对领域和技术的经验对开发团队的设计进行评审；在 Sprint 执行过程中，架构师通过引入各项工程实践以提升开发效率，如图 7-18 所示。

另一种情况是架构师直接作为 Scrum 团队的 Scrum Master，也就是成为"猪"角色。Scrum Master 作为 Scrum 团队障碍的移除者和引入变化的主导者，也可以充分吸取并提炼其他敏捷领域的方法论并应用到日常 Scrum 活动中。

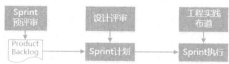

图 7-18　架构师扮演鸡角色

7.4.2　识别和消除研发过程浪费

本节站在架构师的角度，并基于精益思想和精益软件开发，针对研发过程中的"浪费现象"进行深入分析。浪费分成纯粹的浪费和必要的浪费，其中，纯粹的浪费需要消除，而必要的浪费可以进行压缩。结合日常研发过程，对如何识别这些浪费、如何消除纯粹的浪费及如何压缩必要的浪费进行剖析，并提供思路和模式。

1. 精益思想

精益（Lean）思想来自制造业，引入软件行业不过 10 年，目前很多理念还是停留在理论阶段，很难在实际研发过程中进行直接应用和推广。精益的很多思想被认为是对软件行业有参考价值的，例如本节中的主题"消除浪费"。关于软件研发过程中的浪费现象可以总结如下。

- 部分完成的工作：部分完成但没有最终落地的工作。
- 未应用特性：开发完成但没有被客户应用的特性。
- 额外过程：开发过程中不需要的流程和中间产物。
- 再次学习：人员、环节变动导致反复重新学习。
- 信息移交：隐性知识信息的传递总是伴随信息丢失。
- 任务切换：多任务工作会导致效率下降。
- 资源依赖：因任务或资源相互依赖而导致工作停滞。
- 系统缺陷：解决缺陷活动本身就是浪费。

对这些浪费现象的分析思想来自于丰田制造系统（TPS）[15]，并在软件行业中得到映射，精益软件开发过程的倡导者们虽然为我们总结了这些浪费现象，但对如何识别这些浪费进而消除和压缩这些浪费都没有提供很明确的实践方法。我们需要在日常研发过程中观察这些浪费现象进而找到消除和压缩实际研发过程浪费的工作方法。

2. 识别浪费

有了理念，下一步是行动，首当其冲就是要识别研发过程中的浪费，识别浪费的模式包括以下 6 个方面。

（1）价值流图

价值流图（Value Stream Mapping，VSM）是精益思想中用于消除浪费的主要工具，其作用就是帮忙我们找到研发流程中哪些环节中存在浪费现象，明确整个生命周期中有多少时间是用在创造价值，又有多少时间是纯粹的浪费。传统的软件研发过程价值流图可以抽象成图 7-19（下方坐标中凹下去的部分代表产生价值的时间，突起的部分表示浪费的时间）。

现实中主流的开发模型通常介于瀑布和敏捷之间，所以图 7-19 的画法和效果可能每个团队都有自己的一套解读，但无论是采用哪种开发模式或其变种，我们都可以得到这么一张价值流图，通过分析价值流图中的时间区间识别浪费，是精益思想所推崇的一项最佳实践。

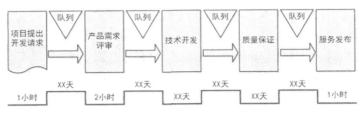

图 7-19　研发过程中的价值流图

（2）项目输入过滤

研发过程通常面向产品，而企业级应用或半互联网半企业级应用的产品最终通过项目进行实施和落地。这样项目线就成为研发过程的一个重要输入，而项目经理们站在项目线和客户的立场上提出来的需求和计划往往会和产品线、研发线有一定出入。如果本不应该进入研发环节的输入最终进入了研发环节就势必会导致浪费。如何通过规划和分析去把控来自项目上的输入，让项目线需求能够尽量和产品线一致是降低研发成本、消除浪费的一个重要方面，所以项目输入也是我们寻找浪费的一个来源。

（3）会议聚焦

我们不得不经常召开这种或那种会议，那开会是一种浪费吗？很多时候是的。会造成浪费的会议通常会有一些共性，典型的有以下几方面。

- 输入/输出不明确。
- 缺少主持人或主持人不善于引导。
- 会议不是结果导向、无法形成有效决策。
- 会议议程空泛而不能收敛。
- 会议虽然能达成一致，但没有具体工作安排和责任人制度。
- 有工作安排但缺乏跟踪和监控机制。
- 会议相关的资料没有充分准备，也没有提前交付到参会人员。

具有上述特点的会议很大程度上不会有实质性的成果，开完一次之后还需要开第二次，如果把握不好浪费的不但是时间还是团队的气氛，需要进行分析和识别，看看我们每天的会议中是否具有以上问题。

（4）数据传递有效性对比

目前主流的研发管理方法论中普遍认为沟通和协作是研发成功的关键性因素，而沟通和协作的背后体现的实际上就是数据传递过程的有效性。如果有两个研发团队，其中一个团队中数据从团队中的一个人传递到另一个人的过程无论在时间上或空间上都比另一个团队有效，那两个团队的战斗力无疑是不一样的。数据传递在沟通模式、媒介、工具等各个方面都可能存在效率不高甚至不合理的地方，浪费也就在这些地方不断滋长，从而消耗着研发团队的战斗力。

（5）管理活动梳理

有人说，团队如果足够自组织（Self-organization），那我们就不需要管理。这话虽然听起来有一定道理，但未必太过虚无缥缈。但从管理工作本身入手分析其在工作流程、文档管理、任务分配等各个方面上是否存在冗余或者不合理的管理活动确实不失为一种识别浪费的实践。管理是需要成本的，管理做的好、做的精细更加需要成本，但管理过程本身也可能像代码一样需要随着研发过程和团队的演变不断进行重构。重构的前提也就是需要我们对管理活动进行分析和梳理，找出其中的浪费之处并进行消除或压缩。

（6）流程执行力

无论是好的管理模式和理念，还是适合团队的研发模型，要想取得令人满意的效果，归根结底还是需要执行力。执行力来自很多方面，如合理的团队组织架构、优秀的人才、高效的工具、良好的团队气氛等通常都不是技术所能起决定作用的领域，却实实在在影响着团队的执行力。流程本身可能是合适的，但因为执行的人不行、或因为工具使用不当导致效率降低。这通常都是属于无法避免但是需要进行压缩的浪费形式。

3. 消除纯粹的浪费

通过识别，团队中的浪费现象已经摊在大家面前，其中有很大一部分的浪费属于纯粹浪费。这些浪费需要通过一定的思路和工作模式进行消除，以下 9 条是消除纯粹浪费的主要实践。

（1）项目线的介入时机

首先我们来看研发团队的外围接口。这里把项目线看作是与产品研发线并列的另外一条工作线。这样项目线介入产品研发的时机就非常重要。参考"如何识别浪费"中提到的价值流图，我们可以看到第一步是项目线提出开发要求，然后第二步召开需求评审会议，第三步才是正式启动技术开发工作。如果项目线介入时机不合适的话，在第一步和第二步之间可能会有一个时间区间，第二步和第三步之间也可能会有一个时间区间。步骤之间的时间区间本身就是浪费，而且对二步而言，需求评审之后，如果技术开发迟迟不能开始，无论从需求管理和风险管理上而言都存在变数。这些变数的表现形式就是步骤内容需要调整甚至重新来过，从而造成浪费。

（2）研发范围管理

范围管理是消除浪费过程中比较容易联想到的关注点，因为范围决定着开发工作量。从项目管理上讲，避免范围"镀金"和范围"潜变"是范围管理的一个课题；从研发过程上讲，现在"简单设计""涌现式设计"等理念也被越来越多的研发团队所推崇。研发范围管理一方面要关注由于项目/产品团队提出的一些不必要、不符合产品战略的功能需求，也要在开发人员内部进行诊视，看是否有过度设计等现象的存在。

（3）高效决策

决策是行动的源头。源头如果没有把握好，后续所有环节都可能是一种浪费。这是我们面对决策的一个视角。另一个视角就是决策是正确的，但决策的过程是否高效。

关于决策一个关注点是决策支持过程，包括决策前数据准备、人员安排、产品调研等多个方面。这样做的必要性在于确保决策的正确性，避免出现拍拍脑袋就拍桌子的现象。这个过程通常由公司高层主导，研发团队进行配合。另一方面，在上文"如何识别浪费"中我们提到了一项实践叫会议聚焦，通常这可以是我们消除决策浪费的一个切入点。建议对所有召开的会议都要求使用会议邀请邮件，这个会议邀请邮件在组织级别形成邮件模板。该邮件模板对会议的输入、输出、议程进行说明，以便与会人员会前可以准备、会后可以回顾，具体可参考如下模式。

> XXXX 相关人员定于 XXXX 召开 XXXX 会议。
>
> 会议输入：
>
> 1. XXXXX，请参考 SVN 地址
>
> 2. XXXXX
>
> 会议议程：
>
> 1. XXXXX，XXX 主导
>
> 2. XXXXX，XXX 主导
>
> 会议输出：
>
> 1. XXXXX，落实人员和时间安排
>
> 2. XXXXX
>
> 请各位做好会议前的准备，有任何疑问请与我联系。

一个议题明确、输入完备、责任人导向的会议能确保决策的高效性，避免出现浪费。

（4）跨职能团队

跨职能团队用于消除在信息传递过程中为了确保信息有效性而产生的浪费。跨职能研发团队成员主要包括项目线、产品线、技术线、质量保证线等，大家围绕某一个产品线/平台开展所有工作，确保坐在一起并能够实时、面对面沟通。互联网开发环境下，跨职能研发团队还可能包括运营、客服等角色，但销售、市场等相关人员通常不在该团队中。这实际上是一种强矩阵的团队组织结构，所有人保持在同一认识水平和工作节奏中。针对从"数据传递有效性""流程执行力"中识别出来的浪费，很多都可以通过该项实践进行消除。

（5）根本原因分析

缺陷本身就是一种最大的浪费。在开发过程中，bug 不可避免，但这些 bug 的背后可能有其必然性，很多时候并不是开发人员或者技术本身的问题。根本原因分析的目的就是帮忙我们找到出错的背后是否有其必然性，然后通过分析这些必然性并提供解决方法，从而避免类似 bug 的再次发生。常用的根本原因分析工具我们在回顾会议中也已经提到过，包括 5 个为什么、鱼骨图等。

（6）产品功能标准化

标准化有很多层含义，项目管理标准化、产品功能标准化、开发流程标准化等都属于这一范畴。这里重点讲一下产品功能的标准化。当一个产品面向多个项目时，产品标准化就是消除浪费必须要做的一件事情。我们可以想象一下，如果每个项目都有不同的输入，这些输入虽然都长得差不多，但如果没有产品的标准化平台，来一个项目还得东抄一些代码、西拼一个功能，不但开发周期变长导致浪费，而且系统本身也会因为确保标准化而滋生 bug，导致进一步的浪费。面对处于发展期的产品线功能，开发一套产品线功能，每次来项目时根据产品线生成框架再在其基础上二次开发通常是较好的做法。如果产品线已经比较成熟，那么产品的平台化就可以提上日程，从而为项目线适配产品线提供途径，最大限度减少因为项目线而导致的二次开发。

（7）技术评审

网上有一些技术评审无用论，但我们认为技术评审在消除浪费方面还是很有用的。技术评审包括正式的技术评审和非正式的技术评审两大类，两者结合能有效地消除浪费。例如，产品经理在设计完产品需求之后、抛给研发之前，和 UED 进行产品 UI 风格和用户交互方面的讨论就属于非正式技术评审，有助于把问题扼杀在开发过程之前。而类似需求评审、代码评审等都是属于正式技术评审的范畴，帮忙我们在研发过程中正确把握方向，避免因需求重复、代码维护等方面所

引出的开发成本。

（8）过程资产建设

过程资产建设是一项组织级别行为，体现在研发过程中就是为了消除团队成员"再次学习"的成本，其通过轻量级的流程和实践可以在很大程度上确保新人培训、开发交接、系统维护等方面所暴露出来的问题，从而消除浪费。

（9）流程重构

前面讲到我们要走一些流程，走流程很多时候也是一种浪费。因为走流程需要人、时间和配套的步骤，如果流程过于复杂，施行成本很高，那这样的流程通常会流于形式，没有产出的流程就是一种很大的浪费；反过来说，如果一个流程中连责任人、执行的时机和具体的步骤都没有明确，那执行过程中势必会掺杂每个人自己的理解和意愿，最终流程的执行变成相互扯皮的过程，执行力成为浪费的一种来源。流程同样具有时效性，需要随团队成员和产品战略的变动而做调整，无论是上述两种情况中的哪一种，流程重构如同代码重构是需要定期/不定期进行调整和优化。

4．压缩必要的浪费

上文阐述的是如何消除浪费的主要实践，但有些浪费通常是必要的，也是不可避免的。对这些浪费而言，我们的思路是尽量进行压缩，下面是梳理的 7 项压缩浪费的实践。

（1）代码质量

在消除浪费的实践中我们提到的"根本原因分析"关注的是消除那些引起产品质量问题的必然性因素，通常涉及的是开发流程、环境部署流水线上的因素。除了这些必然性因素之外，产品质量的提高需要质量保证部门的努力，但在精益思想中，通过测试手段进行质量管理是低效和不被提倡的。精益思想提倡的是内建质量，至少在技术开发人员内部要确立质量意识，典型的由于开发人员轻视代码质量导致浪费现象发生的场景表现在研发团队没有确立开发环境和测试环境分离原则。前后端开发人员各自完成代码开发之后，只是通过简单联调就提交测试，没有在专属的开发环境中进行集成测试，导致提测的服务在测试环境中根本无法运行，需要开发人员、测试人员多次交涉和调整才能部署成功。另一方面，由于开发人员没有进行充分的自测，导致很多本应该在调试阶段就应该发现和解决的问题最终通过内部测试流程由测试团队暴露出来，这里流程运转所需要的额外成本实际上就是可以压缩的浪费。

（2）可视化

可视化同样与数据传递的有效性有关，虽然我们可以通过"过程资产建设"等实践消除浪费，但沟通成本是一种实实在在的必要浪费，需要进行压缩。可视化是一项需要推广的实践，信息的透明在敏捷等方法论中也备受推崇。可视化通常需要使用一定的媒介并配合一定的协作流程和报告系统，其作用就是为团队和相关干系人提供信息辐射器，确保所有人对研发的范围、进度等达成统一认识。

（3）过程自动化

从过程改进角度而言，过程的自动化是一个可以持续进行尝试和探讨的入手点，对提高开发效率、降低由人为因素所引起的错误和浪费起到促进作用。日常工作中，过程自动化在潜移默化中影响着研发团队内部及跨团队协作流程，通常包括程序开发、功能测试、系统部署和服务发布等领域，我们通过 Ant、Python 等脚本或 Jenkins 等工具平台进行过程自动化建设。

（4）并行工程

并行工程虽然听上去比较难把握，但可能很多时候我们都在不知不觉中使用这一思想。例如，需求评审之后，开发人员编写代码和测试人员准备测试用例、前后台开发确定交互协议和接口的同时进行开发等都是简单的并行化例子。并行就是分批思想，通过合理安排人员和顺序，可以把原来需要串行的任务变成并行从而提高效率。并行工程的难度在于管理接口和系统集成，如果能够保证接口的稳定性及系统集成的成本控制，并行工程在某些场合可以很好地压缩浪费。

（5）短迭代

短迭代是一种敏捷思想，也是一种精益思想，就是通过尽早暴露问题从而尽早解决问题。因为软件开发是一项创造性工作，问题越在后期暴露则修复的成本就越高，造成的浪费也就越大。我们可以把短迭代形象的描绘成图 7-20，从图中我们可以很清晰地看到短迭代在压缩浪费过程中的价值所在。

图 7-20　暴露问题的时机与浪费

（6）Feature 粒度

关于 Feature 粒度的讨论关注的是如何在研发管理活动上达成一种平衡。对 Feature 粒度的划分可以采用以下方式：模块→功能线→功能点，即无论何种规模的系统，通过三级层次把范围划分到功能点级别，而研发团队面对的粒度即为一个个功能点。一个系统的功能点在 20～50 之间可能是最优的，过少会增加开发人员之间的信息传递成本，过多则导致管理活动成本的增加，两种情况都应尽量避免。

（7）单件流

单件流（Single-piece Flow）是精益思想中的一个关键词，意思就是不要让半成品工作在队列中堆积起来。软件开发中的半成品泛指部分编码实现的需求，或者是还没有进行测试、文档化和部署的代码，或者是还没有修复的错误。单件流思想的背后就是持续集成、持续交付的思想，要做到很不容易。但通过 Feature 级别的代码提交、每日部署、高效的测试流程闭环等方式可以在一定程度上提高单件流化的水平，从而减少在服务发布、系统集成方面所造成的不必要浪费。

7.5　本章小结

敏捷的意义在于快速响应变化，因为变化无处不在，使用迭代式的过程管理体系在某些场景成为唯一选择。对于敏捷的理解我们可以从两个方面入手。

首先，敏捷最初是由一些开发人员所提出来的方法论，所以很多理念关注于从实践的角度出发看如何能够在快速变化的场景下实现软件的开发和交付，这方面极限编程为我们提供了很多具有实战意义的工程实践。

其次，敏捷作为一种软件过程模型，也体现在开发流程的抽象和管理框架的确立。以 Scrum 为代表的敏捷框架是一种轻量级的管理开发流程，通过规范把传统项目管理中的范围、时间、成本、质量融入到日常迭代周期中，确保项目能够以迭代周期的形式最终形成发布计划。

由于极限编程和 Scrum 中并没有明确指定架构师的角色，所以架构师需要根据团队特点寻找自身的定位，并根据需要引入一些优化研发过程的方法。这是本章关于敏捷所展开的具体内容。下一章，我们将围绕软件交付模型这一话题对软件的配置管理和持续集成展开讨论。

第8章
软件交付模型

开发人员的主要职责是设计和开发软件系统，架构师自然也不例外。但架构师作为技术团队的负责人和技术实践的推动者，当软件系统的设计和开发完成之后，还需要考虑开发之外的几个问题。

- 一旦需求、设计、开发、测试完成之后，我们接下来做什么？
- 如何协调发布活动才能使交付过程更加快速有效且不易出错？
- 如何使开发人员、测试人员、运维人员在一起高效工作？

这些问题都与我们本章要讨论的话题有关，即如何进行软件的交付。软件交付（Software Delivery）有其特定的思路、方法和工程实践。在本章中，我们先从软件交付模型展开讨论。

8.1 软件交付模型概述

回想我们在第 1 章中提到过的架构视图，与软件交付相关的视图主要有两种，即部署视图和运维视图。部署视图描述系统部署的环境，以及系统与其中元素的依赖关系，关注运行时所需的平台、硬件、第三方软件及网络需求。运维视图则描述当系统运行在生产环境时如何进行运维、管理和支持，关注功能和数据迁移、状态和性能监控、配置管理、备份和还原等方面。当我们完成代码的开发，从代码提交开始到最后的发布，根据不同的团队可能会有很多步骤。比较典型的软件交付工作流程可以抽象为代码提交→代码编译→自动化测试→手工测试→部署→预发布→正式发布。这个过程中每一步都可能出错。

针对软件交付基本步骤中的出错情况，我们做一下原因分析，会发现大多数错误的发生原因一方面是因为没有尽早发现问题，另一方面则来源于手工配置和手工部署。通常，系统上线的第一次发布因为周期很长，各个团队之间没有形成体系化工作规范所造成的协作成本和出错概率会比较高，导致很多潜在的问题并没有在发布流程中较早的暴露出来。有时候，我们也会提出类似的抱怨说为什么试运行环境正确，生产环境却有问题。在复杂环境下，配置管理混乱、缺少必要的自动化等因素会导致手工操作的结果不可控。

基于以上分析，软件交付基本思路就是要做到自动化发布。自动化代表可重复，并注重过程，过程对则结果一定对。在自动化发布环境下，无论什么修改都应该触发相应的监控流程，确保问题在第一时间被暴露和解决。一旦建立起自动化发布平台，就可以通过频繁发布降低出错所引起的风险，而频繁发布能够促进快速反馈，从而推动过程改进。

为了实现自动化发布，软件交付存在一些共性原则，包括为软件发布创建可重复的过程、把所有可能改变的东西都纳入版本控制、提前并频繁地进行发布演练。同时，交付过程被认为是开发、测试、运维、产品等全员的责任。DevOps（Development+Operations）就是这种思想的体现。DevOps 是一组过程、方法与系统的统称，用于促进开发、技术运营和质量保障部门之间的沟通、协作与整合。结合第 8 章中提到的敏捷和精益思想，我们可以把 DevOps 与其他方法论及各个角色之间的关系描绘成图 8-1，其中的持续集成部分将在本章后续内容中介绍。

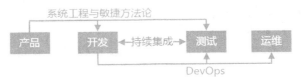

图 8-1　DevOps 与其他方法论和角色

围绕着软件交付模型和需求，我们抛出如下几个问题。

- 如何进行版本控制？
- 如何建立统一发布过程？
- 如何进行有效协作？

本章将围绕这些问题进行讨论，我们的基本思路是关注自动化与集成，并基于原则导出工程实践。要想实现自动化，首先要从配置管理入手，掌握配置管理的相关模式和工具。

8.2　配置管理

配置管理（Configuration Management）概念的提出在于现代软件开发过程中复杂度的不断提升。在依赖个人程序设计的年代，个人编程质量决定着程序的质量。而通过一定的系统文档和开发流程，小组级别可以开发出一定规模的软件系统。这种软件系统的成败取决于小组的技术水平。正如第 6 章所述，目前的软件开发更多的是一种系统工程，需要围绕软件生命周期，通过过程资产建设，并依赖于团队管理水平。从个人到小组再到团队，复杂度依次提升，复杂度所带来的问题和表现形式包括缺乏对用户需求进行有效地管理和追踪的工具、产品升级和维护所必需的程序和文档非常混乱、代码可重用性差从而不能对产品进行功能扩充、开发过程中的人员流动经常发生、软件开发人员之间缺乏必要的交流、由于管理不善致使未经测试的功能加入到产品中等。软件配置为我们解决这些问题提供了一种思路。

8.2.1　配置管理概述

软件配置由在软件工程过程中产生的所有信息项构成，它可以看作该软件的具体形态在某一时刻的瞬间影像，而软件配置管理（Software Configuration Management，SCM）就是对这些形态和影像的管理过程。

协调软件开发从而使混乱减到最小是软件配置管理的目标，采用对软件的修改进行标识、组织和控制的技术使错误量降至最低，并使生产率最高。配置管理能够把握系统的变更处理，从而使得软件系统可以随时保持其完整性，可以用来评估和跟踪提出的变更请求，并保存系统在不同时间的状态。软件配置管理贯穿整个软件生命周期与软件工程过程，从计划和需求分析，到设计、编码、测试和运行维护，始于软件项目之初，终于项目淘汰之时。

1. 配置管理元素

配置管理中存在一批基本元素，在具体介绍配置管理的具体活动之前，我们有必要了解这些基本元素并对其中几个重要元素进行展开，如表 8-1 所示。

表 8-1　　　　　　　　　　　　　　配置管理基本元素

元素	描述
软件配置项（SCI）	与配置控制下的软件项目有关的任何事物
版本（Version）	配置项的一个实例
基线（Baseline）	组成系统的各个组件版本的集合，不能改变
配置管理数据库（CMDB）	保存配置项及其关系的数据库
主线（Mainline）	代表系统不同版本的基线的序列
发布版本	发布给客户使用的系统版本
工作区间（Workspace）	一个私有的工作区间，在其中可以修改而不至于影响其他会修改软件的开发者
分支（Branch）	从现存的代码线版本中构建一个新的代码线
系统构建	通过耦合和链接组件和库的合适版本创建一个可执行的系统版本

（1）软件配置项

计算机程序（源代码和可执行程序）、描述计算机程序的文档（针对技术开发者和用户）、数据（包含在程序内部或外部）等项目包含了所有在软件过程中产生的信息，总称为软件配置项（Software Configuration Item，SCI）。软件配置项具有名称、描述、类型（模型元素、程序、数据、文档等）、项目标识符、变更和版本信息等属性。

（2）基线

所谓基线是指已经通过正式评审和批准的软件规格说明或代码，其可以作为进一步开发的基础，并且只有通过正式的变更规程才能进行修改。在软件配置项成为基线之前，可以迅速而随意的进行变更，一旦成为基线，变更时就需要遵循正式的评审流程才可以变更。因此，基线可看作是软件开发过程中的里程碑。围绕基线所开展的工作流程如图 8-2 所示。

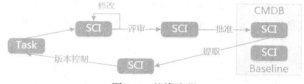

图 8-2　基线流程

（3）CMDB

图 8.2 中的 CMDB 是指配置管理数据库（Configuration Management Database），是用于保存与软件相关的所有配置项的信息及配置项之间关系的数据库，包括每个配置项及其版本号、变更可能会影响到的配置项、配置项的变更路线及轨迹、与配置项有关的变更内容、计划升级、替换或弃用的配置项、不同配置项之间的关系等。

2. 配置管理活动

配置管理由一系列的活动组成，典型的配置管理活动包括系统构建（System Build）、版本管理（Version Management）、变更管理（Change Management）和发布管理（Release Management）四大部分，如图 8-3 所示。这些活动都与上述配置管理基本元素有关，并在特定场景发挥作用。

（1）系统构建

系统构建的过程体现为一系列的环境和工具的整合。这些环境和工具构成完整的系统构建平台，其中包括开发系统、目标环境和构建系统，而构建系统又包括版本控制系统、构建服务器等。建设系统构建平台的最大目的是希望实现自动化，即把源代码、配置文件、数据文件、外部库等配置项通过编译器工具自动生成可执行目标系统，同时对该目标系统可进行自动化测试并给出测试结果。

（2）版本管理

版本实际上体现为包含一组配置项的快照。所谓快照（Snapshot），就是系统在某一个时刻的状态，假如纳入配置管理的文件 1、文件 2 和文件 3 在不同时间具有不同版本号，而 Version1 和 Version2 就是这 3 个文件的不同版本号的组合，即代表它们在特定时间点的快照信息。

版本控制系统记录配置管理中所有配置项的变动，并为每次变动自动加上版本号。围绕版本控制系统，每个私人工作区间可以执行 CheckOut 和 CheckIn 操作，确保获取他人的更新及将自己的更新提交到版本控制系统供他人使用，如图 8-4 所示。

图 8-3　配置管理活动　　　　　　　　　　　图 8-4　版本管理系统

（3）变更管理

变更管理的对象是变更请求（Change Request，CR）。对于一个项目而言，变更请求通常来自客户并由项目管理团队进行确认。组织级别可以存在一个 CCB（Change Control Board，变更控制委员会），通过项目管理团队确认的变更请求将提交到 CCB 中进行评估。评估的依据一方面来源于开发团队对该变更请求进行分析的结果，另一方面 CCB 中的产品开发专家也会给出其专家意见。围绕变更请求的整个变更管理流程如图 8-5 所示。变更管理的考虑因素包括不做变更会引起的后果、变更的益处、变更影响的用户数、变更所花成本、产品发布循环等。

图 8-5　变更申请流程

（4）发布管理

系统构建将产生系统版本，系统版本可用于发布。发布管理是指控制和监督软件发布的启动、测试、部署和支持阶段，其目的在于保护软件的生产环境和使用正确的系统服务。通常，发布管理会由专门的团队负责，生产环境也不建议直接开放给开发人员。围绕发布管理，也可以使用一系列的工具和脚本构建自动化的执行过程。

8.2.2　配置管理模式与实践

配置管理是一种基础性方法论，重在提供相关的思想和工具，而对如何应用这些思想和工具并没有给出明确说明。每个团队中都可能根据自身情况提炼出相应的工作模式和最佳实践。这些模式和实践的提炼通常有两个主要的切入点，即配置管理服务器和个人工作区间。这也构成了配置管理的两个主要维度。

1．配置管理服务器

配置管理服务器代表的是一种中央仓库，站在中央仓库的角度看，配置管理中我们可以总结以下模式。

（1）主线模式

主线（Mainline）模式的提出跟代码合并（merge）的复杂性有关。我们知道当多个团队分别从服务器中获取代码版本，然后对该代码版本进行修改并试图提交时就需要合并代码。如果团队数量较多，代码变动的版本远落后于服务器上最新版本，合并所产生的各种冲突就会成为开发人员的噩梦。避免版本树太多太深，尽量减少合并，避免临时改动过度传播以简化代码同步成本是我们应对合并复杂性的基本思路。为此，对于某一个系统或模型，我们都应该在配置服务器上创建一个主线，随着各个功能的版本发布，主线的版本也随之不断演进，确保各个团队能基于某一个主线版本展开代码开发工作，并将完成的代码提交到主线，以不断推进主线的版本演进。主线与各个功能发布之间的演进关系如图 8-6 所示。

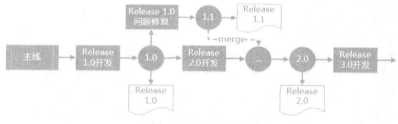

图 8-6　主线示意图

（2）发布线模式

从图 8-6 中，我们可以引申出另外一个非常重要的概念，即发布线（Release Line）。每一次正式的发布都应该存在一个发布版本，而围绕这个发布版本可能又会发现 bug 修复等情况，因此为每次发布单独确立一条发布线是一项推荐的工程实践，如图 8-7 所示。

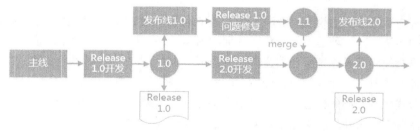

图 8-7　发布主线示意图

（3）任务分支模式

任务分支（Task Branch）的目的非常明确，即确保开发版本之间的代码隔离，每个团队、每个功能、每个 bug 等都可以根据需要创建任务分支，当开发任务结束之后，分支代码合并到开发主线时即代表该分支生命周期的结束，如图 8-8 所示。

图 8-8　任务分支示意图

2．个人工作区间

开发过程中，如何确保你的工作不受外部环境影响但又能与代码线保持一致，我们就需要用到个人工作区间的概念，隔离工作区间去控制变化和更新工作区间去保持同步是我们使用个人工作区间的基本思路。个人工作区间相关模式包括以下 3 种。

（1）仓库模式

仓库（Repository）模式告诉我们要确保所有的代码、文档、脚本、第三方库等都保存在具有版本控制功能的仓库中。如果我们不知道哪些是不可以放到配置管理服务器上的，那就把它们都放上去吧。该条模式也可以归为是配置管理服务器中的内容，我们放在这里的目的在于强调开发人员应该有版本控制的意识。

（2）系统构建模式

系统构建（System Build）模式包含两层含义，一层是私人系统构建，另一层是集成构建。如何确保你的变更不会影响到整体系统的构建？确保在提交代码之前在个人工作区间先构建成功。如何确保代码库中代码永远能进行可靠的构建？那就进行集中化构建。

系统构建与代码提交的方式和频率有很大关系，我们崇尚任务级别提交（Task Level Commit）。关于提交我们有两个问题。在两次提交之间你应该做多少开发工作？该问题的答案是不要太多。提交的次数应该如何把握？该问题的答案是能多则多。在日常开发过程中，提交小粒度开发任务被认为是一项最佳实践。

（3）私有版本模式

当你希望有版本控制系统支持复杂的变更但又不想把这些变更让别人看到时，我们可以保存一个私人的代码提交历史。这就是私有版本（Private Version）模式的含义。

8.2.3　SVN/GIT 基本应用与实践

配置管理中版本控制的维度有 3 种，分别是本地版本控制系统、集中化的版本控制系统和分布式版本控制系统。这 3 种维度的示意图分别如图 8-9 中的（a）、（b）、（c）所示。本地版本控制系统相当于没有使用配置管理服务器进行配置管理,针对个人工作区间的仓库模式应该禁止使用。集中式版本控制的概念也比较简单，即所有的配置项都位于中央仓库中，本地不存在任何版本信息。这里分布式版本控制的概念在于说每个人都拥有整个历史、一切都在离线下发生、没有中央集权、不需要服务器就可共享变化。从这个角度讲，私有版本模式只存在于分布式版本控制系统，而集中式版本控制无法实现私有版本。

目前集中式版本控制系统和分布式版本控制系统都有广泛应用，本节以 SVN 和 Git 为代表简要介绍这两种工具的特点及使用上的原则和实践。

（a）本地版本控制　　（b）集中式版本控制　　　　（c）分布式版本控制

图 8-9　版本控制的 3 个维度

1. SVN

SVN 作为主流的版本控制工具可能被多数用户使用过，但可能不一定用得好。SVN 是代表性的集中式版本控制工具，采用"复制-修改-合并"更新策略。对于工具，我们关注使用工具的思路而不是工具本身，站在团队协作的角度看问题并基于工具梳理最佳实践。下面我们围绕 SVN 的最常用的基本功能展开讨论。

（1）Checkout

Checkout 的作用是工作区间的初始化，使用 TortoiseSVN 等客户端工具时通常从根目录全递归 Checkout，关于工作区间的初始化，有如下原则。

Rule 1：一个工作区间原则。

即 SVN 上某个目录与本地磁盘上的工作区间应该一一对应，因为 SVN 目录是唯一的，所以本地工作区间也应该只有一个。举个典型的例子，团队中有些成员会把一个项目 SVN 目录下的产品文档 Checkout 到 C 盘，项目文档 Checkout 到 D 盘，然后把代码放到 Eclipse 的 workspace 里，这样大家一讨论问题，在各种目录之间切换，有时候因为没有对多个本地副本同时进行 Update，导致本地存在多个不同版本的文档、代码，沟通上就不在同一层面，影响团队协作效率。关于 Checkout，还有一个常用的功能就是工作区间镜像，以便查看历史版本以定位问题、查看历史信息。

（2）Update

Update 操作的对象是本地的工作区间，该操作的核心原则如下。

Rule 2：初始化工作前更新原则。

即在开展与工作区间相关的工作前，确保执行 Update 操作。Update 操作的对象可以不是整个工作区间，但必须至少是本次工作相关的目录层次。初始化工作的时机通常有打开电脑时；开展具体工作时，如开始写代码/文档；获取更新通知时，如收到邮件通知说有文件更新，或团队交流开始之前。

（3）Commit

相较 Checkout 和 Update 以私人的本地工作区间为操作对象，Commit 操作面向的是整个中央仓库，对团队协作影响很大，有以下几条原则需要遵循。

Rule 3：完整 Issue 提交原则。

这里 Issue 泛指一个独立完整的开发单元，实际情况下，可能包括 Feature（功能点）、Task（开发任务）、Bug/Defect（系统缺陷）。这条原则的宗旨在于确保每次提交都是独立的、隔离的，避免因为你的提交引入不完整的功能从而与他人的提交产生耦合。如果团队在使用类如 Redmine 的任务管理系统，则该原则实施的时候可以根据这些系统中的某个/批任务为提交基本单元。

Rule 4：提交前开发环境测试通过原则。

这条原则至关重要,如果不遵循,则可能直接导致团队成员 Update 之后形成破坏的工作区间。试想,如果别人提交的代码连编译都不能通过,那你 Update 之后在你的环境上那个就无法启动服务。要确保这条原则可行,首先我们要有专门的开发环境;其次如果你的团队在实施单元测试,则需要提交前保证单元测试全部通过;再次确保执行基本的冒烟测试以保证这次提交的版本不存在服务启动和运行上的问题。

Rule 5:协作环境下复杂业务逻辑提交前确认原则。

当你需要提交的内容涉及多人开发、复杂的业务逻辑,那提交之前最好与团队进行确认。团队确认也可以看作是"结对编程"思想的一种弱化实施方式,站在团队协作的角度确保中央仓库中代码随时可运行。

Rule 6:职责分离原则。

虽然我们遵循了 Rule 3 完整 Issue 提交原则、Rule 4 提交前开发环境测试通过原则和 Rule 5 协作环境下复杂业务逻辑提交前确认原则,但提交导致的更新冲突还是不可避免。既然冲突不能避免,那我们就想办法进行减小冲突发生的概率,有两点思路,其中一点就是职责分离,具体到操作层面可以把系统按照模块→功能线→功能点的角度进行划分,然后尽量安排开发人员单独负责其中的模块或功能线,把能够分离的功能进行独立管理和维护;另一点思路就是最小粒度频繁提交原则,见 Rule 7。

Rule 7:最小粒度频繁提交原则。

关于最小粒度,可以参考 Rule 3 中的表述,一个独立的不可分割的 Feature、Task、Bug/Defect 就是能够提交的最小粒度。至于频繁提交,就是尽量保证中央仓库中的代码与团队成员中的本地工作区间同步,所以该原则也包含频繁更新的含义。如果提交和更新频率够高,那就算发生冲突,冲突影响的范围及修复成本通常都不会太高,最麻烦的莫过于长时间代码不同步导致各种工具不能自动解决的冲突问题。这也是创建分支之后进行代码合并操作中通常要面临的问题。

Rule 8:本地自动生成文件不要提交原则。

像 Eclipse、IDEA 等工具会根据 SVN 上代码生成很多辅助性文件。这些文件通常跟本机环境相关。如果把这些环境相关文件进行提交,则 Update 之后就会产生更新提示,影响团队成员的代码管理。通过 TortoiseSVN 等客户端工具,我们可以把这些文件添加到忽略列表(Ingore List)中。这样提交时系统将自动识别出哪些文件需要提交而哪些文件不需要提交。

上面几项原则针对代码管理而言,针对文档管理同样有以下提交原则。

Rule 9:完整文档提交原则。

完整文档提交原则很简单,即文档提交之前确保文档内容的完整性。由于文档的更新和提交频率远低于代码,所以这条原则通常比较容易做到。

Rule 10:文档存档原则。

有时候文档需要大规模重构,或者有些文档在命名上带有日期等时效性内容,这样更新时通常会修改文件名/删除原文档并加载新文档,虽然很多时候老版本的文档不再具有参考价值,但作为备份资料最好还是放在 SVN 上。这就要确保文档的存档(Archive)原则,具体做法可在 SVN 上专门创建一个名为 Archive 目录并在团队成员之间达成共识。

Rule 11:提交添加日志原则。

关于提交的最后一条原则对代码和文档同样适用(Rule 6 职责分离原则和 Rule 7 最小粒度频繁提交原则很大程度上对代码和文档都适用,但通常更面向代码,所以归到代码提交中),即在提交时最好包含本次提交的日志,方便后续的跟踪和版本对照。添加提交日志的方法建议:日志信息主要记录的是每次的修改内容，把一些重要数据、关键操作写到日志信息中；涉及 Redmine 等任务系统上相关 Issue 修复，添加 Issue 号；修改人和提交时间由软件自动记录，无需人工写入日志信息。

本节中梳理的 11 条原则贯穿着团队中每一个成员的日常工作，我们也可以看到部分原则与配置管理中的模式完全一致，如 Rule 4 和 Rule 7 对应于系统构建模式。对于这些原则，可以根据实际情况作对应的裁剪并在团队甚至是组织级别基本达成一致。而对于 Git 等其他版本控制工具，这些原则在很大程度上也同样适用。

2. Git

Git 是一个分布式的版本控制工具。对于大多数版本控制系统而言，关心的是文件内容的具体差异，即每次记录有哪些文件作了更新，以及都更新了哪些行的什么内容。而 Git 关心文件数据的整体是否发生变化，并不保存这些前后变化的差异数据。实现上把变化的文件做快照后，记录在一个微型的文件系统中，同时，为提高性能，若文件没有变化，Git 不会再次保存而只对上次保存的快照作一链接。

支持私有版本是 Git 的一大特点。对于本地操作，Git 中文件有已修改（modified）、已暂存（staged）和已提交（committed）3 种状态，如图 8-10 所示。已修改表示修改了某个文件，但还没有提交保存。已暂存表示把已修改的文件放在下次提交时要保存的清单中。已提交表示该文件已经被安全地保存在 Git 仓库中。基于状态之间的转换关系，Git 使用上首先在工作目录中修改某

图 8-10　Git 中的状态转换

些文件，对修改后的文件进行快照，然后保存到暂存区域，通过提交更新将保存在暂存区域的文件快照永久转储到 Git 仓库。Git 提供了 clone、add、commit 等命令来支持这些操作，同时可以使用 status 命令来检查当前文件状态。

多人协作开发某个项目时，需要管理这些远程仓库，以便推送或拉取数据，分享各自的工作进展。在管理远程仓库时，可以通过 remote 命令获取当前配置的所有远程仓库，fetch 命令从远程仓库抓取数据到本地，而我们日常用的最多的应该是 pull 和 push 命令。pull 命令从远程仓库抓取数据到本地并与本地代码合并，相当于 fetch+merge，而 push 命令将本地仓库中的数据推送到远程仓库，如果远程仓库已经有了其他更新，push 将会被拒绝，所以一般在 push 之前都会先执行 pull 命令。

Git 的分支相当于一个轻量级的可移动指针，指向某个 commit。通过 branch 命令可以在当前 commit 对象上新建一个分支指针，Git 使用一个叫做 HEAD 的特别指针来获知你当前在哪个分支上工作，要切换到其他分支，可以执行 checkout 命令。图 8-11 是分支相关的操作示例，其完成从 master 主干上创建一个 bug 分支，在 bug 分支上开发并 commit 代码，最终 merge 到 master 的整个过程。

图 8-11　Git 分支操作

基于 Git 的开发流程上也存在一些规范，例如，作为主线，不应该在 master 上做任何开发，所有的开发发生在任务分支上，对于临时性功能和 bug，可以在任务分支上另开分支，如图 8-12 所示。

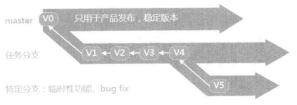

图 8-12　基于 Git 的开发流程

8.2.4　系统版本控制策略案例分析

软件配置管理是界定软件的组成部分，对每个部分的变更进行版本控制，并维护不同部分之间的版本关联，以使软件在开发过程中任一时间的内容都可以被追溯的管理过程。

对于系统版本控制，添加服务器和客户端版本相对比较简单。本节重点讨论数据库版本的控制方法。数据库版本是研发过程中需要把控的一个方面，但实际操作上很多时候并没有使用配置管理的思路进行统一管理，尤其是对研发管理尚未完善的团队而言更是如此。本文围绕配置管理这个主题，针对研发过程中的数据库版本控制策略展开讨论。首先从数据库版本这一概念入手，明确思路和目标并提供工作流程和实践模式。

1.　关于数据库版本

配置管理下的数据库版本有 3 个主要概念。

（1）配置项

数据库相关的配置项包括所有数据库元素，如 Model、DDL、DML 及各种配置文件。这些配置项都应该放到配置管理工具（常见的如 SVN、Git）下进行统一管理。

（2）变更集

变更集（Change Set）就是数据库变更的最小单元，一个 Change Set 在物理表现上就是一个脚本文件。初始化后的数据库通过 Change Set 进行统一的更新，每个 Change Set 都应该有对应的回滚脚本，如果更新失败则使用该回滚脚本进行回滚。

（3）基线

基线是数据库在特定时期的一个"快照"，为随后的工作提供一个标准和起点，通常根据功能发布范围建立数据库基线。

数据库版本控制通常没有像代码版本控制那样容易把控和管理，普遍也没有在研发团队中形成统一认识，导致在服务发布过程中只有对系统非常熟悉的开发人员通过手工尝试的方式进行数据库更新操作，一方面效率较低、容易出错，另一方面也不利于团队协作。这里，我们还是要强调一下数据库版本控制的重要性，包括以下 6 点。

● 信息透明跟踪：版本的作用就是提供统一视图，确保所有人都知道目前数据库处于哪个状态，方便信息的透明和跟踪。

● 尽早发现问题：有了数据库版本，开发人员在执行数据库更新操作时就能通过版本信息判断本次更新是否合理，避免在服务运行过程中才暴露问题。

● 降低出错概率：如果数据库版本信息能够一目了然，则所有开发人员都能显式的在该版本信息的基础上进行下一步操作，而不是通过各种容易导致错误的隐式信息进行判断。

- 降低维护成本：数据库与代码不同，维护是一件很困难的事情，数据库版本信息为我们进行有效的数据库维护提供一个起点。

- 系统基线管理：根据配置管理思想，有了版本我们才能有基线，所以数据库版本为进行配置管理相关工作提供基础。

- 增量迭代演进：Change Set 实际上就是一种增量思想，即通过每一次 Change Set 更新确保数据库满足一定的功能，从一个稳定状态到达下一个稳定状态。

2. 思路与目标

针对数据库版本控制的特点和重要性，我们的思路和目标如下。

（1）开发部署分离

开发环境、测试环境和生产环境严格分离是进行数据库版本控制的第一步，通常生产环境与其他环境的分离没有问题，但也要确保开发环境和测试环境的分离。开发环境和测试环境分离是确保开发过程中的数据库版本控制能够在测试环境得到第一轮的校验，避免生产环境中出现问题。

（2）版本可见

版本号在开发、测试和实施等步骤中确保所有人都能可见是执行数据库版本控制的基础。

（3）版本一致

版本一致指要满足系统版本等式，即正确的服务器+正确的客户端+正确的数据库=正确的服务。

（4）版本可回滚

当更新之后的最新版本有问题时，需要支持版本回滚到稳定版本。

（5）版本可兼容

版本可兼容是一个扩展性功能，可以根据需要进行使用。版本可兼容的应用场景在于如果本次更新失败，则可以通过数据库版本不回滚、服务器版本回滚的方式确保系统正常运行，主要目的是想避免不必要的数据库回滚。具体做法上可以采用以下思路：同时存在服务器版本和数据库版本两个版本信息，一个数据库版本对应着一批有效服务器版本，如数据库版本 Database006 对应一组服务器版本 System002～System006；发布时同时增加服务器版本和数据库版本，部署时如果服务器版本位于该数据库版本对应的合理服务器版本区间内（System002～System006），则该数据库版本可以不会滚，反之则必须回滚。

要满足上述思路和目标，我们需要设计如下数据库版本要素。

（1）版本号

代表数据库当前版本的唯一编号。

（2）版本校验

每次更新和回滚时，通过版本校验判断本次更新/回滚的目标版本是否就是当前的数据库版本，如果不是，则表示本次操作无效，应该立即中止。

（3）版本更新

版本校验成功之后进行数据库和版本的更新操作。

（4）版本回滚

如果更新有问题，则通过版本回滚恢复数据库到上一个稳定状态。

（5）版本基线

通过配置管理工具进行数据库的基线管理。

3. 流程与实践

本节结合具体的操作模式和实践对数据库版本要素进行详细展开，后续 SQL 语句仅供思路参考，非正式环境实例。

（1）版本号

我们通过创建版本表来存储和管理版本号。该版本表中包含如下内容。

- 数据库版本：每次都更新。
- 最小服务器版本：不一定更新。
- 版本更新描述：包括本次更新的描述创建版本表及初始化版本号。Mysql 下的版本表创建过程如下。

```
CREATE TABLE `db_version` (
  `DATABASE_VERSION` varchar(30) NOT NULL,
  `MIN_SERVER_VERSION` varchar(30) NOT NULL,
  `UPDATE_DESCRIPTION` varchar(200) NOT NULL,
  `UPDATE_TIME` DATE NOT NULL
) ENGINE=InnoDB DEFAULT CHARSET=utf8;
INSERT INTO `db_version` VALUES ('MC-1.0.0-0001', 'MC-1.0.0-0001', '系统初始
化');
```

通过版本表和版本可兼容原则，如果当前服务器版本<最小服务器版本，则服务部署失败。

（2）版本校验

版本校验比较本次更新的目标版本与数据库中当前版本是否一致，如果不一致则中断更新，抛出错误。Mysql 下通过存储过程进行版本校验的脚本如下。

```
CREATE PROCEDURE db_version_check(IN version varchar(30))
  BEGIN
  SELECT count(*) INTO @result FROM db_version where DATABASE_ VERSION =
version;
  IF @result = 0 THEN
    -- 抛出自定义异常
  END IF;
END
```

（3）版本更新

版本更新就是比对老版本号、更新新版本号和描述，并根据需要更新服务器最小版本号，具体如下。

```
CALL db_version_check('MC-1.0.0-0002');
update db_version set DATABASE_VERSION='MC-1.0.0-0003',MIN_SERVER_ VERSION =
'MC-1.0.0-0003',UPDATE_DESC='新增表',UPDATE_TIME=SYSDATE();
```

（4）版本回滚

版本回滚就是比对新版本号，回滚老版本号、更新描述并回滚更新内容，具体如下。

```
CALL db_version_check('MC-1.0.0-0003');
update db_version set DATABASE_VERSION='MC-1.0.0-0002',MIN_SERVER_VERSION =
'MC-1.0.0-0002',UPDATE_DESC='更新回滚',UPDATE_TIME=SYSDATE();
  --删除所更新的数据项--
  alter table TEMP drop column XXX;
```

（5）版本基线

版本基线的管理策略如图 8-13 所示，即从一个可发布版本递增到另一个可发布版本。

（6）脚本定义

更新脚本（也就是 Change Set）可采用以下方式进行定义。

- 命名：格式为 CS_Baseline_YYYYMMDD_PatchNo.sql，如 CS_Consulation_20160623_01.sql。
- 步骤：更新目标数据库版本校验；更新 DDL/DML。

数据库版本或最小服务器版本更新回滚脚本（Roll Back）可采用以下方式进行定义。

- 命名：格式为 RB_Baseline_YYYYMMDD_PatchNo.sql，如 RB_Consulation_20160623_01.sql。
- 步骤：回滚目标数据库版本校验、DDL/DML 回滚、数据库（或最小服务器）版本回滚。

在如 SVN 的配置管理工具中,脚本作为配置项可以采用一定的层级方式进行管理。

配置管理的作用在于版本可跟踪、过程可重复和过程可自动化,数据库版本控制作为研发团队软件配置管理的一个组成部分也应该得到管理,对此梳理一些思路和方法供参考。

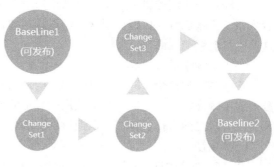

图 8-13　数据库版本基线

8.3　持续集成

大师 Martin Fowler 对持续集成（Continuous Integration）是这样定义的[16]：持续集成是一种软件开发实践，即团队开发成员经常集成他们的工作，通常每个成员每天至少集成一次，也就意味着每天可能会发生多次集成。每次集成都通过自动化的构建（包括编译、发布、自动化测试）来验证，从而尽快地发现集成错误。许多团队发现这个过程可以大大减少集成的问题，让团队能够更快地开发内聚的软件。

关于这个定义我们有几个地方可以展开，首先持续集成是一种工程实践，也即我们可以直接拿来应用。其次，持续集成强调频繁集成，通过频繁地执行集成过程来尽早暴露问题，降低系统发布的风险。可以说，持续集成的理念和我们在 8.1 节中介绍的软件交付的思路和目标具有高度一致性。

8.3.1　持续集成理念

持续集成强调尽早发现问题，降低缺陷进入下一环节的几率，从项目管理角度讲也意味着节约成本和降低风险，并提高了项目的可见性。对于开发团队而言，持续集成理念的引入可以帮忙团队成员培养一种意识，建立团队对开发产品的信心。

1. 持续集成元素

（1）多种角色

实现持续集成需要多种角色参与其中，也能切实解决这些角色所面临的一些问题。若没有集成，则对于开发人员而言，重复工作太多导致工作效率降低是一个痛点；而测试人员会经常抱怨旧 bug 还没解决又出很多新 bug；为了降低发布风险，运维人员经常需要半夜发版本。通过持续集成就能够把开发人员的部分重复性工作自动化，控制和降低 bug 率并实现按需发布版本。开发、测试和运维也恰恰构成了 DevOps 中的 3 个维度，从这个角度讲，持续集成可以是 DevOps 的一种表现形式。

（2）版本库

带有版本控制功能的中央仓库是实现持续集成的基础，关于版本库的工具和实践我们已经在本章第 2 节配置管理中做了全面介绍。

（3）构建脚本

自动化是我们的目标，实现自动化的基本手段就是通过各种构建脚本把原本需要手工执行的步骤转变为系统自动执行。通常，构建脚本的目的在于集成各种第三方工具并通过一定的策略使这些工具能够相互协作。

（4）持续集成服务器

构建脚本的集合实际上就可以称为构建服务器，但开发一套功能强大、用户体验好的集成服务器成本太高，所以我们一般会使用业界主流的工具作为我们的主服务器。这些持续集成服务器都提供了较高的可扩展性，可以通过编写部分构建脚本并嵌入其中实现集成的定制化需求。

（5）反馈

在 7.2.2 小节中我们已经提到持续集成是一项需要实现的敏捷工程实践，作为敏捷实践，价值观就在于反馈，即通过一系列的监控机制确保集成过程中每一个步骤都能进行审查和确认，并提供邮件、IM 等一系列反馈机制确保尽早发现问题并解决问题。这点与软件交付模型的目标相一致。

2. 实现持续集成

引入持续集成的过程也是一个循序渐进的过程，在没有任何持续集成经验的团队中，尝试从新系统开始是一个不错的选择，对于遗留系统则倾向逐步过渡。但不管是新老系统，当项目开始时就该采取行动并开展多角色协作，最好有专人负责持续集成服务器中的追踪结果。图 8-14 是引入持续集成之后的工作流程，我们可以看到，从以 Redmine 为代表的问题跟踪系统开始，伴随着全局唯一的 IssueId，任何需求和 bug 都会流转到开发人员，开发人员通过版本控制系统进行个人工作区间和中央仓库之间的交互，最终所有的版本共享通过持续集成服务器生成可交付成果。

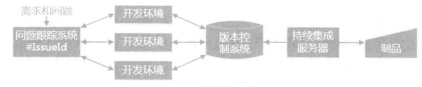

图 8-14　持续集成流程

图 8-14 中的问题跟踪系统和版本控制系统我们都已经有所了解，而持续集成服务器是一套完整的解决方案，能够从持续测试、持续审查、持续部署和持续反馈等维度提供支持。

持续测试包括自动化单元测试、自动化组件测试、自动化系统测试及各种测试分类和可重复特性。持续审查通过采用组织级别的标准建立代码审查机制并持续进行设计检查，试图从减少重复代码、判断代码覆盖率、降低代码复杂度等角度为开发人员提供代码质量的可视化视图。持续部署要求随时随地发布可工作的软件，通过持续集成服务器，能够为每一个构建打上标签、执行所有测试、创建构建反馈报表，并具备回滚构建的过程能力。持续反馈提倡以正确的方式在正确的时间将正确的信息传递给正确的人。这里正确的方式可以是电子邮件、声音和 IM；正确的时间应该支持每天、每周或问题发生时；正确的信息包括构建状态、审查报表、测试结果；而正确的人通常包括系统构建人员、开发人员及架构师。

基于持续集成流程，所有的开发人员需要在本地工作区间上做本地构建，开发人员每天至少向版本控制库中提交一次代码，开发人员每天至少需要从版本控制库中更新一次代码到本地工作区间。需要有专门的集成服务器来执行集成构建，每天要执行多次构建，每次构建都要 100%通过，修复失败的构建是优先级最高的事情。这些要求构成了持续集成实现的基本原则。虽然我们明确了实现持续集成的目标和带来的收益，但不是每个团队都能做到以上所有原则。在持续集成领域，也存在一个类似于 CMMI 的持续集成成熟度模型（Continuous Integration Maturity Model，CIMM）[17]。该模型的层级描述如图 8-15 所示，各个团队可以根据自身情况明确当前处于的层级以及目标层级，但通常需要确保团队具备实现前 3 个层次的能力。

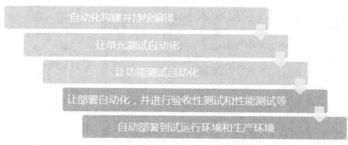

图 8-15　持续集成成熟度模型

持续集成相关的工具有很多，可供选择的不下数十种。本书中提到的 Redmine、Maven、SVN、Git 等都很常用，而对于专用的持续集成服务器，目前最流行的当属 Jenkins。

8.3.2　Jenkins 应用

Jenkins 是基于 Java 开发的一种持续集成工具，包括持续的软件版本发布和监控外部调用的执行情况。Jenkins 本身并没有自动构建的功能，而是将 JDK、Maven 等工具集成起来，将持续集成的整个过程可视化。

Jenkins 包括构建任务、自动化测试、通知、代码质量和自动部署与发布等方面的功能。配置是使用这些功能的基本方法。Jenkins 提供了全局配置功能，支持系统环境相关的全局变量和 JDK、Maven 等构建工具和 SVN 等版本控制工具的全局设置。

参数化构建是 Jenkins 支持动态构建的表现形式，即通过设置外部参数影响构建过程。对于构建过程的工作流，Jenkins 也支持构建步骤和构建后操作的设置以提高构建灵活性，代码打包、JUnit 支持、发送邮件、诸如 Checkstyle、PMD 和 FindBugs 等的代码质量工具的嵌入都属于构建后操作的典型应用。Jenkins 也提供了部署插件支持面向 Maven 私服和应用服务器的自动化部署。

8.4　交付工作流

本章围绕着配置管理和持续集成这两大主题对软件交付的思路、工具和工程实践做了讨论，配置管理和持续集成构成了交付模型的基础，两者之间也需要相互渗透才能构成完整的工作流程。交付工作流（Delivery Workflow）指的就是系统程序的配置、源代码、环境或数据的每个变更都会触发创建一个新工作流实例的过程。交付工作流属于技术范畴，也体现为一种管理性过程，其目标就是让团队所有人都能参与到软件构建、部署、测试和发布过程中来并确保过程对所有人可见，通过流程规范性提升信息反馈机制，能够更早地发现问题并解决问题。

一个简单而典型的交付工作流从交付团队出发，通过版本控制系统获取代码和配置项，再通过持续集成服务器进行单元测试的构建，再经由用户验收测试最后完成交付。交付工作流组成结构如图8-16[18]所示，涉及整个流程的参与人员、流程阶段、配置管理以及持续集成。

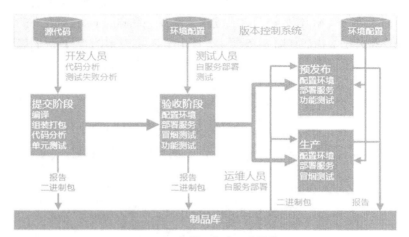

图8-16 交付工作流组成结构

围绕图8-16，我们也可以梳理交付相关的最佳实践，如只生成一次二进制包、对不同环境采用同一套部署方式、采用预发布环境、对部署进行冒烟测试、每次变更都能在工作流中传递并做到一旦有环境出错就停止整个流水线。交付工作流的建设需要完备的配置管理和持续集成系统，同时需要端到端的 DevOps 管理系统，让团队每个成员都对项目成败负责。

在交付工作流的实现上，第一步是价值流建模，通过在7.4.2小节中介绍的价值流图裁剪并建立简单的可工作交付框架。每个团队对交付过程理解不同，所设计的交付工作流自然也会有所差异，有些团队可能特别重视单元测试，而有些则偏向手工验收。不管各个团队的过程如何，使用 Maven、Jenkins、Tomcat 及 Python 等各种脚本语言构建和部署自动化是所有团队都可以采用的实践方式，同样，我们也鼓励使用基于 JUnit、Checkstyle/PMD/Findbugs 和 Sonar 等自动化单元测试和代码分析工具与 Jenkins 进行有效整合以丰满交付流程。最后也是最重要的是量化和改进过程，通过自动化测试覆盖率、代码风格验证、缺陷数量、交付速度、构建成功和失败次数、构建时间等量化指标，我们可以找到相应的改进点，并通过在7.3.3小节中介绍的回顾等手段进行持续改进。

8.5 本章小结

软件产品开发需要端到端的管理通道，关注的是实现部署流水线的自动化，做到持续交付。为了实现这一目标，包括代码在内的所有过程性资产都应该通过配置管理的方法进行管理和维护。本章对配置管理的理念和模式做了概述，并通过具体工具的展开介绍了这些模式的具体应用。

持续集成是打造持续交付的第二个环节，通过实现自动化的系统构建、质量检测、服务部署，提升了信息反馈的机制，使团队能够通过一个完全自动化的过程在任意环境上部署和发布软件的任意版本。持续集成相关的理念和工具也在本章中得到了阐述。而下一章我们将引入一个崭新的话题，讨论作为一个架构师应该具备的各项软能力。

第四篇
架构师软技能

本篇内容

本篇在前面各篇的基础上，对架构师转型所需的全面性技能进行补充，侧重于介绍架构师所需的软技能。

架构师作为技术团队的负责人，对外需要进行沟通和协商，对内则需要具备领导力，并进行团队的知识管理、人员管理和绩效管理。同时，作为团队变革的主要推动者，架构师在转型过程中需要进行改变自身的思维模式，并具备引入变化的方法和能力。

本篇共计一章，对上述软技能进行了全面分析并提供相应的方法、工具和案例分析。

思维导图

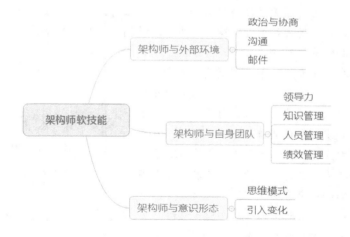

第 9 章
架构师必备软技能

架构师是一个综合性的角色，需要熟练掌握架构设计方法和开发技术，同时需具备良好的组织管理能力。在 1.2.1 小节中介绍了架构师的主要职责和所开展的活动，无论这些活动是偏向技术还是偏向管理，架构师都处于一个特定的环境中，活动的开展也不是架构师一个人的战斗，需要与他人进行协作和交互。因此，除了各种专业的业务技能之外，架构师还需要掌握一些额外的技能。

我们围绕系统和架构的角度进行展开可以得到如图 9-1 所示的架构师能力模型。架构是为了实现系统，除了技术架构和业务架构之外，组织架构（Organization Structure）同样是一种架构的表现形式，体现在如何使用组织方式对活动的开展提供必要条件和施加相应的约束。相较组织架构，系统设计和开发过程中的人员因素更加与架构师息息相关，围绕人员所开展的招募、培训、管理等工作也是架构师日常工作的一部分。同时，任何一个团队或公司都代表着一种环境，如何适应环境并将自身的行为与周围的环境要求相一致，往往对架构师的工作开展方式有较大影响。工具的合理应用也是能力的一种表现，这里的工具不是指软件开发和设计工具，而是指有利于与人沟通、协作等方面的具体媒介。

在图 9-1 中，我们还看到一个非常重要的概念——变革。架构师在架构和系统两个方面都可能成为一个团队中变革的引入者。软件行业发展日新月异，尤其是互联网行业下的软件开发往往伴随着技术和业务上的剧烈变化，业务创新需要变化，技术重构也需要变化，引入变化并作为主要的推动力去落实变化，也是提升架构师在特定环境中影响力的一个方面。

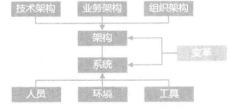

图 9-1　架构师的能力模型

我们把上述这些技能统称为软技能（Soft Skill）。软技能的种类有很多，在本书中把这些软技能分为两大类，分别面向外部环境和自身团队。

9.1　架构师与外部环境

经营是一个公司的根本，围绕经营产生了市场、销售、研发等部门。架构师作为技术团队的对外接口人，也是处于公司的经营链路中，意味着需要与其他部门进行协作。协作的基本方式就是沟通，但不同的公司、不同的团队多少存在一些政治和文化氛围，对于邮件等用于信息传递的工具在使用方式上也不尽相同。参考图 9-1 中的描述，架构师所面临的外部环境往往与组织架构、环境、工具等因素息息相关，而本节的思路就是从这些因素出发，围绕着架构师如何进行协作这个角度尝试对政治因素进行简要分析，并讨论协商的策略、沟通的方法及使用邮件进行有效的消息传递。

9.1.1　政治与协商

在一个软件开发团队或公司中，政治（Politics）并不是一个特别敏感、但也不是一个可以置之不理的话题。通俗地讲，政治可以理解为通过与别人协作把事情办成的一种艺术。当然，想让别人与自己协作远非想象中那么简单，关系到双方或多方的利益和冲突，也关系到协作的推动者和被推动者的目标和动机。为了能够让别人和自己站在同一立场和角度去看问题、解决问题，我们同样需要应用方法论，利益、冲突、目标、动机、关系是政治中的关键词。

1. 政治因素

每个角色对政治的理解不尽相同，对于架构师而言，承接的是技术负责人的角色和职责，在使用政治这门协作相关的艺术时，环境、时机、原则和策略是所需面对的最基本的几项政治因素，也是我们思考和解决问题的出发点。

（1）政治环境和时机

政治环境和时机上，首先应该把握一个公司的企业文化。企业文化的表现形式有很多，包括对加班的态度、绩效管理、晋升制度、开会方式等。企业文化可以理解为一种事业环境因素（Enterprise Environmental Factors），即我们只能适应而无法改变。同时，当我们有任何一个想法尝试去推行时，确保该想法与公司的战略方向一致。架构师虽然是技术岗位，但对公司高层次的战略方式还是要有一定的敏锐性，从把握领导关注的问题上，可以体会出公司层面的一些想法和做法。最后，政治环境是一个不断经营的过程，尤其体现在人际关系的建立上。

（2）政治原则

政治原则上同时考虑对上/对下的入口和出口对于技术管理人员尤为重要。这也意味着需要把握信息透明度。如同在项目管理中，项目经理需要考虑对项目的范围、时间和成本等信息进行有效过滤一样，对上级的向上管理和对下级的向下管理过程中所采用的信息管理策略也需要有所不同，不应该把你所有知道的信息都直白地同步给别人，信息的转换胜于信息的透传。在上级和下级需要帮忙时能帮就帮，但不要为自身价值而妥协。

（3）在政治策略

在政治策略上，帮助别人达成目标，很多政治因素也不会因个人努力而改变，学会享受过程而不是目标本身。小事情上可以妥协，但在关键点上，我们争取尽全力出成绩。当出现因人际关系导致的问题时，首先尝试把人际关系问题私有化处理。

2. 协商

在任何团队中，任何场景都可能会有"扯皮"现象。"扯皮"现象有利有弊，很多结果有时候并不是做出来的，而是协商出来的。有些事情看上去很难，但一协商发现并不是那么难，而一点小事如果没有协商可能变成一件大事。

对于协商，换位思考或者说同理心可能是消除协商过程中出现过多"扯皮"现象的一大原则。站在对方的立场上思考问题，然后再抛出符合对方立场的言论但能引导到己方利益的观点需要技巧性。这种技巧性的培养需要循序渐进的把握协商过程，而不是对任何问题都直奔主题。

同时，在协商过程中，不要掩盖问题，尤其是对双方都有影响的问题确保在协商过程中明确的提出来，并得出确切的结论。最后，关于协商原则记住一句话，态度要和蔼但立场要坚定。

有一些障碍会导致协商过程的正常推进，其中包括上文提到的政治因素。对架构师而言，可能也会面临很多技术性障碍。面对障碍，尽量寻找双方的共同点，并寻找"足够好"而不是"最完美"的方案。

我们把整个协商过程分成协商前、协商中和协商后 3 个环节，其中，协商中的过程具体问题具体分析，对协商前和协商后则可以采取一些通用的手段和策略。在协商前，最重要的是明确此次协商的目标，包括最低和最高目标。梳理哪些内容是可以或不可以协商的，明确相关干系人，团结一切可以团结的力量。另一方面，充分准备是协商成功的一大关键，关于这次协商的数据、文档、环境等因素都在考虑范围之内。对于某些预想中比较难以协商的内容，协商前对某些关键关系人或某些关键文件数据等进行私人或内部团队之间的预演可能也是必要的一些环节。

当协商完成之后，不管协商结果如何，记录是必不可少的。对于本次协商中重要的决议确保进行文档化和邮件化，如有必要也可以纳入版本控制系统之中进行管理。对决议的执行过程中，明确决议的边界，执行自身相关的任务。但对于架构师而言，还要尝试学会委派下面的人进行任务执行。

9.1.2　沟通

沟通管理作为项目管理核心知识领域之一，在项目管理和团队协作中的作用毋庸置疑。沟通管理涉及的范围很广，本节从沟通的重要性和模型出发，主要从信息传递和信息维护这两个方面对沟通管理进行阐述。

1．沟通概述

图 9-2 描绘了西方文化中巴比伦塔的建造过程。如果我们把建造巴比伦塔也看作是一个项目的话，这个项目的资源（两河流域丰富的石材和泥土）和时间（不计时间）都没有限制，项目启动后也非常顺利，但因为项目参与人员来自多个地区，不同的语言促使人们的沟通和协作出现问题最终导致了项目的失败。

巴比伦塔的建造失败体现了沟通的重要性。回到现实，我们可以通过抽象把沟通过程描述成图 9-3 中的模型。该模型中无论是信息的编码和解码、发送和接收都会受到多种干扰导致信息的传递出现问题，如何保证信息传递的高效性是架构师日常工作中需要进行保障的一个重点。

图 9-2　巴比伦塔

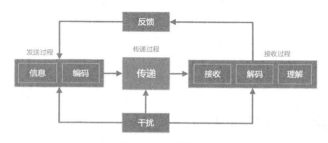

图 9-3　沟通模型

有了沟通模型，我们再来回顾另一个重要概念，干系人。干系人模型可以简单抽象为围绕"我"可以引出事情，只有同时满足"我"的事情而且与这件事相关这两个条件的人才是"我"的干系人。干系人只有两种，一种是行动者，即对信息需要采取行动的人；另一种是知情者，即只要知晓信息即可的人。两种不同的干系人决定了所需要传递信息的内容和类型。影响沟通管理的另一个主要方面是组织过程资产，组织过程资产一般分成两个部分，即流程工具和共享知识库。流程和工具包括与沟通相关的标准流程、媒介、使用的模板、沟通模式和工具等，而与沟通相关的共享知识库包括项目档案、知识库、回顾数据等。人员组织结构等事业环境因素同样也会影响沟通管理的具体开展方式，各个组织可能差异较大。

2．信息传递

信息传递的模型可以通过维度（Dimension）、模式（Pattern）和媒介（Medium）3 个方面来进一步细化。

信息传递的维度按照不同视角可以有很多类别，一般包括如下几种，每一种参照字面意思即可理解：内部（在项目内）和外部（客户媒体、公众）；正式（报告、备忘录）和非正式（电子邮件、即兴讨论）；垂直（上下级之间）和水平（同级之间）官方（新闻通讯、年报）和非官方（私下的沟通）；书面和口头。

信息传递的模式只有 3 种，分别为拉（Pull）模式、推（Push）模式和交互（Interact）模式：拉模式适合受众明确、时效性强，但不适合版本信息管理；推模式则受众面广、平台化管理，适合版本信息管理；而交互模式实时性强、成本高，所以交互议程和节奏是关键。

信息传递的媒介和传递模式紧密相连。这里结合上述传递模式的特点和适用场景分别列举一项最典型的传递媒介。邮件是推模式的代表媒介，是比较正式且常用的推模式，即我把信息推送给你，至于后续你如何处理就看你的安排，所以适合多方协作但时效性不强，可以在需要明确细节、追踪状态、安排事情等场景使用。但因为推模式的效用只限于本次记录，所以类如对某一个文档不停更新版本并进行通知的场景，每一封邮件都会导致接收方生成多个工作副本，故需要版本信息管理的场景不适合使用推模式，而应该使用以共享库为代表的拉模式。共享库的运作方式如图 9-4 所示，信息发布者和信息接收者通过信息共享库进行交互并根据需要变换相互之间的角色。由于很多共享库带有版本控制功能，对提交者及提交内容能够进行跟踪和管理，故适合团队协作和过程资产建设。会议则是交互模式的代表媒介，需要参与者做统筹安排，否则信息传递的效果会大打折扣。会议的发起者通常是管理者角色，而接收者可能来自跨职能的各个部门和小组。发起者和接收者之间的意识形态、工作方式等存在一定差异性，故会议前的准备、会议中的议题和节奏、会后的工作事项落地都会需要成本。相比邮件和共享库，交互模式中的会议是信息传递最需要管理理念渗入的一种媒介。

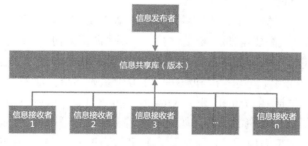

图 9-4　共享库媒介

针对日常工作过程中碰到的信息传递过程中的问题，列举若干典型场景。

（1）不必要的干系人

组织内部的邮件通常为以组的形式进行管理，如果这封邮件只是发给某些人，那就不要用邮件组。邮件组是"不必要干系人"的典型应用场景，有些职位的人会加入到很多邮件组中，如果他每天都收到几十封和自己完成没有关系的邮件，那真正需要他采取行动的邮件很可能会被遗漏，导致沟通出现问题。另外，在讲技术细节的邮件里抄送公司高层，在讲项目进度的邮件里抄送技术人员，在讲技术方案的邮件里抄送项目人员都是不必要干系人的具体表现形式。

（2）不正确的干系人

在项目启动会上，我们会进行该项目的风险分析，如果你把"项目实施人员经验不足"这条风险写到启动会报告中，那很不幸，你没有找对信息传递的干系人。"项目实施人员经验不足"确实是一项需要进行内部管理的很重要的风险，但项目启动会面对的是项目的甲方、乙方及其他供应商，如果你说做这个项目我们的实施人员不行，你让其他方的人怎么想呢？

（3）不合适的维度

典型例子有：通过 QQ 传递重要信息，口头通知项目决定，项目数据非可视化沟通，缺少内部/外部信息过滤等。

（4）不合适的模式

如果你想和团队成员分享一个很好用的小工具，那建议你不要用邮件去传递信息，因为邮件可能会被删除和遗忘。这种场景下，运用拉模式通过 SVN 或 FTP 等共享库进行信息传递往往是更好的选择。

（5）不完备的模式

主要是对会议而言，上面也提到会议需要进行统筹安排方能发挥其效用：会议前需要明确输入、议程和输出，会议中关注演示和节奏。如果一个会议连基本的输入/输出都不明确的话，那可能还是等这些都明确了之后再召开会更好。

（6）不合适的媒介

如果写一个文档，这个文档是静态的，即后续不会有任何变动和更新，那把它放到 Redmine 这种工具平台上是合适的。反之，如果这份文档需要进行版本的演进和更新，那 Redmine 就不是合适的媒介，建议使用带版本控制功能的共享库进行这些文档的统一维护。下面我们就从信息维护的角度出发再对沟通管理进行进一步分析。

3. 信息维护

信息维护是一项涉及知识库、过程资产、环境和交流等元素的整合过程。该过程包括信息保存、转移和转化的成本，由于这种成本比较隐性，很多时候我们都或多或少不想投入这种成本，导致信息维护的完整性和时效性上出现问题。

同时，信息维护一般会借助于某些工具以达到自动化或半自动化的效果。首先是版本控制工具，如果信息需要分版本、需要定期/不定期维护、需要团队多人协作，那版本控制工具是必需的，主流的版本控制工具包括 SVN、GIT，可参考 6.2.3 小节的内容。如果信息的特点是随项目/产品开发进程不断需要范围变更、问题抛出和解决、多方干系人参与，那采用一套完备的问题跟踪工具会事半功倍，主流的包括 Redmine、Jira、Quality Center。如果信息只是一些静态资源，不涉及变动，那就用 FTP 之类的静态资源工具。如果信息属于知识管理范畴，那采用一个知识共享工具能帮助团队解决很多耗费精力但成效低下的信息共享和维护需求，主流的包括以各种 Note 为后缀的工具，很多是面向公网平台且不大适合内部团队使用，如果你想在组织内部建设一个知识共享平台，Office 自带的 OneNote 可能是一个不错的选择。

信息传递和维护是沟通管理中的两个重要方面，日常工作无论是研发、项目、产品及高层的管理工作都需要消息的高效传递和维护。各个组织有各自的特点和文化氛围，架构师在从事沟通管理时需要通过探索形成统一、合适的方法论和工作模式，并进行持续改进。

9.1.3　邮件

通常，针对重复性或耗时过长的工作，我们利用工具来改善过程；针对自身能力或工作上存在的弱点，我们利用工具进行弥补。邮件作为典型的职场工具，其在具体软件和操作上有丰富的表现形式。本节以日常工作过程中人人都在用的邮件为出发点，从工具辅助、改善习惯的角度看待个人工作效率与工具使用方式上的关联，试图找出使用邮件的最佳实践，内容上强调团队协作模式下工具的使用场景、策略和原则，不以工具的具体操作方式、步骤和不常用功能为重点。

1. 关于邮件

关于邮件，首先我们要明确使用邮件的时机。在需要多方协作且时效性不强、需要明确细节、追踪状态、安排事情、需要历史记录备份时最适合使用邮件。邮件是沟通模式中典型的推模式，受众明确但不适合版本信息管理。邮件为我们提供了过程记录、冗余备份、有效的信息传递手段和丰富的内容检索方式。使用邮件时，我们的关注点在于如何提高自身的工作效率，包括写邮件和管理邮件两个主要方面。

2. 写邮件

我们首先来看两个场景分析。

场景一，下面的这两封邮件来自 Scott Berkun[19]的《Making Things Happen: Mastering Project Management》，其中一封写得好，一封写的不好。下面是第一封。

> 过去 4 周以来，我们之中有很多人想知道，我们重新设计的程序代码签入流程，什么时候可以最终完成。我知道我们花了很长时间在门厅和会议室里讨论，想找出正确的方法来决策，但却没有了解新流程的实质设计。挑选委员会成员对我来说也不容易，很多人都知道，花的时间要比预期多。我为此感到道歉，但这些事还是发生了。
>
> 所以，首先，我想让你们知道新提案的一些重点，避免有人错过了我们的周会讨论，或者这两周没有和我谈过情况。
>
> 1. 签入程序非常重要。它们决定我们到底在构建什么。
>
> 2. 每个人都有意见。我们都听过 Randy 和 Bob 各自的详细描述，解释他们认为当前系统这么糟糕的原因。
>
> 3. 没有简单的答案。我们讨论过的多数修改都有缺点。所以，当我们最后达成结论时，在转换时期会有一些粗糙之处，而且可能会持续不断。
>
> 得出这些结论后，现在我想让你们知道，本周剩下的时间我会给你们发去修改过的提案。请注意我发的下一封电子邮件，应该很快就会发了。

下面是第二封。

> 新的签入程序流程的最终提案已完成，放在网站上：http://intman/proc/checkin/。
>
> 因为这是一个有争议的问题，我已经和团队中的多数人一对一地讨论过这个提案，整合了每个人的反馈意见。如果其中没包括你的，而你有强烈意见，请尽快发给我。
>
> 但要注意：关于这些即将到来的改变，这是第二次公开声明。目前修改的机会很小，今后会更小。请现在就采取行动，不然就保持沉默。
>
> 周五下午五点，是针对上述提案和我联络以提出反馈意见的截止时间。在那之前，我会考虑和回应任何问题或意见（和适当的人共同研究）；否则，这件事就这样，并在下周开始生效。

我们对比两封邮件，不难得出结论第二封邮件写得好。那第一封邮件的问题出在哪里呢？第一封邮件看起来写的很不错，但实际上存在很多让人分心、难以把握邮件重点的内容，而且有些描述摸棱两可。反观第二封邮件所有的描述都是面向行动，让接收方明白自己该做什么及在什么时候做。这样邮件的价值就体现出来，通过该邮件起到的协调和沟通作用也在无形中提高了所有人的工作效率。

场景二由 3 封邮件组成，下面是第一封，由发信方发给客户。

> 根据发货计划，此次货物应该已经到达目的地。你收到了吗？
>
> 根据以前的约定，货物到达之后 20 天之内需要完成测试已经付款。
>
> 然而，已经过去将近 30 天了，我们还没有收到贵方的应付款项。因此，请尽快安排测试及付款。

下面是第二封，客户回复给发信方。

> 我们还没有收到货物，在我们这边昨天和星期一是银行休息日，这点请知晓。我今天会确认一下是否使用 UPS，有任何进展会通知你。

发信方收到客户回复之后，对回复作出反馈。

> 非常感谢你的回信。
>
> 我刚确认得知货物仍然在运输过程中，希望能尽快收到。
>
> 收到货物后，请尽快安排测试。非常感谢！

上面 3 封邮件的交互过程中，我们可以看到第一封邮件最大的问题在于发信方没有站在对方的角度看问题，说出去的话完全只顾自身的利益而不管对方的难处。邮件是一种相对比较正式的沟通方式，代表着利益关系，如果态度和措辞上让对方感到不舒服，碰到不同的人可能会有不同的反应，极端情况下，会给自己和团队带来不必要的麻烦，影响沟通的效果。

通过上面的分析，我们体会到好的邮件和差的邮件之间有时候会导致截然的沟通结果，这些结果很大程度上影响甚至决定着个人及周围团队的工作效率。下面围绕如何写一封邮件的各个组成部分进行展开，探讨邮件的写法和相应的实践方式。

（1）标题

关于邮件标题，业界存在一个 CURVE 原则。CURVE 是 Curiosity（好奇心）、Urgency（紧迫性）、Relevancy（相关性）、Value（价值性）和 Emotion（感染力）五个英文单词的首字母组合。CURVE 原则认为一个好的邮件标题应该至少满足上述五点中的两点。虽然提出该条原则的是一位营销大师，但这条原则在平时写邮件时还是有一定指导意义，通常相关性、价值性和紧迫性可以用来做主要参考。

标题的另一个要素就是风格，同样的内容通过不同的标题风格表现出来效果往往不一样。常用的标题风格有以下几种。

● 多段式标题，通过标题中分段描述的方式展示邮件所要表达的主题。例如，XX 管理移动版系统 - XX 医院产品发布更新 - UAT, No.01, 2016/02/28。该标题用于对外服务发布，表示在 2016/02/28 这一天，XX 医院的 XX 管理移动版系统发布更新，发布目标环境和发布序号分别是 UAT 和 No.01。邮件接收方可以从标题中掌握整件事情的要点，后续邮件管理时也可根据多个关键字进行检索。多段式标题是推荐使用的标题风格，具有较好的信息传递效果。

● 正文主题式标题，标题直接展示邮件主题。例如，XX 医院售前支持。

● 事件驱动式标题，通过事件和活动等确定邮件的标题，带有很强的上下文信息。例如，请与下周一（2016/06/23）之前提交培训 PPT。事件驱动型标题一般对事件内容、时间和责任人有明确体现，常用于团队内部使用，对外部沟通而言慎用。

● 流程式标题，该邮件标题用于流程运转和过程记录，通常为后续回顾提供数据基础。例如，XX 系统 update(1)@2016-03-14。该标题用于研发团队内部提测，表示在 2016-03-14 这一天，XX 系统有了第一次服务更新需要测试团队跟进。

（2）收件人

收件人有时候比邮件本身更重要。有些邮件本身并没有可发挥的内容，但不同的收件人会让重要的事情变成不重要，也能把不重要的事情变得重要。在写收件人时，确保找到合适的收件人。同样当你接受邮件时，也请第一时间关注一下收件人列表。区分接口人还是邮件组，邮件组是常见的邮件接收方组织形式，但邮件组是"不必要接收人"的典型误用现象，需要谨慎使用。关于收件人的以上讨论内容很大程度上与沟通管理的模式和策略有关，具体可参考 9.1.2 小节的内容。有了上述原则，我们就可以把邮件发给期望有所动作的人并抄送给希望对事情有所了解或偶尔提个建议的人。

（3）附件

关于附件可以把它分成对内和对外两种场景。对外交流使用附件时需要注意起草邮件时第一时间拖附件；打包 exe、dll、msi 等文件；尽量不要传送大的附件（>10 MB）；使用通用文件格式，不要使用类似 rar 等收费软件格式；给附件起合适的名字；附件的用法在邮件正文中要明确表明出来；区分适合做邮件正文还是做附件的内容。对内交流通常不建议使用附件，使用 SVN、OneNote 等进行拉模式下信息传递通常是优先的选择。

（4）正文

写正文包含几个要点，首先是表达邮件的主题，开门见山，表明目的："你是谁？想干啥？"；把最重要的事情放在第一段，尤其前 3 句；如果有多个地方期望对方有所动作，则用高亮模式表示出来；补充性的、说明性的文字放在后面慢慢阐述，表达主题的基本原则；站在自己的立场上思考、站在对方的立场上讲话，立场要坚定、态度要温和。

下面是正文表达主题上比较好的一个示例，把一件事情涉及的人物、时间、文件等要素都言简意赅的表达出来，在考虑风险的同时明确指出下一步的行动要求，具体如下。

> 1. XXX 医院要试运行 XXX 系统，有一部分数据需要从移动护理系统读取，需要你安排人员配合，要求 5 月 14 号之前完成接口程序提供，如无法及时提供，也请你发邮件时抄送一份给 XXX，他是这个系统的销售。
> 2. XXX 系统开发对接人：XXX　联系方式：XXX。
> 3. 附件是"XXX 标准版接口方案"，请查收。

邮件正文中避免语义误解，尽量少使用代词。例如"这个事情让*他*去处理""把*这个*dll 放在*那个*目录里"都是反面示例。

邮件表述上需要给对方一种积极反馈的感觉，如果约定的时间不能给出答复，第一时间先回复一下邮件表明正在处理，但是会拖后一些时间，相关事例如下。

> 今天白天事情较多，晚些时候我会提供 XXX 版本的部署说明以及软件等，请现场人员明天及时进行预部署工作。

组织正文逻辑时，需要注意言简意赅，不要太发散；尽量使用自动编号；重要的内容放前面，辅助性的内容放后面；使用短章节、短句。断开长句、长段落；段落之间空行。

同时，使用 Inline 回复在某些场景下是最佳实践。Inline 回复即对用户信息的逐条回复，通常使用在大量问答式的回复场景；通过在原邮件逐条回复；使用不同的字体、颜色；前缀最好加上自己的名字；句首表明态度，比如接受、无法实现、待定、可以、不可以等；邮件正文要表明使用 Inline 模式进行答复。

下面是日常工作中使用过的一个 Inline 回复的片段示例，通过明确的"Yes"来表明态度，然后再对细节展开讨论。

> MDS 整体架构是怎么样？请更新系统设计以便沟通。
>
> 1.1. MDS 是否需要自动更新？
>
> *[天民]是的，自动更新会包含在内。*
>
> 1.2. MCS 系统日志需要记录类如 Wi-Fi 连接失败等系统错误情况。
>
> *[天民]是的，系统日志会包含在内。*
>
> 1.3. 将服务器日志根据 MDS/MCS 等各个客户系统进行隔离。如果不能隔离，请确保能够根据日志诊断系统问题。
>
> *[天民]是的，我们将使用不同的前缀来区分服务器日志。例如，所有类似 MDS_XXX 的日志将被用于确认由 MDS 系统所抛出的问题。*
>
> 1.4. 请确认我们可以沿用现有 MCS 数据库，还是需要创建新的数据库。
>
> *[天民]从系统设计角度讲，我们认为可以沿用 MCS 数据库。*

（5）确认

写完邮件，按下"发送"前，核对标题、收件人与抄送人；通读一遍，避免错别字、未写明的观点；关注重点字，确认"人名，时间，地点，是否，不"等；检查附件是否缺失。

3. 管理邮件

邮件管理通常涉及数据存档、内容检索、记录维护和时间管理等过程。这些过程很大程度上都与日常工作效率密切相关。

（1）邮件模板

使用邮件模板是提高个人和团队效率的一种有效实践，可以贯穿整个团队管理的各个过程，例如下面就是团队可以统一使用的请假报备邮件模板。

> 请假时间：2014/XX/XX 一天。
>
> 请假原因：XXXX。
>
> 工作交接：可找 XXXX/无需交接。
>
> 联系方式：手机 XXXXXXX，期间有/无网络，手机邮件可用。

（2）邮件分组

使用分组可以区分"必看"与"不怎么看"的邮件，区分特殊干系人和普通人的邮件，区分你所在的不同项目、产品的邮件。在各种邮件客户端中，可以根据来自发件人、主题包含关键字、收件人中包含等条件设置分组并根据重要性选择"是否需要显示桌面提示"。

（3）邮件视图

可以通过邮件客户端进行邮件视图的管理，如 Outlook 提供了阅读布局、Column 排序和使用 Conversation 视图，也可以使用任务标记和类别分组针对待办事项或者重要事项管理。

（4）日历

日历是邮件管理中的一个核心功能，在个人时间管理和团队协作方面发挥其重要作用。日常工作中通常涉及会议管理，可以通过会议邀请约定会议的时间、地点、参加人数。接收方如接受可以接受，如要改时间可以提议，邀请方如要改时间则发送更新。也可以通过会议、事件等在日历中的管理，明确自我的任务安排，提高时间管理的效率。

（5）存档

永远不要删除你的邮件，除非类似 Redmine 等系统自动生成的邮件。如果邮件太多了，我们就需要存档。存档能够保留原始邮件文件夹组织结构，可以选择自动存档，也可以手动触发。

关于邮件的基本操作大多很简单也很直观，但正因为如此也会导致团队中个人有个人的做法，在团队层面缺少统一的实践模式。结合团队沟通管理的特点，梳理和制定团队成员所认同的邮件使用实践方式是本节的初衷，架构师在邮件发送和接收上可以应用本节中介绍的方法论和工程实践提升自身和团队的工作效率。

9.2　架构师与自身团队

架构师是技术团队的负责人，从工作广度上，负责的不仅仅是架构的设计和系统的实现，也同时需要把控技术团队的各项事宜，典型的包括人员的招聘、团队的建设、知识的沉淀和绩效的管理。同时，作为一个团队的 Leader，领导力（Leadership）也是架构师所应具备的一项重要能力。本节重点关注技术团队内部的组织管理，对照图 9-1，该话题同时涵盖了团队组织架构、人员、环境、工具等因素。

9.2.1　领导力

管理应该有好的思路和方法论，但期望这些思路和方法论能按照自己想的那样发挥效果，通常只是一种理想。在职权的范围内充分利用人力和客观条件，并以最小的成本办成所需的事情还需要团队负责人的领导力，领导力的主要作用在于提高整个团体的办事效率。

1. 领导力概述

（1）领导力的表现形式

领导力的表现形式有很多种，如带队育人的教导力、合理分配资源的组织力、高瞻远瞩的决策力、人心所向的感召力等，团队负责人自身能够快速成长的能力也是领导力的一种表现。我们对这些领导力的表现形式进行梳理，会发现领导力首先体现在用人上，找合适的人并进行管理是领导的第一步。其次，我们会形成团队的价值观，并希望团队中的所有成员共同遵守，团队负责人在形成这种价值观时会起到主导作用。同时，提出优化流程的建议并付诸于实施能显著提升领导力，团队成员会在优化的流程中发挥越大的作用，领导力也就会产生越大的影响力。最后，要注意个人在演讲、聚会、会议上的表现，努力提升个人魅力。

（2）领导力的原则

对于提升领导力过程中应该遵循的原则，我们有我们的思路。业界存在一些普遍原则，包括人才比战略更重要、团队比个人更重要、平等比权威更重要、均衡比魄力更重要等。这些原则当然都是正确的，但在此基础上，我们认为信息透明和授权是领导力相关的两条核心原则。

信息透明在这里可以理解为包含自我透明化、项目透明化和关系透明化 3 层含义。自我透明化指的是表现自身的优点和缺点、承认自身的实力和兴趣并积极参与上下级沟通，让别人了解你是让别人信任你的基础。很多技术人员由于工作环境及自身性格原因，在自我透明化上存在明显缺陷，难以成为一个技术负责人，或者即使成为团队的负责人之后，因为缺少与团队成员的相互了解导致领导力大打折扣。项目透明化主要体现在让领导看到你的困难，对时间和进度上的透明度做把控，不能太透明也不能不透明。同时，对项目中技术体系进行合理的透明化有助于各种外部干系人对技术团队的了解，提高协商过程中的筹码。创建自身的风格并保持不变，在做事情之前进行有效倾听，同时提供让别人透明化的场景和机会是关系透明化相关的实践方法。

授权往往是技术人员所不擅长的一个领域，很多技术负责人在紧急情况下都倾向于自己出手，而忘了整个团队。身体力行，让别人看到你在做事情是提升领导力的一种方法，但在有些场景下，通过授权让团队成员去完成有难度的任务恰恰更能提升领导力。建立信任关系是授权的第一步，需要在平时进行不断经营。而对某个具体场景，在授权之前确保团队成员与团队负责人达成共识。

信息透明化的具体实现可以借助于一些工具来展现可视化信息，而授权的切入点在于使问题简单化。无论采用各种原则，尝试在团队中推销自身的想法，并对核心问题和痛点保证关注。

2. 平衡性

追求平衡性（Balance）可能是提升和发挥领导力过程中最重要的策略，也可以理解为一种思维模式。对于软件开发而言，围绕平衡性有两个概念需要展开，一个是成功，另一个是完美。对技术人员，很多时候我们会追求一种完美，对一个设计进行反复提炼、重构并试图找到所谓的最优解是很多技术人员的做事风格。而对于项目和产品管理人员而言，从思维模式上更倾向于确保项目和产品取得成功。成功和完美有时候可能会成为一对矛盾体，因为成功的事物不一定完美，完美的事物也不一定成功。技术人员为了追求完美导致项目延期，或者项目管理人员为了追求成功使用各种非技术手段的现象并不少见。而对于团队负责人而言，我们认为很多时候需要做到结果导向，也就是需要在成功和完美之间追求一种平衡性。

平衡的维度也有很多，这里列举典型的 3 项，即范围与时间、风险管理、沟通与协商。关于范围和时间的讨论我们已经在 6.3.2 小节中有所涉及，在一定时间内如果不可能做到所有功能都发布，确定优先级就是平衡性的具体体现。但同时不要等事情完全确定之后再动手，具备一定前瞻性有助于当平衡性受到挑战时作出应对。做出任何一个决策都需要考虑风险，推动可行性分析既可以避免错误决策所导致的浪费，也能作为领导力的一种展现方式。同时，面对风险，学会使用Spike 方法和对不必要事物的舍弃。对于沟通和协商，提供多种替换方案并推荐其中一种，同时做到前文中提到的信息透明化。

9.2.2 知识管理

1. 知识管理的概念

"研发知识与经验按说应该成为科技企业的宝贵财产，而实际并非如此，造成这样局面的原因并非对知识的重要性缺少认识，研发经理很明白其重要性。到目前为止，研发知识管理失败的原因在于没有解决：如何将适当的知识在研发人员需要此知识时提供给他。"是国际知识管理领域的权威 Michael E.McGrath（集成开发模型 IPD 的前身 PACE 理论的创立者）说过的一句话，代表着研发知识管理所面临的困惑。这种困惑在国内中小型企业尤其是初创型企业表现的尤为明显。

要解决这个困惑，我们首先要明确知识管理要做什么？知识管理把隐形知识显性化，是知识库、交流、环境之间的综合体。所管理的知识将作为一个团队组织中过程资产的重要组成部分。对于软件研发而言，所谓隐形知识，通常指的就是在那些业务人员和技术人员脑中的蓝图，把握这些蓝图的人就能形成一定的工作节奏，而无法把握这些蓝图的人如果加入到团队中，可能不但适应不了这个节奏，还会打破已有的节奏，这就是我们要进行研发知识管理的目的所在。

个人知识的层次一般认为分为 6 个层次，下面我们就日常大家都在用的电脑举例说明。

- Know-What（客观的认知），如桌上的这台是电脑。
- Know-How（能力的认知），如这台电脑能用来写代码。
- Know-Why（规律原理的认知），如这台电脑能写代码是因为计算机的基础原理及代码编写软件所支持的功能特点。
- Mentor（交流传递隐性知识），如跟别人讲这台电脑是能写代码的，这个过程涉及计算机的一些基础原理以及代码编写软件等的使用。
- Publish（交流传递显性知识），如写一本书说这台电脑怎么用来写代码。
- Innovation（知识创新），如根据这台电脑写代码的情况，提出如何通过改进代码编写工具的功能提升代码编写效率的方法。

我们可以看出客观的认知到知识的创新对知识管理要求逐步提高。我们可以做一下判断，看看自己所处的环境中，知识管理处于以上哪一个层次。可能一般处在 3～4 层的环境会比较多，到第 5 层对知识管理而言已经是比较高的层次。而知识管理是需要成本的，包括知识转移的成本、知识转化的成本和知识保存的成本。层次越高所需要的成本就越大，国内环境下技术人员开发工作通常都已经是超负荷，再让他们花时间去进行知识管理通常是很难操作的。但正如前面讲到，知识管理是一件必须要做的事情。这就需要我们找到平衡点，即能把知识管理这一过程转动起来，又不会给研发人员带来过多工作量。

2. 我们缺少什么？

作为软件行业的从业人员，当你遇到如下工作场景时，是否考虑我们缺少什么？

- 同样的步骤需要重复发生。
- 信息传递因为人而中断。
- 团队工作需要一定规则。
- 基础信息需要不断保持最新。
- 有人事变动需要交接。

答案是我们缺少一个平台，一个团队知识管理的平台。这个平台在数据管理上应该具有一些通用功能。首先数据应该在公司内部，目前市面上有很多托管的数据管理平台，但这些平台中的内容基本都是维护在公网环境中，相比数据维护权限掌握在别人手里，把数据保存在公司内部显然从安全性和操作性上都更优。解决上述问题的初衷就是更加有效地进行团队协作。本节也是从团队知识管理而不是个人知识管理的角度出发进行探讨。数据保存在公司内部，也就是内网环境的话，需要进行内外网互通，确保在公司外部环境下通过 VPN 等访问方式同样可以使用知识管理平台。图 9-5 是内外网联通环境可能的一种结构图。

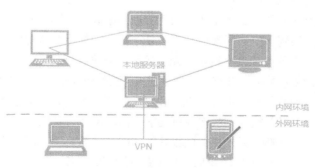

图 9-5　内外网联通环境示意图

我们希望知识管理平台能够在时间（Anytime）、空间（Anywhere）和成员（Anybody）上为我们提供清晰、高效的信息共享，包括项目知识、产品知识、研发知识、运营知识等研发团队中需要把控的各个方面。

团队知识管理有很多潜在的需求，如我们需要在统一的空间中管理信息资源。信息资源包括：文本信息、表格数据等；图片信息、手写信息、各种图形符号；来自网络当中的各种信息；音频、视频、影像资料。同时，需求还包括能够随时随地查找所需信息，团队之间的高效协作与信息共享，并确保信息的安全性和可靠性。通过知识管理平台的建设，我们的目的就是要满足这些需求。OneNote 就是能满足这些需求的知识管理平台的一种体现。

3. OneNote

OneNote 是 Office 自带的工具，如果用过 Word 和 Excel，那么 OneNote 上手的成本几乎为 0；同时，OneNote 与 Office 其他工具之间的集成成本也几乎为 0，考虑到 Office 工具的普及型，OneNote 无疑具有先天优势。OneNote 特别适合以下工作场景。

- 对不太适合放到电子邮件、日历或正式文档中的零散信息进行组织。
- 收集会议或讲座笔记供以后参考。
- 收集来自网站或其他来源的调查内容，并为自己或他人添加批注。
- 跟踪下一步要做的事项，以免遗漏任何事情。
- 通过项目共享笔记和文件，与其他人紧密协作。

如果我们把 OneNote 比作一个笔记本，那它的内容基本组织方式可以理解为笔记本→分区→页面这 3 级层次结构，为信息的维护提供清晰的信息存储结构。在每个页面中，OneNote 能全方位整合信息，如对各类文本、表格、列表信息而言，输入方式灵活多样、位置调整简便快捷、拖放操作得心应手；各类文档统一管理，Word、Excel、PowerPoint 等无缝集成；支持图片插入、屏幕剪辑一键搞定；支持音频、视频，信息之间的超链接。

对一个知识管理平台而言，即时搜索信息是最基本的功能需求。与其他 Office 系列工具一样，OneNote 支持在收集的所有信息中进行快速搜索并根据指定条件检索重要笔记。另一方面，能够实时共享与团队协作也是知识管理平台的核心要求，而 OneNote 可以在多个环境下使用笔记本。在工作场所的一台台式计算机和一台便携式计算机、或几台连接到同一网络的个人计算机，在无网络情况下信息保存，有网络时自动同步。所有团队成员实时面对同一个统一视图、将内容通过电子邮件、PDF 或直接发送至 Word 文档等协作方式都非常有用。

有了 OneNote 这个平台，我们还需要梳理一下使用上的最佳实践。第一条实践就是创建 OneNote 知识管理服务器。该服务器位于公司内网的某台物理机器上。OneNote 服务器在物理组织上实际上就是一个文件夹结构，团队成员通过访问这个文件夹结构就能创建与该 OneNote 服务的连接并进行更新和提交操作。如果团队的知识管理刚刚起步，则最好鼓励大家都能上去写点东西，格式和内容上不用限制。但如同其他共享工具一样，对同一个资源的并发修改势必会导致冲突，所以 OneNote 使用上的第二条实践是分知识领域、分阶段整理并实行知识领域责任人制，如对项目管理知识而言，每个项目都应指定一个责任人，该责任人全权负责该项目的知识管理工作，其他人可以浏览该项目相关信息但不应该提交和更新。第三个实践是关于沟通模式，OneNote 是典型的拉模式工具，但不具备很好的版本控制功能，所以不适合文档的版本管理，即 OneNote 上存在的应该都是一些静态文档。另外一个比较好的实践是团队日历，团队成员通过 OneNote 上的团队日历视图进行计划管理。由于 OneNote 上的更新能实时反馈到各个接入客户端，所以团队日历非常适合进行计划、时间、范围等的动态更新，并在团队会议上进行信息同步。

4. 研发知识管理的思路

如果研发团队中出现以下症状或表象，就说明研发知识管理是欠缺的。

- 没有文档记录导致过程资产丢失。
- 开发人员个人素质要求偏高。
- 交接困难，新员工难以熟悉现有模块的设计思路。
- 缺少设计评审，设计问题延后暴露。

面对以上问题，研发知识管理的首要思路就是过程资产建设。过程资产建设是一个组织级别的活动，对研发管理而言应重点关注。

（1）知识服务于业务

从具体业务出发管理研发知识，而不是从技术出发。技术人员进行知识梳理的过程中（尤其是刚开始的阶段）往往习惯于从技术本身出发来看问题，导致梳理出来的东西只有技术团队内部有限的几个人能看懂。业务领域模型才是一个系统的核心，技术只是这一模型的一种实现方式，技术人员梳理的知识同样也要让产品线、项目线能够参与讨论和总结。

（2）系统运作与界限

关注系统的运作流程及其服务提供的界限。对多团队协作的研发过程而言，系统集成是团队之间协作的根本任务，如何定义系统之间的服务边界，并把这些边界梳理成统一接口进行维护是团队作为服务提供者对外所需要暴露的知识。对内而言，各个服务的逻辑流程是确保团队内部高效运作的要求。

（3）通用库

通用功能、模板和流程。通用库包含的内容可以有很多，代表性的有过程资产定义的格式和团队交流采用的信息传递模板（如 Word、Excel 等文档的样式和风格、基本章节的划分和定义）、工作流程（如评审会议的召开方式、频率）及在团队和组织级别进行提取的通用功能（如各个系统都能采用和适配的登录注册功能）。

以上这些思路都可以通过各种 UML 设计图、领域模型图、需求和设计评审记录等方式维护在 OneNote 上。当然，OneNote 是一个简单、实用的知识管理工具，但工具毕竟只是工具，如何高效地建立和维护项目、产品、研发等核心知识领域中的知识才是团队知识管理的本质。

9.2.3　人员管理

人员管理涉及面广泛，很多属于 HRBP（Human Resource Business Partner，人力资源业务合作伙伴）所应该关注的内容。作为技术团队负责人，本节中我们从招聘、激励和组织 3 个方面分别展开讨论。这 3 点构成了架构师对人员管理的主要内容。

1. 选择人员

选择人员就是要做到人岗匹配。匹配度的衡量来自于对职位分析、团队分析及企业环境和文化分析。对任职者能力的要求、与其他岗位的关系、主要业绩考核标准等都属于职位分析相关的内容。架构师一般都是技术岗位 JD（Job Description，职位说明）的主要起草者，比较容易把握这些内容。针对团队分析，团队一致性与互补性、人员个性与团队特点的匹配度是关注的重点。而企业环境和文化分析，需要考虑团队及公司级别的政治因素，可以参考 9.1 节中的相关描述。

根据 MBTI（Myers-Briggs Type Indicator，迈尔斯布里格斯类型指标）职业性格测试，大多数开发人员偏理性和内向，不太愿意进行社会交往。换句话说对于很多技术管理类岗位，技术专家并不一定是好的研发经理。这就需要团队负责人在选择团队中高层人员过程中特别加以注意。另外一个需要注意的点在于找合适而不是合格的人员。所谓合格的人员指的是在简历上显示具有丰富工作经验的候选人员，而合适的人员则是指真正能够干好该项工作的人员，合格的人员不一定就是合适的人员。

2. 激励机制

（1）工作动力

激励之前需要明确团队每个成员的工作动力，我们参考图 9-6 中的马斯洛需求模型对其进行分析。马斯洛需求模型分为 5 层，处于底部的生理需求和安全需求无需展开，社会需求是指融洽的工作和交往环境，尊重需求体现在对工作的认同以及重视沟通和协商，而自我实现更多表现在渴望被分配有挑战的工作及培训。对于普通开发人员而言，更容易受发展机遇、个人生活、成为技术主管的机会及同事间人际关系的影响，不容易受地位、受尊敬、责任感、与下属关系及认可程度的影响。通过分析工作特性，影响工作动力的工作特征因素包括技能多样性、任务独特性、任务的意义及是否提供了积极正面的反馈。

图 9-6　马斯洛需求模型

（2）激励措施

激励的具体措施与下一节中的绩效管理一样，也是一个设定目标、设计工作、提供反馈的闭环管理过程。

开发人员通常希望有一定的自主权，当开发人员为实现自己设定的目标工作时，会比为别人时更加努力地工作。这就是从成就感的角度来设定激励目标。体现在工作设计上，项目中的开发进度计划首先应尽可能让开发人员自己把握。

我们再来看发展机遇，对软件行业而言，目前工作中用到的知识有一半在 3 年内会过时，所以提供进修机会、提供培训和自学的途径、购买专业书籍、为每个新手开发人员指定导师、分配开发人员从事可以扩展其技能的工作都可以是行之有效的工作设计方式。尤其是人员培训，需要有人员培训计划。从入职开发，提供全生命周期培训，不应该只包括技术类培训。确保定期组织，形成一定模式并鼓励全民参与。如果有条件形成专业培训讲师团队，对培训讲师进行考核，并提供一定奖励和报酬。

开发人员比管理人员更重视技术管理的机会，针对成为技术主管这一目标，指派每个人分别作为业务模块、数据库、报表等某个特定领域的技术负责人，或者指派每个人分别作为持续集成、代码重构、系统集成等某个任务的技术负责人都是工作设计上的考虑点。

3. 团队组织结构

软件开发团队的团队组织结构根据是否从事单一职能而言可以分为两种，即面向职能性团队（Function Team）和跨职能团队（也叫特征团队，Feature Team）。同时，从项目管理角度而言，根据项目经理的职权大小又可以把团队归为强矩阵、弱矩阵和平衡矩阵团队。这些分类方法通常是企业文化的一部分，作为技术团队负责人的架构师往往很难改变。但在内部团队中，根据团队目标组建专门进行日常开发、解决问题、技术创新，或成立专门的专项小组对业务或技术进行短期突破都是团队负责人可以考虑的团队组织结构方式。组建方式上，也可以有不同的切入点，如面向技术体系的分解，基于这种组建方式，人员职业发展应面向技术，可以交流新技术和新思想，但不同团队之间可能存在交流问题；也可以采用面向任务的分解，从完整的项目结构出发，把握功能模块；或者采用面向生命周期的分解，需求、开发、测试、运维由不同团队完成；而如果团队基于矩阵结构组建，则团队成员会有面向项目和面向技术两个主管，需要同时考虑汇报关系和平衡性。

团队一旦形成，就需要考虑团队沟通模型。理想的团队规模适中且管理者单一，团队成员构成上最好采用混合性别。同时，敏捷方法中的信息化工作场地及上一节介绍的知识共享平台等实践都有助于促进团队沟通。

作为一名团队负责人，避免团队目标向政治问题妥协，向团队目标显示个人承诺，避免太多突发事情冲淡团队的工作，公平、公正对待团队成员，愿意面对和解决与团队成员不良表现有关的问题，并对来自员工的新思维和新信息采取开放的态度。

9.2.4　绩效管理

绩效管理是对团队成员进行工作评估和激励的过程，虽然很多时候会由人事部门主导员工的绩效管理，但对研发团队而言，技术人员的绩效管理很难把控，所以很多团队往往对绩效管理避而远之，而采用管理层主观判断的方法进行绩效把控；有些团队虽然会做一些绩效管理，但只是关注于绩效考核，而忽略绩效背后的工作计划、评估、激励及过程改进。研发团队的绩效管理是一项很有挑战性的工作，但架构师作为技术管理人员，难度再大首先还是要理一下思路。本节主要阐述在项目绩效管理过程中涉及的主要规程、可能存在的问题、分析这些问题并提出相应的改进措施。

1. 绩效管理的规程

国内中小型研发团队往往是从作坊式开发模式中发展而来，通常对绩效管理的意识比较淡薄或者干脆没有绩效管理的理念和流程，管理层凭自身主观判断确定员工的绩效结果。当团队发展到一定规模时，管理层发现靠自己的判断已经不行了，所以就要搞一下绩效管理。这时候的绩效管理可以理解为是团队需要进行过程改进的一种预示。我们都知道过程改进领域有一个 PDCA 环，而绩效管理本身实际上也是一个 PDCA 环，如图 9-7 所示。

过程改进如同项目计划需要进行阶段性规划和控制，绩效管理也是一样。通常绩效管理具有周期性，即以一段时间为限形成上面的 PDCA 环，实际操作过程中以一个月或一个季度作为基准的情况较多，最好不要超过一个季度，否则 PDCA 环的时效性将大打折扣。下文统称这一周期为绩效周期。结合绩效管理的 PDCA 环及其周期性，绩效管理的规程如下。

图 9-7　绩效管理 PDCA 环

（1）制定绩效计划

目的是根据团队的项目和研发任务，在绩效周期开始时确定绩效周期内的个人工作计划，确保为绩效分析和沟通提供输入。主要角色是团队中的每一个人。主要步骤：团队成员根据绩效周期内团队整体工作目标进行分解和细化，确定个人的绩效计划，并形成《个人绩效表》，关于该表的格式和内容将在后续讨论。

（2）收集绩效数据

目的在绩效周期结束时根据个人在绩效周期内的工作情况，收集绩效数据并形成绩效结果，为绩效沟通提供个人的自评。主要角色同样是个人。主要步骤：团队成员基于在绩效周期初确定的《个人绩效表》中的绩效计划，结合绩效周期中的具体工作完成情况进行自评，并填充《个人绩效表》中的自评绩效数据。

（3）评估绩效

目的在于根据绩效周期内的绩效数据及团队整体计划对团队成员的绩效进行评估，从而明确绩效结果，为绩效沟通提供他评。个人直属上级会主导这一过程。主要步骤：团队成员的直属上级基于《个人绩效表》中的绩效计划及绩效周期中的具体工作完成情况进行他评，并填充《个人绩效表》中的他评绩效数据，他评数据中包括对绩效的整体评分。

（4）沟通绩效

目的是根据绩效计划、员工自评和上级他评，对结果进行分析并明确改进思路和措施。个人及其直属上级会和人事专员一起参与这一过程。主要步骤：个人及其直属上级进行面对面沟通，对该绩效周期内的结果展开讨论，主要针对其中存在的问题触发团队成员自身的思考并找到改进的切入点。

2. 绩效管理中的问题

（1）混淆绩效管理和绩效考核

绩效管理和绩效考核是两回事，绩效考核应该是绩效管理中的一个环节，结合上文中的绩效管理 PDCA 环，绩效考核通常只包括 Plan 和 Check 两个环节，多为事后进行评估，注重形式和结果，主要是人事部门参与整个流程；而绩效管理根据团队目标设定绩效期望值，设定绩效指标后，不断激励并辅导员工，注重整个管理流程，通常团队管理者参与整个过程。片面强调绩效考核而不关注整体绩效管理流程对员工自身的提升非常不利。

（2）没有应用 PDCA 环进行绩效管理

对过程改进而言，绩效管理需要形成完整的改进闭环，而我们提倡的就是 PDCA 环。但很多时候绩效管理往往难以形成闭环管理。闭环管理需要制定绩效计划、数据收集和分析、绩效评价和绩效诊断与辅导这 4 个环节，绩效的自评、他评、沟通和改进措施缺一不可。自评能够触动员工自身的管理和改进意识，他评提升管理层对员工绩效的管理和激励意识，沟通确保个人和团队之间达成一致，改进措施是本次闭环的最终产出及下一次闭环的输入。没有进行闭环管理是无法实施绩效管理过程改进的根本问题。

（3）缺少绩效诊断和辅导

如果绩效管理的结果仅仅是对员工打个分，那肯定是不够的。有些时候员工甚至对绩效结果都不清楚，那如何作出改进呢？所以对绩效结果我们需要进行诊断，找出好的地方和不好的地方，对好的地方要保持，对不好的地方要改进。改进的方向和思路通常都需要辅导，因为对普通员工，尤其是新员工而言普遍缺少过程改进的意识和方法。这时候通过沟通进行绩效的诊断和辅导就变得非常重要。

（4）绩效激励措施不完善

绩效激励措施不属于过程改进的内容，但在绩效管理实施过程中必不可少。激励措施可能是物质上的奖励，也可以是精神和思路上的梳理和鼓励，无论哪种手段，充分的沟通是确保绩效激励的最基本方式。缺乏激励会导致过程改进流于形式，导致团队成员对绩效管理的积极性下降和过程改进意识的淡薄。

（5）缺少从团队的角度管理绩效

如果团队成员较多，通常会进行梯队式管理模式，即将大团队分组管理。对于分组后的各小组而言，绩效管理应该以小组为单位进行。这里的小组就相当于一个团队，上面提到的各项绩效管理规程都可以在该小组中直接应用。反之，如果在规模较大的团队中还是执行点对点的绩效管理，对于团队管理和个人绩效的提升往往都不是很现实。

3. 绩效管理的过程改进

绩效管理的本质是为了提高绩效。提高绩效当然不能只靠引入一套绩效管理流程就能起到立竿见影的效果。但没有绩效管理的理念，不把绩效透明出来作为个人和团队的一项日程工作，绩效提升也就无从谈起。同时，绩效管理也是个人与团队管理者之间的一种纽带，促使个人和团队之间形成一种沟通机制。绩效管理过程改进的切入点包括以下方面。

（1）关注团队级别绩效管理

上面提到绩效管理中的一个问题是"缺少从团队的角度管理绩效"，关注团队绩效也就是说我们要站在团队角度看问题。对研发团队而言，一个团队中包含多种角色，而研发目标通常是一个进度要求。这个进度要求需要团队成员协作才能完成。从过程改进的角度看，个人绩效的提升是一个点，而团队绩效的提升才是一个面，点的提升也是为了面的提升。

（2）关注绩效表现形式

绩效管理的过程和结果需要有合适的表现形式，也就是说好的绩效管理应该具备统一的、合理的模型。目前主流的如 KPI（Key Performance Indicator，关键绩效指标）、BSC（Balanced Score Card，平衡计分卡），还有类似 google 的 OKR（Objectives and Key Results，目标和关键成果）等都是绩效模型。但这些模型也只是一种参考模型，我们需要根据团队认识和现状做一下裁剪，本文不对这些模型进行具体展开。

（3）关注绩效的确认和沟通

绩效管理的 PDCA 环中最重要的就是绩效沟通环节。Plan、Do 和 Check 都是为了最后的 Action 做铺垫，过程改进的目标和措施也正是通过绩效的确认和沟通才能得到明确和推动。当然，绩效沟通需要一定的技巧和方法，确保个人和团队都能从过程改进的角度去看绩效管理。

针对上述切入点，我们梳理绩效管理过程改进的模式和实践包括以下几个方面的内容。

（1）团队目标和计划同步

绩效管理的起点是绩效计划，所以绩效管理第一步就是同步绩效周期内的团队目标和计划。团队的计划一部分如同项目管理中的计划一样，需要根据具体的项目进行过滤和透明并形成统一视图。实际操作中，项目日历通常是项目级别计划同步的一项有效实践，属于项目以外的工作计划需要根据具体团队的情况进行梳理。

（2）团队分解和开展团队绩效管理

对大团队的绩效管理首先需要进行小团队分解，每个小团队有一个 Leader，这些 Leader 负责自己团队中所有成员的绩效管理及对应的过程改进，同时这些 Leader 的上一层管理者负责这些 Leader 的绩效，以此类推。每个小团队的人数控制在 10 人以内，建议根据跨职能团队组建原则进行团队分解并维护各自的绩效计划和目标。

（3）应用 KPI 体系

建议在绩效管理中应用 KPI 体系。相对其他绩效模型，KPI 容易理解和上手，使用也比较广泛。KPI 系统的核心是建立 KPI 指标库并确保每个 KPI 能够进行量化，通常我们会根据不同的角色设计不同的 KPI 指标：对于团队主管，常见的 KPI 指标有计划完成率、对外支持工作、团队培训、团队建设等；对项目经理，包括计划完成率、优先级"高"的问题在 48 小时内的修复率、项目报告的执行成功率、项目文档的完整性等；对产品经理，包括产品设计修改次数、产品优化数量、移动应用产品设计分享次数等；对研发工程师，包括工作完成率、产品研发 BUG 率等；而对测试工程师，包括计划完成率、工作质量考核等。

KPI 的特点是量化，但有些工作不一定能做到量化，不能量化的工作可以归为"重点工作事项"。重点工作事项可以根据具体情况进行设定，例如在本节的上下文中，把过程改进措施作为重点工作事项就是一项最佳实践。

（4）开展自评和他评

自评和他评两者缺一不可，自评由个人填写，他评由团队 Leader 填写。自评和他评不是打分，而是对 KPI 和重点工作事项完成情况的客观描述。从这些客观描述中，个人及其直属上级之间的想法和建议可以得到总结和认识，确保为个人绩效沟通及后续的过程改进提供输入。

（5）个人绩效沟通和改进方案诊断

确保对团队中每一位成员进行个人绩效沟通，这是触发个人过程改进的最有效时机。个人绩效沟通由团队 Leader 主导，基于但不要局限于《个人绩效表》中的内容。对研发团队而言，研发人员普遍不善于沟通和表达自己的想法，团队 Leader 需要有一定沟通技巧让大家把心里话说出来，同时能够结合团队的整体改进目标和方式及每一位成员的个人想法为其提供个人过程改进的思路和指导。关于个人软件过程（Personal Software Process，PSP）和团队软件过程（Team Software Process，TSP）的相关思想和实践方式可参考过程改进大师 Watts Humphrey 的相关著作[20]。个人绩效沟通的时间不限，如果能够和团队成员进行定期/不定期深入沟通，对于沟通时间上的投入信价比是非常高的。

（6）绩效统计和分析

绩效管理是为了过程改进，但毕竟还是要有结果，不然无法体现过程改进的效果，也无法进行激励。这就需要我们对个人的绩效进行打分，打分的方式也不外乎基于某种分制的一个分数、或者 ABCD 中的一个等级，打分的依据参考 KPI 和重点工作事项的权重进行计算。关于绩效打分不要太量化，从表现形式上等级的效果会比分数好一点，也比较符合过程改进中的等级提升理念。有了每个绩效周期的绩效结果，我们就可以基于这些结果进行一定时间范围（半年或一年）内的绩效统计和分析，应用统计分析的工具和方法可以得到个人的绩效改进趋势图，奖惩措施也可以基于这些数据进行客观的判断和执行。

个人绩效表是绩效管理中的主要过程资产，包括：KPI 指标应根据不同的岗位和角色设置不同的 KPI 指标，重点工作事项包括过程改进的切入点或其他无法量化的重要工作，员工自评为个人对 KPI 指标和重点工作事项的完成情况的总结，员工他评为 Leader 对团队成员 KPI 指标和重点工作事项的完成情况的总结，绩效结果为基于某种打分机制得出的绩效结果，沟通记录为个人绩效沟通过程中的记录，过程改进方案为个人过程改进和团队过程改进的思路、目标、措施等的具体描述。

绩效管理是研发团队的老大难问题，与传统行业相比，软件是"软"的，开发过程中的不确定性和变化性确实很难通过量化的方式得到绩效结果。作为一名技术管理人员，架构师尝试基于个人和团队过程改进为绩效管理提供一些思路和工程实践方法。

9.3　架构师与意识形态

意识形态决定高度。从普通程序员向架构师转型的过程中，伴随了系统架构设计实现和软件开发系统工程知识水平和实践能力的提升，也需要进行意识形态的转变。意识形态首先体现为一种面向自身的思维模式，即对架构设计这一事物及架构师这一角色的思考，同时也体现为影响别人、推动别人的决心和方法论。意识形态转变的目的是通过促进自身的提升最终达到团队整体水平的提升。结合本章开篇中的图 9-1，团队引入变化的前提就是要对意识形态进行剖析。

9.3.1　思维模式

本书已经不是第一次提到思维模式这个词，在 1.2.2 小节中，我们在对比程序员与架构师的区别时，第一条讲的就是思维模式。相比程序员，架构师通常应该具备全面的思考和分析模式，倾向于使用换位思考从问题的内因、外因出发，找到团队内部和外部能够解决问题的资源，确保问题得以高效解决。这是思维模式在架构师这一角色上的体现。

思维模式有 3 种普遍的表现形式，即形象思维、抽象思维、灵感思维。对于软件开发而言，抽象思维是最重要的一种思维形式，灵感思维和形象思维也能起到推动作用。有时候我们认为架构设计也是一种思维模式，因为架构设计提倡通过多视角、多视图对架构进行分析，包含组成和决策特性，需要应用抽象、扩展、复用、自治等理念。这些点都自包含在架构设计过程中。

再者，软件开发的系统工程方法论也是思维模式的体现，快速迭代、适应变化、功能演进等理念并不是每个架构师都能深刻理解并灵活应用。任何软件系统都是为了满足干系人需求，都需要关注 ROI（Return On Investment，投入产出比）和 SLA（Service-Level Agreement，服务等级协议），如何在合理的 ROI 前提下满足 SLA，很多情况并不能只关注于技术层面，而应该有全局视图，并追求一定的平衡性。

正如本章第一节所述，架构师与其他人一样都处于特定政治环境中，有时候因为外界因素过多地改变了自己是我们会犯的一个错误，但同时不愿去做一些冒风险的事情、不尝试去改变现状的架构师在意识形态上也称不上一个好的架构师。在任何时候、任何事情、任何人上，我们都可以尝试去引入一些变化以改变现状，如何引入变化也是值得探讨的一个话题。

9.3.2　引入变化

1.　对引入变化的理解

过程改进是研发管理的本质性工作，如果过程要改进通常意味着我们要引入变化，尤其对当前研发管理尚不规范和完善的团队而言，引入变化是必须走的一步。但在实践过程中我们能够体会到引入变化有时候是一项非常有挑战的事情，如果把握不好可能反而会起到反作用。本节从研发团队如何有效的引入变化的角度出发，对思路和模式进行探讨。

关于团队引入变化，业界也有一些主流方法论，其中包括 Mary Lynn Manns 和 Linda Rising 两位博士的著作《Fearless Change: Patterns for Introducing New Ideas》[21]。本节中也大量参考和引用该书中的一些思路和做法。除了面向架构师等研发管理人员，如果组织设置了如 QA 等流程管理团队，则也供这些团队成员参考。

引入变化是为了过程改进，通常管理层都能认识到引入变化的重要性和必要性，但很多中小型企业普遍重技术而轻管理，很少会有团队把引入变化作为一项专职工作来做，也就很少有流程和实践来指导相关工作。本节的初衷就是希望把引入变化作为团队中一项工作内容来管理，为过程改进的顺利开展提供可行的操作模式和实践。

引入变化中建议设立专职角色（第一个引入变化的模式就是专职负责人）负责整个工作流程，引入变化的大致流程可以分为发现问题→找到切入点→应用模式→跟踪与回顾，其中每个步骤都需要专职角色进行负责和把控。发现问题是指针对团队中的"Bad Smell"，抽象为需要引入变化进行解决和改善的问题点，然后通过收集、分析数据对问题点进行剖析并找到切入点，应用模式上，组合应用下文中提到的各种模式进行变化引入，最后是跟踪与回顾，根据所引入变化的效果和团队的反馈进行总结和回顾。对如何发现问题、如何找到切入点及如何开展回顾需要因地制宜，本节重点介绍流程中的"应用模式"部分。

对团队引入变化，很多人存在一些误解，其中最大的误解就是认为新想法一旦引入就意味着已经成功。团队管理人员想了很多办法、做了很多工作找到了问题的切入点，跟各个利益方讨论之后终于引入了大家都赞同的变化，然后就期望这个变化能按照自己想的那样发挥效果，这是不对的。新想法一旦引入，我们还要做很多事情，很多变化引入的的失败并不在起点，而是在过程的持续性上。如果一个团队的自组织性较差，没有流程进行约束，也没有专人进行跟踪和协调，变化的结果通常不会令人满意。

2．引入变化的思路

引入变化在思路上第一点是自下而上，全员参与。很多人认为变化应该有管理层发起，然后下面的人配合执行。这种观点没有错，但反过来，自下而上进行变革，让所有人都能参与进来往往是一种更优解。举身边的一个例子，开始时研发团队普遍没有过程资产管理这一概念导致开发交接上出现很多问题，后来部门里的一个小组开始推行基于 OneNote 的研发知识管理，把项目线、产品线和技术线上的很多内容都放到 OneNote 进行共享，效果非常好。旁边的小组看到这个情况，也开始推动研发知识的管理，后来扩展到整个部门，再后来整个组织的研发人员都会登录到 OneNote 知识管理平台上做分享和交流，公司管理层知道后也非常欣赏。这个就是自下而上，全员参与的典型实例，我们用到了后文讲到的"自身经历分享""电子平台""小有成绩""不妨一试"等引入变化的模式。

引入变化的过程中需要明白没有最好，只有最合适。通常我们要引入自认为不错的东西，首先都会去参考业界的成果及别人成功的例子。这无疑是正确的。例如，现在敏捷开发很流行，然后我们就想把 Scrum 那一套也拿过来试试看，但实际上敏捷开发的很多模型都是有其特殊要求的；又或者现在团队人多了，团队问题也不少，需要探索一些过程改进模型如 CMMI，但 CMMI 所要求的各种文山会海又让大家望而却步。所以如果只关注其中几个点而忽略整个流程支撑体系，通过照搬引入变化通常很难实施。这就需要我们做裁剪。裁剪的原则就是要适合团队发展现状和目标，不追求最好，只追求最合适。

3．引入变化的模式

站在前人的基础上，结合在研发管理过程中的点点滴滴，本书总结了以下 15 种在团队中引入变化的模式，并对这些模式进行展开讨论。

（1）专职负责人

从流程执行、阶段评审、高效决策等角度出发，我们都深信有或没有专职负责人是不一样的，引入变化也是一样。对引入变化而言，对该变化持支持态度并有强烈兴趣的人无疑是专职负责人的候选。从这个角度讲，不同的问题和切入点、不同模式的专职负责人都可能不一样，所以专职负责人通常是流动和不固定的，鼓励团队中的不同成员成为这个专职负责人也是一项最佳实践。专职负责人的作用和职责就是确保在团队内部引进新想法过程的有效性，努力把新想法纳入正常工作并对该想法的落实、跟踪和调整有明确的思路。

（2）寻求帮助

这是看上去很容易但做起来并没有像看上去那么容易的一个模式，尤其对研发人员而言。很多研发人员包括处在研发管理岗位的 Leader 们，都很善于处理技术上的问题，但沟通和协作上总感觉有所欠缺。在组织中引入一个新想法在工作量上都不是一件小事情，尤其是对于那些刚工作的新人而言缺乏触类旁通的思路和技巧，想让所有人都高效参与到引入变化的过程中来难度很大。

这时候就需要找同事和资源协助你一起努力。这个看似可有可无的模式在实践过程中确实会起到一定作用，至少对于架构师这一角色而言是这样。

（3）关系网

关系网模式和上文提到的"自下而上，全员参与"这一思路有关。有时候变化想要获得大家的认可，需要有人来帮你造势和宣传。如果一个人在团队和组织中人员人缘很好，那就建议由这个人去推动一项新想法。当然，作为团队的管理者自然会有很多的机会接触到其他团队的做法和成果，把别的团队的新想法吸收到自己团队中或者把自己团队中好的做法推广到其他团队也是管理的一项内容。这个时候合理利用关系网这一模式会起到潜移默化的作用。

（4）团队培训

这点相信大家都没有异议，这一模式一般用在新想法的快速推广。如何快速、有效地把变革的思想和做法落实到团队，让团队中所有人都能达到统一认识水平，团队培训必不可少。通常由专职负责人起草新想法的推广方案，通过评审之后即可开展团队培训工作，方式也不一定限于传统的一对多培训方式，可以有发散和变通，如头脑风暴、焦点小组等都能起到不错的效果。

（5）电子平台

如果你想引入一个新想法，虽然这个想法很好，但缺少相关的工具可能实施成本会比较高。这时候借助于某个工具平台是有帮助的，有时候可能是必须要有的。这方面的例子很多，例如，团队中打算引入持续集成这个实践以提高代码自动构建和服务发布的效率，虽然所有人都觉得持续集成很重要，但如果没有找到 Jenkins 这样容易上手而又功能强大的持续集成服务器，而需要我们自己编写很多脚本才能做到自动化构建，无疑在推广上会造成很多抵触和成本控制上的问题。这个模式把如 Jenkins、OneNote 等通称为电子平台，意指我们在引入变化是需要借助于工具的力量。

（6）回顾时间

关于引入变化流程中提到的"跟踪和回顾"这一步骤，有时候新想法已经引入但效果不一定理想，需要我们不断关注工作的进展并对实施过程中碰到的问题进行回顾总结。关于回顾，请参考 7.3.3 小节内容，这里不再展开。

（7）自身经历分享

如果某个新想法你有类似的经验，那么恭喜你，这个专职负责人非你莫属。鼓励一些成功尝试新想法的团队成员分享他们的使用经历，有助于所有团队成员看到新想法的价值。这个时候，使用相对比较正式的"团队培训"是可以的，但更加鼓励大家在非正式的场合下以互助的方式分享对新想法的体会和心得。对技术人员而言，有时候并不是不愿意吸收新事物，而是苦于大家知识水平的局限而无从下手，所以如果有人愿意分享经验，作为管理者就要帮助创造这样的机会。

（8）不妨一试

如果团队成员有人提出了一个新想法，我们通常会做出判断，想法不可行则罢，如果可行，也不倾向马上就进行推行。因为我们知道这是一个好想法，但我们对这个新想法没有任何经验，那为了在组织中准备宣传该想法，要先把它用在自己的日常工作之中，发现和体会它的好处及其局限性。这就是"不妨一试"模式。该模式执行时间不一定会长，执行人有时候也不一定会是自己，通常选择团队中相对比较资深的成员进行短期尝试，然后根据尝试结果再做下一步计划安排，尤其对那些涉及面比较广的变化而言更是如此。

（9）适可而止

什么叫"适可而止"，说白了就是不要心急。在推出新想法时一个比较容易犯的错误就是希望大家都一口吃成胖子，既然新想法很好，就指望着所有内容都一股脑的推给团队成员然后希望大家都能按照自己想的那样出成果。这种思想很普遍。一个新想法中可能存在很复杂的概念，把这些复杂的概念抛给初学者，只能让他们望而生畏，效果适得其反。所以在引进新想法时，倾向先集中于基本内容，相对复杂的概念点到即止，等这个想法已被团队广泛接受，考虑再提供更详细的内容。

（10）按部就班

"按部就班"可能和上面的"适可而止"容易产生混淆。"适可而止"指的是从问题的难易角度出发需要控制节奏，而"按部就班"更强调做事情的计划。参考敏捷开发中的迭代思想，"按部就班"就是要我们制定一个引入变化的计划，然后一步一步去实施。使用一种叠加式的策略，在保持长期目标的同时分批实现一些短期目标，就是这个模式的思想。当然具体实施的时候需要视情况而定，对于那些比较简单的新想法而言，一步到位也很常见。但如果实施时间预估较长，那就建议"按部就班"的去推行这些变化。

（11）个人沟通

如果你想让别人听你的，请你保持与别人的沟通，因为要想说服一个人接受新想法，一定要让他了解这个新想法对他个人的好处。如果你只是在团队培训时提到了这个新想法，大家都觉得它不错，然后你就指望所有人都能去实现这个新想法是不现实的。尤其是研发团队中往往存在不善交际的成员，他们在开会等群体活动中并不一定会把自己的想法说出来，但不代表他们没有想法，如果不去找他们沟通，他们就不会把这些话说出来。研发团队中有时候出现的各种问题就是因为很多人没有把该说的话说出来所导致，这时候专职负责人必须要灵活使用"个人沟通"这一模式确保团队中所有人的想法都公开和透明。

（12）合适时机

广义上讲，做任何事情都有它的最佳时机，无非对有些事情而言时机并非那么重要。如果你想推行一个新想法，时机是一个关键因素，体现在两方面：一方面，如果推行方还没有做好充分的准备就贸然抛出一个新想法，无疑要考虑其推行风险；另一方面，研发人员通常都比较忙，当他们面临紧迫的期限和太多事情的时候，首要考虑的问题自然是按时完成开发任务，其他事情都变得不重要，如果这时候我们去推一个新想法，效果可想而知。这就需要我们善于观察团队的运行情况并确定"合适时机"。

（13）小有成绩

当团队中引入变化已经小有成绩时，不要忘了做一下团队庆祝，哪怕是看上去很小的事情，这是团队激励的一种表现，也是变革过程中一环。表扬和激励在引入变化中做的好的人和事，让团队觉得我们在朝正确的方向前进，通常成本很低但效果很好。时机上可以是总结和回顾会议等比较正式的场合，也可以是私下非正式的场合。引入变化毕竟是一件比较困难的事情，尤其是在碰到挫折和挑战的时候，"小有成绩"模式帮忙你和你的团队调整和改善团队气氛。

（14）学习小组

很多组织会设立类似的"学习小组"，有些模型也主张要有一个小组来统领团队的过程改进工作，如 CMMI 的 SPEG。我们这里的"学习小组"不强调类似正式的组织性架构，而是指一帮有共同兴趣的团队成员可以组成一个小组，让他们能够有机会持续的做一些学习和交流。当然我们认为管理工作不能少，所以定期/不定期的组织一下小组会议还是重要的，最好这个组织会议的人不是来自学习小组中的成员。上面提到的"电子平台""不妨一试""自身经历分享"等模式都可以和"学习小组"配合使用。

（15）试行

最后一种模式大家都想得到，即试行。对有些新想法而言，团队中会有不同的声音，总会有这样那样的反对意见，在决定正式采用新想法之前，让所有人都能认同和支持几乎不可能。这时候比较好的一种策略就是安抚这些持反对意见的人并建议团队先就新想法做一些实验和尝试。如果效果良好我们就正式推广，如果效果不好那再做其他打算。这就是试行。在试行过程中，专职负责人需要保持持续的动力，积极主动地策划使团队中所有成员都能持续关注新想法。

使用这些模式是需要把握几个要点。在使用场景上，我们认为上下文环境是引入变化最重要的考虑因素。如果团队现状和公司战略与新想法不匹配，显然这个新想法就不适合引入。对时机而言，可能研发团队一直都很忙，但在推行一些新想法的时候发现，如果这些新想法确实能为团队带来工作效率的提升或客户满意度的提高，通常都会很受欢迎。时间确实都是挤出来的，关键是要有人去主导。而对象上，针对某一个新想法都要找一个合适的专职负责人，这个专职负责人可能通常都是团队管理人员，但最好多培养团队普通成员。对团队而言，重点关注对变化漠不关心或不大参与新想法实施的成员。

9.4　本章小结

本章是本书的最后一章，也是比较特殊的一章，介绍的并不是架构设计、系统实现等技术类硬能力，而是围绕想要成为一名成功的架构师所不可缺少的各项软能力。

身处一个特定的环境中，架构师的软能力同时体现在对外部环境和内部团队的影响上。对于外部环境，不同的政治性因素对工作的开展会起到积极或消极的作用，而架构师为了达到协商目的，需要充分利用沟通的力量为自身争取更多的资源和话语权，并辅助使用类如邮件等沟通工具。

对于内部团队，架构师作为团队负责人应该具备一定领导力。同时对于团队研发知识的管理、人员的培养和绩效的考核，都需要架构师肩负起职责并具备方法论和工程实践能力。

最后，无论是对内还是对外，意识形态决定高度。软能力的提升很大程度上取决于思维模式的转变及通过引入变化对软件开发过程有更好的把控，本章最后也对这两个主题做了分析。

［1］Nick Rozanski，Eoin Wo．软件系统架构：使用视点和视角与利益相关者合作［M］．侯伯薇译．2版．北京：机械工业出版社，2013．

［2］Kirk Knoernschild．Java应用架构设计：模块化模式与OSGi［M］．张卫滨译．北京：机械工业出版社，2013．

［3］Eric Evans．领域驱动设计：软件核心复杂性应对之道［M］．赵俐，盛海艳，刘霞译．北京：机械工业出版社，2010．

［4］Vaughn Vernon．实现领域驱动设计［M］．滕云译．北京：电子工业出版社，2014．

［5］Martin Fowler．企业应用架构模式［M］．王怀民，周斌译．北京：机械工业出版社，2010．

［6］http://martinfowler.com/articles/microservices.html．

［7］Frank Buschmann，Kevin Henney，Douglas C. Schmidt．面向模式的软件架构：分布式计算的模式语言（卷4）［M］．肖鹏，陈立译．北京：人民邮电出版社，2010．

［8］http://murmurhash.googlepages.com/．

［9］Gregor Hohpe，Bobby Woolf．企业集成模式［M］．荆涛，王宇译．北京：中国电力出版社，2006．

［10］Project Management Institute．项目管理知识体系指南（PMBOK指南）［M］．许江林等译．5版．北京：电子工业出版社，2013．

［11］http://agilemanifesto.org/．

［12］Mike Cohn．Agile Estimating and Planning［M］．Prentice Hall，2005．

［13］Martin Fowler．重构：改善既有代码的设计［M］．熊节译．北京：人民邮电出版社，2015．

［14］Esther Derby，Diana Larsen．敏捷回顾：团队从优秀到卓越之道［M］．周全，冯左鸣，拓志祥，李丽森译．北京：电子工业出版社，2012．

［15］Jeffrey Liker．丰田模式：精益制造的14项管理原则［M］．李芳龄译．北京：机械工业出版社，2016．

［16］http://www.martinfowler.com/articles/continuousIntegration.html．

［17］http://planet.jboss.org/post/continuous_integration_delivery_deployment_and_maturity_model．

［18］Humble J，Farley D．持续交付：发布可靠软件的系统方法［M］．乔梁译．北京：人民邮电出版社，2011．

［19］Berkun S..项目管理之美［M］．李桂杰，黄明军译．北京：机械工业出版社，2009．

［20］Watts Humphrey. 个体软件过程［M］. 吴超英，车向东译. 北京：人民邮电出版社，2001.

［21］Mary Lynn Manns，Linda Rising. 拥抱变革：从优秀走向卓越的 48 个组织转型模式［M］. Evelyn Tian 译. 北京：清华大学出版社，2014.